DIGITAL
CONSTRUCTION

"十三五"国家重点图书出版规划项目
国家自然科学基金中德科学中心国际合作项目（GZ1162）
国家自然科学基金联合基金项目集成项目（U1913603）
中国工程院重点咨询项目（2019-XZ-029）
"十三五"国家重点研发计划资助项目（2016YFC0702104）

丛书编委会主任｜丁烈云

国家出版基金项目
NATIONAL PUBLICATION FOUNDATION

数字建造｜施工卷

建筑机器人
——技术、工艺与方法

Building Robotics：
Technology, Craft and Methodology

袁　烽　［德］阿希姆·门格斯｜著
Philip F. Yuan, Achim Menges

中国建筑工业出版社

图书在版编目（CIP）数据

建筑机器人：技术、工艺与方法 / 袁烽，（德）阿希姆·门格斯著. —北京：中国建筑工业出版社，2019.9（2023.7重印）

（数字建造）

ISBN 978-7-112-24110-1

Ⅰ.①建… Ⅱ.①袁… ②阿… Ⅲ.①建筑机器人－研究 Ⅳ.①TP242.3

中国版本图书馆CIP数据核字（2019）第179697号

本书作者以其近十年来对建筑机器人进行的研究、教学与实践合作为基础，首次对建筑机器人进行了系统性的梳理，在本书研究案例中，材料参数、结构性能、建造工具和加工约束等因素被整合成一体化的设计与建造过程，为广大读者提供了解并应用建筑机器人的重要参照，充分展现了建筑机器人在建筑产业升级中的创造性潜力。

本书既有工具书的操作硬知识，又具设计启发性，不论对建筑工程领域的专业实践人士还是广大设计师，都提供了良好的知识参考；同时，该书的立足于建筑学，不仅将建筑机器人作为生产力的替代者，同时也将其视为一个能够启发创新的设计与建造方法。

总　策　划：沈元勤

责任编辑：赵晓菲　朱晓瑜

助理编辑：张智芊

责任校对：焦　乐

书籍设计：锋尚设计

数字建造｜施工卷

建筑机器人——技术、工艺与方法

袁　烽　[德]阿希姆·门格斯　著

*

中国建筑工业出版社出版、发行（北京海淀三里河路9号）

各地新华书店、建筑书店经销

北京锋尚制版有限公司制版

北京中科印刷有限公司印刷

*

开本：787毫米×1092毫米　1/16　印张：23　字数：399千字

2019年12月第一版　2023年7月第三次印刷

定价：160.00元

ISBN 978 - 7 - 112 - 24110 - 1

（34608）

《数字建造》丛书编委会

丛书序言

伴随着工业化进程，以及新型城镇化战略的推进，我国城市建设日新月异，重大工程不断刷新纪录，"中国制造、中国创造、中国建造共同发力，继续改变着中国的面貌"。

建设行业具备过去难以想象的良好发展基础和条件，但也面临着许多前所未有的困难和挑战，如工程的质量安全、生态环境、企业效益等问题。建设行业处于转型升级新的历史起点，迫切需要实现高质量发展，不仅需要改变发展方式，从粗放式的规模速度型转向精细化的质量效率型，提供更高品质的工程产品；还需要转变发展动力，从主要依靠资源和低成本劳动力等要素投入转向创新驱动，提升我国建设企业参与全球竞争的能力。

现代信息技术蓬勃发展，深刻地改变了人类社会生产和生活方式。尤其是近年来兴起的人工智能、物联网、区块链等新一代信息技术，与传统行业融合逐渐深入，推动传统产业朝着数字化、网络化和智能化方向变革。建设行业也不例外，信息技术正逐渐成为推动产业变革的重要力量。工程建造正在迈进数字建造，乃至智能建造的新发展阶段。站在建设行业发展的新起点，系统研究数字建造理论与关键技术，为促进我国建设行业转型升级、实现高质量发展提供重要的理论和技术支撑，显得尤为关键和必要。

数字建造理论和技术在国内外都属于前沿研究热点，受到产学研各界的广泛关注。我们欣喜地看到国内有一批致力于数字建造理论研究和技术应用的学者、专家，坚持问题导向，面向我国重大工程建设需求，在理论体系建构与技术创新等方面取得了一系列丰硕成果，并成功应用于大型工程建设中，创造了显著的经济和社会效益。现在，由丁烈云院士领衔，邀请国内数字建造领域的相关专家学者，共同研讨、组织策划《数字建造》丛书，系统梳理和阐述数字建造理论框架和技术体系，总结数字建造在工程建设中的实践应用。这是一件非常有意义的工作，而且恰逢其时。

丛书涵盖了数字建造理论框架，以及工程全生命周期中的关键数字技术和应用。其内容包括对数字建造发展趋势的深刻分析，以及对数字建造内涵的系统阐述；全面探讨了数字化设计、数字化施工和智能化运维等关键技术及应用；还介绍了北京大兴国际机场、凤凰中心、上海中心大厦和上海主题乐园四个工程实践，全方位展示了数字建造技术在工程建设项目中的具体应用过程和效果。

丛书内容既有理论体系的建构，也有关键技术的解析，还有具体应用的总结，内容丰富。丛书编写者中既有从事理论研究的学者，也有从事工程实践的专家，都取得了数字建造理论研究和技术应用的丰富成果，保证了丛书内容的前沿性和权威性。丛书是对当前数字建造理论研究和技术应用的系统总结，是数字建造研究领域具有开创性的成果。相信本丛书的出版，对推动数字建造理论与技术的研究和应用，深化信息技术与工程建造的进一步融合，促进建筑产业变革，实现中国建造高质量发展将发挥重要影响。

期待丛书促进产生更加丰富的数字建造研究和应用成果。

中国工程院院士
2019年12月9日

丛书前言

　　我国是制造大国，也是建造大国，高速工业化进程造就大制造，高速城镇化进程引发大建造。同城镇化必然伴随着工业化一样，大建造与大制造有着必然的联系，建造为制造提供基础设施，制造为建造提供先进建造装备。

　　改革开放以来，我国的工程建造取得了巨大成就，阿卡迪全球建筑资产财富指数表明，中国建筑资产规模已超过美国成为全球建筑规模最大的国家。有多个领域居世界第一，如超高层建筑、桥梁工程、隧道工程、地铁工程等，高铁更是一张靓丽的名片。

　　尽管我国是建造大国，但是还不是建造强国。碎片化、粗放式的建造方式带来一系列问题，如产品性能欠佳、资源浪费较大、安全问题突出、环境污染严重和生产效率较低等。同时，社会经济发展的新需求使得工程建造活动日趋复杂。建设行业亟待转型升级。

　　以物联网、大数据、云计算、人工智能为代表的新一代信息技术，正在催生新一轮的产业革命。电子商务颠覆了传统的商业模式，社交网络使传统的通信出版行业备感压力，无人驾驶让人们憧憬智能交通的未来，区块链正在重塑金融行业，特别是以智能制造为核心的制造业变革席卷全球，成为竞争焦点，如德国的工业4.0、美国的工业互联网、英国的高价值制造、日本的工业价值网络以及中国制造2025战略，等等。随着数字技术的快速发展与广泛应用，人们的生产和生活方式正在发生颠覆性改变。

　　就全球范围来看，工程建造领域的数字化水平仍然处于较低阶段。根据麦肯锡发布的调查报告，在涉及的22个行业中，工程建造领域的数字化水平远远落后于制造行业，仅仅高于农牧业，排在全球国民经济各行业的倒数第二位。一方面，由于工程产品个性化特征，在信息化的进程中难度高，挑战大；另一方面，也预示着建设行业的数字化进程有着广阔的前景和发展空间。

一些国家政府及其业界正在审视工程建造发展的现实，反思工程建造面临的问题，探索行业发展的数字化未来，抢占工程建造数字化高地。如颁布建筑业数字化创新发展路线图，推出以BIM为核心的产品集成解决方案和高效的工程软件，开发各种工程智能机器人，搭建面向工程建造的服务云平台，以及向居家养老、智慧社区等产业链高端拓展等等。同时，工程建造数字化的巨大市场空间也吸引众多风险资本，以及来自其他行业的跨界创新。

我国建设行业要把握新一轮科技革命的历史机遇，将现代信息技术与工程建造深度融合，以绿色化为建造目标、工业化为产业路径、智能化为技术支撑，提升建设行业的建造和管理水平，从粗放式、碎片化的建造方式向精细化、集成化的建造方式转型升级，实现工程建造高质量发展。

然而，有关数字建造的内涵、技术体系、对学科发展和产业变革有什么影响，如何应用数字技术解决工程实际问题，迫切需要在总结有关数字建造的理论研究和工程建设实践成果的基础上，建立较为完整的数字建造理论与技术体系，形成系列出版物，供业界人员参考。

在时任中国建筑工业出版社沈元勤社长的推动和支持下，确定了《数字建造》丛书主题以及各册作者，成立了专家委员会、编委会，该丛书被列入"十三五"国家重点图书出版计划。特别是以钱七虎院士为组长的专家组各位院士专家，就该丛书的定位、框架等重要问题，进行了论证和咨询，提出了宝贵的指导意见。

数字建造是一个全新的选题，需要在研究的基础上形成书稿。相关研究得到中国工程院和国家自然科学基金委的大力支持，中国工程院分别将"数字建造框架体系"和"中国建造2035"列入咨询项目和重点咨询项目，国家自然科学基金委批准立项"数字建造模式下的工程项目管理理论与方法研究"重点项目和其他相关项目。因此，《数字建造》丛书也是中国工程院战略咨询成果和国家自然科学基金资助项目成果。

《数字建造》丛书分为导论、设计卷、施工卷、运营维护卷和实践卷，共12册。丛书系统阐述数字建造框架体系以及建筑产业变革的趋势，并从建筑数字化设计、工程结构参数化设计、工程数字化施工、建筑机器人、建筑结构安全监测与智能评估、长大跨桥梁健康监测与大数据分析、建筑工程数字化运维服务等多个方面对数字建造在工程设计、施工、运维全过程中的相关技术与管理问题进行全面系统研究。丛书还通过北京大兴国际机场、凤凰中心、上海中心大厦和上海主题乐园四个典型工程实践，探讨数字建造技术的具体应用。

《数字建造》丛书的作者和编委有来自清华大学、华中科技大学、同济大学、东南大学、大连理工大学、香港科技大学、香港理工大学等著名高校的知名教授，也有中国建筑集团、上海建工集团、北京市建筑设计研究院等企业的知名专家。从2016年3月至今，经过诸位作者近4年的辛勤耕耘，丛书终于问世与众。

衷心感谢以钱七虎院士为组长的专家组各位院士、专家给予的悉心指导，感谢各位编委、各位作者和各位编辑的辛勤付出，感谢胡文瑞院士、丁士昭教授、沈元勤编审、赵晓菲主任的支持和帮助。

将现代信息技术与工程建造结合，促进建筑业转型升级，任重道远，需要不断深入研究和探索，希望《数字建造》丛书能够起到抛砖引玉作用。欢迎大家批评指正。

《数字建造》丛书编委会主任

2019年11月于武昌喻家山

本书序言

改革开放四十年来，中国建筑总产值世界第一，然而生产效率低、材料浪费、环保问题十分突出。随着建造领域劳动力短缺、成本增加，建筑产业化的智能转型升级成为建筑业持续健康发展的必然趋势。面向绿色化、工业化和智能化发展的建筑数字化设计和智能建造是实现传统建筑产业升级的核心，是我国新型城镇化发展的重要战略方向，也是实现绿色建筑以及产业升级发展的必然趋势。

建筑数字建造之所以占据如此重要的地位，在于其集成了建筑中的管理和生产要素，指引设计、建造和运维实现一体化。作为建筑智能建造的核心环节，建筑机器人是一种多自由度、高精度、高效率的数字化设计与建造工具。它超越了传统工艺的加工局限，可以更高效地完成大批量建筑构件的定制加工生产。同时，机器人能够突破臂展和负重的限制，增强实现人工作业所无法达到的极限值，从而完成大型或复杂的多尺度、多功能的建造任务。在解放大量生产力的同时，建筑机器人大大强化了工程建设的质量，能够通过研发建筑机器人智能建造装备及创新工艺，应对建筑预制建造与现场施工过程中的粗放式生产问题。以上特点皆是建筑机器人逐渐成为实现建筑产业绿色、高效与定制化发展的必然选择的原因。

虽然建筑机器人建造研究发展时间短，却已经取得迅猛发展。德国、日本、美国、瑞士等许多国家已经取得了建筑机器人在建造施工领域的突出成果。过去十年，我国在此领域发展迅速，袁烽教授团队通过建立广泛的国际合作，积极推动了我国在该领域技术、工艺与方法的发展。袁烽教授在国内外数字设计与建造领域的教育、研发以及实践方面均产生了重要影响。

近十年来，袁烽教授在数字化设计理论以及建筑机器人数字建造领域做出了扎实的基础理论研究工作，提出了性能化建构理论，开发了建筑机器人软件控制平台，创建的大尺度、多功能建筑机器人预制装配化平台，以及多个移动机器人现场作业平台，达到国际领先水平。袁烽教授积极推动国际合作，与多个国内外研发机构和企业合作，开发了多个建筑机器人木构、砖构、3D打印等创新生产工艺，并成功在多项重要工程项目之中实现示范应用。

　　建筑机器人的研发与实践涉及多交叉学科，从事相关研究显得尤为艰难。这本系统阐述建筑机器人基本知识和先进技术的综合性书籍显得非常及时。袁烽、阿希姆·门格斯（Achim Menges）出版的《建筑机器人——技术、工艺与方法》一书，涵盖了建筑机器人理论基础知识，将相关技术研究与实践梳理成逻辑清晰的文本材料。大量的研究案例中，材料参数、结构性能、建造工具和加工约束等因素被整合成一体化的设计与建造过程，为广大读者提供了解并应用建筑机器人的重要参照，充分展现了建筑机器人在建筑产业升级中的创造性潜力。

　　此书既有工具书的操作硬知识，又具设计启发性，不论对建筑工程领域的专业实践人士还是广大设计师，都提供了良好的知识参考；同时，该书立足于建筑学，不仅将建筑机器人作为生产力的替代者，同时也将其视为一个能够启发创新的设计与建造方法。希望此书不仅能够推动我国建筑机器人智能建造意识的进步，还可以引导研究者与实践者在人机协作的思想下不断激发建筑设计灵感，引领建筑技术的变革与发展。

中国工程院院士
西安建筑科技大学建筑学院院长

本书前言

随着信息化、低碳化等社会发展的客观需求，向其他产业学习，已经成为建筑产业漫长发展过程中的必由之路。工业机器人在制造业中的使用已有较长的历史，但是建筑机器人的运用才逐渐兴起。在数字时代的背景下，建筑师可以充分利用数字技术带来的高效性与系统性，通过构建新的设计与建造体系，推动建筑业生产方式的数字化转型与升级。

作为"十三五"国家重点图书出版规划项目，由丁烈云院士领衔编著的《数字建造》丛书涵盖了行业内各前沿领域专家学者共同进行的系统研究与前瞻性开拓。我与斯图加特大学阿希姆·门格斯教授一同编写了其中《建筑机器人——技术、工艺与方法》一书。自我与门格斯教授相识以来，我们就对建筑机器人的应用进行了一系列的合作研究。2014年上海双年展"城市馆"与上海民生现代美术馆合作的"人机未来"展览中，我作为学术主持将门格斯教授的研究作品邀请参展。2015年，我们共同出版了《建筑机器人建造》一书，并在此后举办的数届上海"数字未来"系列活动中，合作使用建筑机器人建造全尺度建筑原型。基于此，我们合作申请的国家自然科学基金委中德国际合作研究项目获得中国国家自然科学基金委员会（NSFC）和德国科学基金会（DFG）的联合批准。随着合作的深入，我们还共同完成了"机器人木缝纫展亭"等实践项目，出版了*Digital Fabrication*全英文书籍，并在同济大学"数字化设计与建造"国际博士生项目中展开教学合作。

本书更是以我们近十年来与建筑机器人进行的研究、教学与实践合作为基础，首次对建筑机器人进行了系统性的梳理，把国内外对于建筑机器人的前沿研究分享给中国的广大读者，也希望为今后更多人参与建筑机器人产业的应用和发展铺平道路。同时让大家了解到，机器人不再是制造业的独享，它们一样可以为我们的建筑设计和建造作出巨大而深远的贡献。

    《数字建造》这套丛书的出版具有重要的学术研究意义。它属于我们这个时代，同时也为后人留下了丰富的知识积累与参照。非常荣幸能够参与这项工作，深感责任重大。在此，我必须感谢丁烈云院士及编委会的所有成员对丛书编写工作付出的不懈努力。我还要特别感谢刘加平院士为本书作序，感谢我的团队柴华、张立名、胡雨辰、赵耀、陈哲文、周轶凡、张啸、郭喆、李可可、吕凝珏等对本书图文内容所做的整理工作，以及中国建筑工业出版社沈元勤编审、赵晓菲主任、朱晓瑜及张智芊编辑等为此书的校审、出版所做出的艰苦努力。

2019年8月1日

目录│Contents

第4章　建筑机器人装备共性技术

第5章　建筑机器人建造工艺

索　引
参考文献

CHAP
1

第 1 章

建筑机器人导论

1.1 概述

建筑业是我国国民经济的支柱产业，自改革开放以来我国建筑业实现了快速发展，建造能力和产业规模不断增大，对经济社会发展、城乡建设和民生改善做出了重要贡献。根据国家统计局发布的国民经济数据，2017年度全国建筑业总产值达21.39万亿元，全国GDP占比26%。建筑业增加值达5.57万亿元，达到国内生产总值的6.73%。

建筑业作为劳动力密集型行业，劳动力成本是其主要成本之一，而劳动力成本支出由其所使用的劳动力数量及工资水平所决定[1]。长期以来，成本低廉、供应充足的农村转移劳动力为建筑业的快速发展提供了重要支撑。但随着中国劳动年龄人口在2012年迎来了拐点，我国劳动力供应减少以及人工成本上升正在成为一种不可逆转的趋势。在全行业劳动力资源增长缓慢的市场环境下，建筑业作为仅次于采矿业的第二高危行业，露天的作业环境、混乱的工地现场、艰苦的居住条件都阻碍了劳动力进入建筑业的步伐。这些都使建筑业正在成为劳动力短缺波及的行业。

一方面建筑业的快速发展对劳动力需求巨大，另一方面劳动力短缺、生产技术落后、工人技能素质偏低等问题不断凸显，建筑生产工艺的转型升级不可避免地成为促进建筑业健康发展的必然需求。以建筑机器人为重要装备的建筑智能化发展内容不仅能够提高劳动生产率、应对劳动力供给等问题，同时有助于建筑业走上工业化、信息化、智能化的道路，在高性能、集约化、可持续性发展方面形成有力的抓手与支撑。

1.2 信息技术革命视角下的建筑产业升级

科技发展始终是建筑业转型升级的强大推动力。德国"工业4.0"、美国"工业互联网（Industrial Internet）""中国制造2025"等国家战略的出现昭示着新一轮技术革命的到来，为建筑产业的信息化发展提供了重要机遇。

"工业4.0"的概念自2013年4月德国汉诺威工业博览会上正式推出以来，迅速在全球范围内引发了新一轮的工业转型竞赛。为了提高工业竞争力，在新一轮工业革命中占领先机，一批世界工业大国相继提出了自己的工业转型战略，美国提出了"工业互联网"发展战略，而中国在2015年印发的《中国制造2025》也将智能制造定为实施制造强国战略第一个十年行动纲领的重要内容。物联网、云计算、人工智

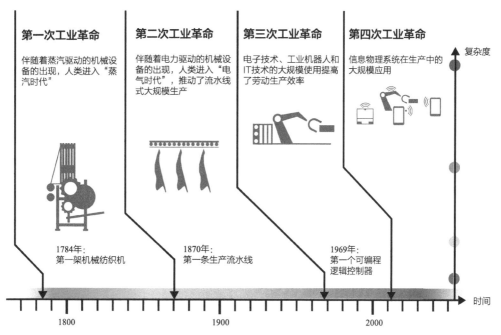

第一次工业革命

伴随着蒸汽驱动的机械设备的出现，人类进入"蒸汽时代"

第二次工业革命

伴随着电力驱动的机械设备的出现，人类进入"电气时代"，推动了流水线式大规模生产

第三次工业革命

电子技术、工业机器人和IT技术的大规模使用提高了劳动生产效率

第四次工业革命

信息物理系统在生产中的大规模应用

复杂度

1784年：
第一架机械纺织机

1870年：
第一条生产流水线

1969年：
第一个可编程
逻辑控制器

时间

1800   1900   2000

图1-1　工业革命进程
（根据German Research Center for Artificial Intelligence由作者自绘）

能、信息物理系统（Cyber-physical System）等信息化技术的迅猛发展为一种高度灵活的个性化产品生产与服务模式奠定了基础，被认为是工业生产领域的又一次重大革命（图1-1）。

从广义上讲，建筑工程建造是一种特殊的制造业，建造行业的发展同样受到原材料生产、建造设备自动化等因素的严格限制。当前，建造行业的工业化、信息化程度却远远落后于制造业等其他行业。根据麦肯锡2017年发布的数据，建造行业的信息化程度处于各行业最底层，甚至低于农业和渔猎等传统领域。粗放式的生产方式导致了生产效率的低下，也带来了工程材料的大量浪费。方兴未艾的新一轮科技革命无疑是建筑产业发展的重要机遇。如何利用信息化技术将粗放型、劳动密集型生产方式转变为精细化、系统化、智能化生产模式成为建筑产业升级的关键问题。

建筑智能建造产业升级是解决建筑业诸多问题的有效途径之一。基于信息物理系统的建筑智能建造通过充分利用信息化手段以及机器人智能建造装备的优势，加强了环境感知、建造工艺、材料性能等因素的信息整合。通过智能感知与机器人装备，实现了高精度、高效率的建筑工程建造，推动了传统建筑行业人工操作方式向自动化、信息化建造施工方式的转变。

1.3 从建筑工业化到机器人建造

18世纪末期，随着蒸汽机和机械设备的出现，第一次工业革命使工业生产向自动化生产迈出了第一步。20世纪初期的第二次工业革命利用电力能源以及随之而来的标准化生产流水线大幅提高了工业化生产和管理的效率，同时也对产品的标准化设计提出了越来越严格的要求。20世纪70年代，计算机辅助建造技术（CAM）将计算机技术与电气工程、机械工程、控制工程加以整合，不仅大大提高了工业生产的自动化水平和生产效率，产品加工的灵活性和适应性也得到了大幅提升。工业化生产的大批量预制模式逐渐向个性化定制生产转变，成为第三次工业革命的重要内容。在制造业领域，新一轮技术革命的核心是信息物理系统，即物理与信息领域的高度交叉与整合。随着微型传感器（Sensor）、处理器（Processing Unit）、执行器（Actuator）等系统被嵌入设备、工件和材料中，以工业机器人为代表的制造工具开始获得识别、监测、感知以及学习能力，逐渐实现智能感知、系统运行与组织能力的全面升级。互联网、人工智能、机器学习与机器人制造的连接大大提高了工业制造过程的智能化水平，为生产技术的第四次飞跃开启了大门。第四次产业革命综合利用第一次、第二次工业革命创造的"物理系统"和第三次工业革命带来的日益完备的"信息系统"，通过信息与物理的深度融合，实现智能化生产与制造[2]。

尽管建造技术的发展很少被技术史所重视，但是其历史发展仍旧与工业技术的发展历史保持了一定程度的同步，可以通过几次工业革命标画其进程。

1.3.1 建筑工业化生产

第一次工业革命是社会生产从手工业向机器工业的过渡，在建筑建造领域带来了生产方式和建造工艺的发展。在第一次工业革命之前，建筑建造过程很大程度上依赖在地性材料、技术、建筑知识以及建造传统；工业革命以后铁路系统的快速发展大大提高了货物与材料的流动速度和运输能力，直接导致了工业城镇数量的增长，以及建筑物和基础设施建设需求的快速膨胀。工业化生产的建筑材料和预制构件（如铸铁构件、玻璃、工厂预制的砖或者人造石材）不断涌现，在（大型钢结构桥梁、火车站、展览馆、百货公司等）大型工业建筑、基础设施和标志性建筑中被广泛应用，也直接影响了建筑行业及其施工过程。1851年伦敦世界博览会的水晶宫是第一座用工业化预制生产的金属与玻璃建造起来的建筑"纪念碑"，整座建筑采用标准预制的铁、木材、玻璃构件，现场装配过程花费了9个月的时间，成为现代预制装配式建筑的先驱。肯尼斯·弗兰姆普敦（Kenneth Frampton）在《现代建筑：一部批判的历史》中写道："水晶宫与其说是一个特殊形式，不如说它是从设计构思、生产、运输到最后建造和拆除的一个完整的建筑过程的整体体系。"

新的建筑系统需要不同的建造技术与之相适应。这一时期，特殊的建筑机械、起重机开始出现在建筑工地上，逐渐改变着建筑工地的组织模式。到20世纪初，随着（钢铁和混凝土等）建筑构件批量生产能力以及铁路系统长途运输能力的迅速提升，工业生产的预制构件开始出现在小型的单体建筑中。这种大批量预制建造模式在当时应用范围有限，直到第二次工业革命时期才得到充分发展并被广泛应用。

1.3.2　批量化预制建筑

20世纪20～30年代，随着第一次世界大战后城镇住房短缺问题日益凸显，建筑业开始从制造业借鉴工业化生产方式——像制造汽车一样建造建筑，从而催生了大量模块化、标准化建筑体系。通过设计有限数量的建筑标准构件，制定不同标准构件的组合语法，组合出相互间略有差异的建筑形式。从中不但有效节约了生产成本与时间，建筑现场施工过程还因此发生了变化。建筑预制化简化了在施工现场的工作内容，从而缩短了工期。格罗皮乌斯（Walter Gropius）的德绍-特尔滕（Dessau-Törten）住宅区，以及恩斯特·诺伊费特（Ernst Neufert）在第二次世界大战期间开发的住宅造楼机（Hausbaumaschine，英译为House Building Machine）是批量化预制建筑的典型代表。特尔滕住宅区采用在工地现场批量生产的空心砖，通过轨道式起重机吊装重型建筑构件。这种流程导向的建造方案不再是简单地从其他行业借鉴创新技术和方法，而是通过技术应用改变了建筑建造过程的流程与组织方式。

第二次世界大战之后，建筑构件的工业化生产在欧洲得到了大规模实现。紧迫的战后重建任务和住房需求，以及随后1950～1970年的快速发展，第一次使建筑大批量生产具有了现实意义。随着建筑标准化系统的日益发达，大批量生产的建筑构件在居住、教育、商业以及工业建筑中被大量使用，节省了大量建造成本和时间。20世纪60年代初，针对大型建筑项目的预制构件需要在建筑工地上或者工地附近进行预制。但在随后的数年里，越来越多的独立预制工厂开始出现。工厂覆盖范围的扩大使得材料运输距离大大缩短，批量化生产的预制建筑构件以前所未有的规模被应用于实际建造中。同期混凝土浇筑技术也得到了显著发展，滑模浇筑（Slipforming）以及升降楼板建造（Lift Slab Constructions）等技术，不仅提高了建筑构件的工业化预制率，而且对施工过程的自动化起到了重要作用。

1.3.3 建筑数字化建造

20世纪70年代中期，西方国家受到石油危机以及日渐凸显的社会问题的影响，建筑工业化的尝试在美国和欧洲大比例下降。但是建筑业采用工业化材料和生产方式的模式已经被接受，建筑预制建造与施工组织的方式也产生了巨大变化。到80年代之后，计算机辅助设计与计算机辅助建造技术开始被引入建筑领域，强大的计算机建模能力以及数控加工技术使新理念可以在形式中得以表达，并产生了一系列非线性的大型标志性建筑。但是高昂的造价使数字建造技术难以被广泛应用于小型民用建筑中。建筑数字化设计与建造技术与社会日益增长的个性化、定制化需求相契合，催生出建筑及构件的大批量定制生产模式。但受限于经济性、效率等现实因素，大批量定制模式在建筑领域至今仍未完全实现。

从制造业引入的数控机床（Computer Numerical Control，CNC）、激光切割等数字建造工具并未对建筑生产过程产生大范围的深刻影响。但从20世纪60年代起，一批特殊的建筑建造机器人开始在建筑工厂和工地上出现，这些探索从今天看来具有异常重要的价值。建筑自动化建造开始于20世纪60年代的日本。日本没有经历西方国家的石油危机，同时人口持续增长不断带来大量的建筑需求。由于缺乏熟练劳动力，自动化建造首先在日本得到了应用。一些大型预制企业如积水建房（Sekisui House）、丰田住宅（Toyota Home）和松下住宅［（Pana（sonic）Home）］，基于自身在其他自动化领域的成功经验，开始探索建筑生产的自动化。

早期建筑自动化的探索将生产从建筑工地转移到了一些自动化的工厂中。这些预制工厂仍然以人力劳动为主，所以更多的是一种流水线组织而不是真正的自动化。值得一提的是，日本的预制建造工厂与欧洲的预制建造工厂略有不同。日本在追求快速、经济生产相同构件的同时，也能够根据用户需求，实现定制化与个性化生产需求。由于日本的预制流水线与大量人力劳动结合，工厂能够在不影响整个生产线的前提下生产满足客户需求的单个构件。也就是说，单个构件可以从流水线上取出来，并在进入下一个生产阶段之前进行再加工。这种定制化的生产模式尽管在自动化程度和生产力水平上与当前工业机器人相差甚远，但仍然可以看作是当前机器人批量定制建造的先驱。

随着20世纪70年代工业机器人在制造业领域的繁荣，日本清水建设（Shimizu）首先设立了一个建筑机器人研究团队，建筑机器人研究在接下来的十年迎来了一个热潮。随后出现的单工种机器人与之前的建筑自动化流水线有了显著的不同。单工种机器人不再局限于预制化的工厂环境，而是能够将施工现场的复杂性同步考虑，实现现场拆除、测量、挖掘、铺设、运输、焊接、喷漆、检查、维护等多种多样的现场作业。单工种机器人大多关注于建立一个可以重复执行具体施工任务的简单数控系统。这些早期的建筑机器人的特点往往是手动控制，自动化成分低，再加上单工种机器人的上下游工序往往并没有实现协同，因此单工种机器人的出现虽然实现了机器换人，但在实质上并没有明显提升建造生产效率[3]。

在单工种机器人之后，一体化自主建造工地（Integrated Automated Construction Sites）成为提高现场建造效率和自动化程度的解决方案。一体化自主建造工地的基本理念是采用工厂化的流水线生产模式来组织建筑工地的建造过程——建筑工地可以像预制工厂一样合理组织生产。第一个大型一体化自主建造工地的概念出现于1985年前后，有序整合了早期单工种机器人与其他基础控制和操作系统。垂直移动的"现场工厂"为现场建造提供了一个系统化组织的遮蔽空间，使现场作业能够不受天气等因素的影响。建筑机器人的概念和技术从单工种机器人向一体化自主建造工地的转变最早由早稻田建筑机器人组织（Waseda Construction Robot Group，WASCOR）在1982年发起。该组织汇集了日本主要建造和设备公司的研究人员共同发起倡议，最终共展开了30个建筑施工现场实践。其中有些作为原型研究，其他则是一些商业化的应用。但是，由于相对较高的应用成本，其市场份额和应用范围十分有限[4]。

1.3.4 建筑机器人的互联建造

在信息技术突飞猛进的当下，基于信息物理系统的个性化、智能化建造成为建筑建造技术发展的重要方向。无论是德国"工业4.0"、美国"工业互联网"，还是"中国制造2025战略"，其共同点、核心均是信息物理系统。伴随着环境智能感知、云计算、网络通信和网络控制等系统工程被引入建筑建造领域，信息技术与建造机器人的集成使建造机器人具有计算、通信、精确控制和远程协作功能。建筑全生命周期、全建造流程的信息集成过程推动建筑产业向高度智能化的互联建造时代推进。互联建造面向"工厂"和"现场"两种核心生产环境。一方面，通过"数字工厂"建立建筑智能化生产系统，"数字工厂"作为一种基础设施通过网络化分布实现建筑的高效、定制化生产；另一方面，"现场智能建造"通过智能感知、检测以及人机互动技术将现场建造机器人、三维打印机器人等设备应用于建筑现场施工过程，通过工厂与现场的网络互联和有机协作形成高度灵活、个性化、网络化的建筑产业链。

借助互联建造，虚拟设计与物质建造的界限逐渐模糊，这将从本质上影响未来建筑的生产方式。随着"信息"成为建筑建造系统的核心，面向个性化需求的批量化定制建造将成为发展潮流。批量定制的概念出现于20世纪70年代，致力于以标准化和大规模生产的成本和效率，为客户提供满足特定需求的产品和服务。随着技术的进步，批量化定制的概念在制造业领域得到了显著发展，但是在建筑领域，受限于落后的自动化和信息化建造水平，真正意义上的批量化定制建造仍然只存在于概念层面。信息物理系统在建造过程中引入将个性化的定制信息与具有批量定制能力的建筑机器人技术结合，从而满足大批量定制生产所需要的经济性与效率。建筑不再是标准化构件的现场装配，取而代之的是非标准化构件的机器人定制化生产，以及智能化建造装备下的现场建造。

1.4 建筑机器人建造的内涵与特征

1.4.1 建筑机器人建造的内涵

就概念而言，建筑机器人包括"广义"和"狭义"两层含义。

广义的建筑机器人囊括了建筑物全生命周期（包括勘测、营建、运营、维护、清拆、保护等）相关的所有机器人设备，涉及面极为广泛。常见的管道勘察、清洗、消防等特种机器人均可纳入其中。

根据从事工艺任务的不同，建筑机器人可以分为三个类型：建造机器人、运营维护机器人和破拆机器人。

用于工程建造的机器人装备是建筑机器人研究的主体内容。包括用于建筑"数字工厂"的预制生产机器人和自动化装备，以及用于"现场施工"的建筑机器人及智能化施工装备。根据建筑施工过程划分，建造机器人包括主体工程中的建造机器人（用于土方工程、钢结构工程、砌体工程等主体结构施工），以及装修装饰中的机器人（包括饰面安装工程、抹灰工程、涂刷工程等）。

建筑施工和运营过程中建筑维护的自动化和智能化也是建筑机器人研究的重要方向。运营维护主要对建筑物进行检查、清理、保养、维修。相应的运营维护机器人主要包括两大类：一类是建筑清理机器人，一类是建筑物的缺陷检查与维护机器人。

破拆是建筑垃圾循环利用的首要环节。破拆机器人是建筑垃圾循环利用和科学管理的突破口。因此，破拆机器人不仅需要将建筑物进行破拆，同时需要考虑对拆卸产生的建筑垃圾进行分解和回收利用。以水泥回收机器人Ero［侵蚀（Erosion）

的缩写〕为例。Ero利用高压水流分离钢筋和混凝土，吸收并分离骨料、水泥和水的混合物。骨料和水泥浆分别送至包装单元进行包装，转运到混凝土预制站加工成预制建筑构件，再在装配式建筑中实现再利用。

狭义的建筑机器人特指与建筑施工作业密切相关的机器人设备，通常是一个在建筑预制或施工工艺中执行某个具体的建造任务（如砌筑、切割、焊接等）的装备系统。其涵盖面相对较窄，但具有显著的工程实施能力与工法特征。典型的建筑机器人系统包括墙体砌筑机器人、3D打印机器人、钢结构焊接机器人等。本书所关注的建筑机器人是指狭义上的建筑机器人。

此外，建造机器人还包括极限环境下的建造机器人。如美国宇宙航天局（NASA）正在研究的外太空建造机器人，以及能够在地球极地、高原、沙漠等不同极限环境下工作的机器人。

通过执行不同的建造任务，建筑机器人不但能够辅助传统人工建造过程，甚至可以完全替代人类劳动，并且大幅度超越传统人工的建造能力。早期建筑机器人执行的任务和建造内容大多数情况下是相对专业化和具体的，但是随着机器人信息化水平的提升以及不同工种机器人之间的集成与协作，建筑机器人的作业能力和工作范围正在迅速扩展，在建筑工程中承担愈发复杂与精准的建造任务。

1.4.2 建筑机器人的技术特征

建筑工程尤其是施工现场的复杂程度远远高于制造业结构化的工厂环境，因而建筑机器人所要面临的问题也比工业机器人要复杂得多。与工业机器人相比，建筑机器人具有自身独特的技术特点。

首先，建筑机器人需要具备较大的承载能力和作业空间。在建筑施工过程中，建筑机器人需要操作幕墙玻璃、混凝土砌块等建筑构件，因此对机器人承载能力提出了更高的要求。这种承载能力可以依靠机器人自身的机构设计，也可以通过与起重、吊装设备协同工作来实现。现场作业的建筑机器人需具有移动能力或较大的工作空间，以满足大范围建造作业的需求。在建筑施工现场可以采用轮式移动机器人、履带机器人及无人机实现机器人移动作业功能。

其次，在非结构化环境的工作中，建筑机器人需具有较高的智能性以及广泛的适应性。在建筑施工现场，建筑机器人不仅需要复杂的导航能力，还需要具备在脚手架上或深沟中移动作业、避障等能力。基于传感器的智能感知技术是提高建筑机器人智能性和适应性的关键环节。传感器系统要适应非结构化环境，也需要考虑高温等恶劣天气条件，充满灰尘的空气、极度的振动等环境条件对传感器响应度的影响，保证建筑机器人的建造精度。

此外，建筑机器人面临更加严峻的安全性挑战。在大型建造项目尤其是高层建筑建造中，建筑机器人任何可能的碰撞、磨损、偏移都可能造成灾难性的后果，因此需要更加完备的实时监测与预警系统。事实上，建筑工程建造所涉及的方方面面都具有极高的复杂性和关联性，往往不是实验室研究所能够充分考虑的。因此在总体机构系统设计方面，现阶段建筑建造机器人往往需要采用人机协作的模式来完成复杂的建造任务。

最后，建筑机器人与制造业机器人的不同还在于二者在机器人编程方面有较大的差异。工业机器人流水线通常采用现场编程的方式，一次编程完成后机器人便可进行重复作业。这种模式显然不适用于复杂多变的建筑建造过程。建筑机器人编程以离线编程（Off-line Programming）为基础，需要与高度智能化的现场建立实时连接以及实时反馈，以适应复杂的现场施工环境。

由于工业机器人发展较为成熟，在工业机器人的基础上开发建筑机器人装备似乎是一条相对便捷的途径。但是从硬件方面来看，工业机器人并非解决建筑建造问题的最有效的工具。绝大多数工业机器人的硬件结构巨大而笨重，通常只能举起或搬运相当于自身重量10%的物体。建筑机器人的优势在于可以采用建筑结构辅助支撑，从而机器人可以采用更加轻质高强的材料。但是在土方挖掘、搬运、混凝土浇捣、打印等作业中，建筑机器人仍不可避免地具有较大的自身重量。通常在硬件稳定性方面，建筑机器人需要处理的材料较重，机械臂的活动半径也较大，所以建筑机械臂需要额外增强，以保证自身所需的直接支撑。这种增强型建筑机器人通常需要在传统工业机器人之外特别研发。

1.4.3　建筑机器人的优势与潜力

相较于传统建造工艺与工法而言，建筑机器人的优势可以归纳为以下几个方面：首先，建筑机器人通过替代人类的体力劳动，能够将人从危险、沉重、单调重复的建筑作业中解脱出来，有效改善建筑行业工作条件；其次，在多数情况下，机器人建造只需要一个操作员来监督机器人系统，随着劳动力短缺的问题逐渐凸显，在传统领域使用机器人代替建筑工人，同时开发机器人工艺完成新兴建造任务，能够有效应对劳动力短缺问题；第三，通过开发专门化的机器人建造工具与工艺，建筑机器人能够显著提高建筑生产效率，并创新性实现人工无法实现的工艺目标；第四，建筑机器人有助于实现建筑的性能化目标，减少资源浪费，走向高效、节能与环保。通过传感器引导、自动化编程、远程控制等操作，建筑机器人可以实现精确控制、实时记录与监控，对质量产生积极影响，也从而减少了资源消耗；此外，机器人具备将建筑活动拓展到人类所无法适应的空间与环境领域工作的潜力，通过在极限环境、水下、沙漠、高温高压区域进行建造，带来巨大的经济效益[5]；最后，机器人工作平台执行无限、非重复任务的能力突破了传统手工和机器生产的局限，使实现复杂建筑系统以及小批量定制化建造成为可能，对建筑本身的发展具有重要价值。

随着信息技术的快速发展，建筑机器人的潜力被进一步挖掘，在技术层面能够完成的建造任务将会发生根本性的改变。首先，在硬件方面，机器人本体及其零配件呈现出便捷化、灵活化的趋势，机器人装配、安装和维护的速度较以往得到了显著提高。例如即插即用（Plug-and-Play，PNP）技术的发展有效规避了系统整合的复杂性，大大提高了终端用户的体验；其次，随着各种智能感知技术的日益成熟，基于激光定位、机器学习与虚拟现实的自主编程，以及基于加工对象的测量信息反馈的机器人路径规划，使机器人编程变得快速轻松，进而减少重复性工作，降低准入门槛。更重要的是，机器人正在变得愈发智能。基于人工智能和传感器技术的进展，机器人能够通过对所在环境的感知来调整行动，应对多变的任务与环境。机器人不再一味遵循预设路径，通过传感器信息整合和实时反馈来调整机器人的动作，进而提供更高的建造精准度。这样不仅会大大提高机器人自动化建造能力，同时也将有效驱动建造质量的提升。在建筑生产过程中，机器人能够承担熟练技术工人的工作，并结合机器人自身特性开展替代手工的工作。例如机器人可以利用力的反馈在研磨、修边或者抛光中进行技术操作，也可以在涂料喷涂过程中实时调整涂料的厚度或者成分[6]。得益于机器人感知与交互技术的发展，人机交互的协作建造可以成为众多复杂建造作业的首选。人们不仅能够自由分配机器与人的工作任务，先进的安全系统也使机器人能够与人类共同协作完成建造任务[7]。通过传感器实时感知，机器人能够自动规避与协作人员发生碰撞的风险。人机协作通过任务分配不仅有助于提升预制化工厂的生产效率，也为机器人在非结构化环境下的建筑现场施工中的应用打下了基础。

从技术发展方向上讲，建筑机器人发展呈现四大趋势：第一，人机协作。随着对人类建造意图的理解，人机交互技术的进步，机器人从与人保持距离作业向与人自然交互并协同作业方面发展。第二，自主化。随着执行与控制、自主学习和智能发育等技术的进步，建筑机器人从预编程、示教再现控制、直接控制、遥控等被操纵作业模式向自主学习、自主作业方向发展。第三，信息化。随着传感与识别系统、人工智能等技术的进步，机器人从被单向控制向自己存储、自己应用数据方向发展，正逐步发展为像计算机、手机一样的信息终端。第四，网络化。随着多机器人协同、控制、通信等技术的进步，机器人从独立个体向互联网、协同合作的方向发展。

机器人技术的发展为其在建筑领域的广泛应用奠定了基础。与传统建筑批量预制化生产相比，当前的机器人建造技术不仅具备高效的批量生产能力，也能够满足个性化、定制化的建造需求。通过在机器人设备与建造材料、施工环境之间建立信息互联，机器人能够实时调整工作状态、更换建造工具、切换工作任务、响应环境变化，从而实现高度智能化的建筑柔性建造机制。

1.5 建筑机器人发展现状与趋势

世界范围内，建筑机器人研究主要围绕两个研究方向展开。在建筑土木工程建造领域，建筑机器人研究主要以"机器"代"人"为目标，开发适宜的机器人建造装备与工艺来替代传统工人完成重复、危险的建造工作，如机器人幕墙安装、机器人瓷砖铺设等。而在建筑学领域，建筑师通过开发建筑机器人独特的建造能力，利用建筑机器人实现传统建造工艺难以完成的创新建筑工艺。后者在设计阶段，将建筑机器人的加工能力以及生产逻辑整合到建筑形态与结构设计中，形成建筑设计与建造一体化的流程与新工艺，为建筑与工程发展带来了新的机遇。在此过程中，传统材料的性能特征与建构潜力得到进一步挖掘，同时一些新兴绿色建筑材料，如纤维增强聚合物、木质复合材料及高强混凝土，通过机器人加工工艺技术展示出其材料性能上的优势（图1-2）。

1.5.1 国外建筑机器人发展现状

建筑机器人的发展与工业机器人产业的整体发展趋势紧密相关。面对机器人产业的蓬勃发展，各国研发机构不断深化技术研究，抢占智能工业时代的高地。2015年日本国家机器人革命小组发布了《机器人新战略》，高度重视对机器人产业发展影响重大的下一代技术和标准，具体推进人工智能、模式识别、机构/驱动/控制/操作系统和中间件等方面的技术研发。美国2013年公布的《机器人路线图》部署了未来要攻克的机器人关键技术，包括非结构环境下的感知操作、类人灵巧操作、能与人类协作、具备在人类生产生活场景中的自主导航能力、具备良好的安全性能等。

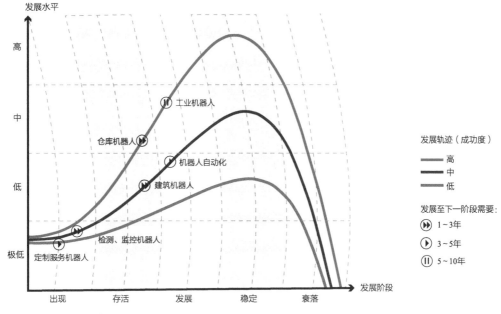

图1-2 机器人发展阶段
（根据Forrester Research由作者自绘）

2014年欧委会和欧洲机器人协会下属的180个公司及研发机构共同启动全球最大的民用机器人研发计划（SPARC）。

随着建筑机器人研究投入逐年加大，日本、美国、瑞士、德国、澳大利亚等发达国家已经取得了突出的研究成果。日本建筑机器人研究起步较早，从20世纪80年代起，日本就将机器人装备引入了建筑施工领域，研制出一系列切实可行的建筑机器人。其研究涉及的建筑活动范围甚广，包括高层建筑抹灰机器人、地面磨光机器人、瓷砖铺贴机器人、玻璃安装机器人、玻璃清洗机器人、模板制作机器人、混凝土浇灌机器人、钢架调整机器人、内外装修机器人以及搬运机器人等。日本早期的建筑机器人不仅自动化程度低，而且建造能力有限，在建造效率与经济性方面并没有实质性的突破。

美国建筑机器人研究呈现迅猛发展的态势，在多个领域走在世界前列。美国南加州大学（University of Southern California）与美国宇宙航天局合作研发的轮廓工艺（Contour Crafting）技术，将3D打印技术应用于建筑行业，运用高密度、高性能混凝土进行大尺度层积建造，在世界范围内带来了深远影响[8]。美国建造机器人公司（Construction Robotics）开发了半自动砌砖机器人（Semi-Automated Mason，SAM）砌筑系统，配备夹具、砖料传递系统以及一套位置反馈系统，可使墙体砌筑效率提高3~5倍，减少80%的人工砌筑作业。目前该砌筑机器人系统已投入商用。在美国科学促进会（AAAS）2014年年会上，哈佛大学威斯研究所（Wyss Institute）的研究团队公布了他们模仿白蚁处理信息的方式制造的"白蚁机器人"，该机器人能自动选择位置放置砖块，只需简单规则就能建造复杂结构[9]。麻省理工学院媒体实验室（The MIT Media Lab）在建筑机器研究领域取得了重要进展，不仅探索了玻璃打印、石子打印等建造工艺，而且开发了大型机器人数字建筑平台（Digital Construction Platform，DCP），能安全、迅速而节能地建造大型建筑。平台模拟了3D打印机的功能，有大小两个机械臂。大机械臂具有4个自由度，主要完成大范围移动动作；小的具有6个自由度，用于保证作业精度。平台用自动化机器人系统取代了传统具有危险、缓慢而又能量密集的制造方法，展现出巨大潜力[10]。

苏黎世联邦理工学院（ETH Zürich）的法比奥·格马奇奥（Fabio Gramazio）与马赛厄斯·科勒（Matthias Kohler）教授首先将机器人建造技术引入了建筑学领域。他们在2008年威尼斯建筑双年展中的R-O-B项目，用6轴机器人进行复杂墙体砌筑，产生了很大的轰动效应，带动了建筑学领域机器人数字建造的热潮。机器人砌筑也是苏黎世联邦理工学院早期机器人研究的重点内容。他们针对非结构环境下的砌筑作业研发了第一代"现场建造机器人（In Situ Fabricator）"系统，其主体由一个汽油发动机驱动的履带式移动平台顶置一具6轴ABB工业机械臂组成，机械臂前端配置吸盘式抓取装置。与此同时，该系统还集成了移动机器人的自主导航技术，使其能够工作于存在障碍物的复杂施工环境，其砌筑效率约为人工的20倍[11]。在机器人砌筑方面，格马奇奥与科勒还探索了飞行砌筑的方法。2012年，他们实施了一个名为飞行组装建筑（Flight Assembled Architecture，图1-3）的实验项目，利用多台四旋翼无人机搭建了一个高约6m、包含1500块轻质砖块的大尺度曲线形构筑物，成功实施验证了飞行器平台实施结构体营建的可行性，同样产生了强烈的社会反响[12]。

20世纪90年代，德国卡尔斯鲁厄理工学院（KIT）率先研发了世界首台自动砌墙机器人Rocco，斯图加特大学开发了一款砌筑机器人Bronco，开启了德国建筑机器人研究的序幕。2010年以来，德国斯图加特大学计算机设计学院（ICD）利用计算设计与机器人建造方法，将材料性能、结构性能及建造工艺相整合，着重针对木材和碳纤维材料进行了创新设计与建造探索，制造了一系列具有相当学术价值的建筑装置和展亭[13]。在木结构建造方面，ICD通过展亭建造对机器人木材铣削工艺、机器人木材切割工艺进行了实验性探索。他们开发的机器人木缝纫工艺将工业缝纫机用于薄木板结构的建造，形成了新型薄板结构连接方式，有效提高了木板材结构效率和

图1-3　Gramazio&Kohler飞行机器人砌筑工艺（2012年）
（图片来源：Gramazio Kohler Research, ETH Zurich）

图1-4　ICD机器人碳纤维编织工艺（2013、2014年）
（图片来源：ICD/ITKE University of Stuttgart）

节点稳定性；在碳纤维材料建造方面，ICD将多机器人协同技术用于碳纤维、玻璃纤维结构的缠绕成型，创造了高度定制化的纤维编织结构（图1-4）。2017年ICD更是将无人机与工业机器人协同，探索大尺度机器人碳纤维编织的可能性。随着研究的深入，ICD正逐渐将建筑机器人研究向自适应建造、人机协作建造等领域拓展。

　　在建筑机器人研究方面，澳大利亚近年的发展同样值得关注。澳大利亚快砖机器人公司（Fastbrick Robotics）开发了哈德良109（Hadrian109）砌筑机器人系统。哈德良109系统基于履带式挖掘机平台改装而成，配备长达28m的两段式伸缩臂，沿伸缩臂敷设有砖块传送轨道，末端配备砖块自动夹取装置。哈德良109系统可以在单体建筑物尺度开展工作，大大拓展了机器人砌筑建造范围，同时将砌筑精度控制在0.5mm水平。哈德良109砌筑机器人系统已于2016年投入市场。澳大利亚皇家墨尔本理工大学（RMIT University）的建筑机器人实验室在机器人塑料打印、机器人金属弯折等领域展现出一定的技术优势。罗兰·斯努克斯（Roland Snooks）教授基于集群智能（Swarm Intelligence）逻辑及多代理系统的算法策略进行形态设计，利用机器人打印、金属弯折工艺打造了多种创新性建筑装置作品[14]。

　　除此之外，瑞典、英国、西班牙、韩国等各国也在建筑机器人领域取得了一定的研究成果。2015年瑞典nLink公司采用"移动平台+升降台+机械臂"的结构推出了一款移动钻孔机器人系统（Mobile Drilling Robot），并已投入商业市场[15]。瑞典于默奥大学（Umeå Universitet）提出的Ero概念机器人系统采取分离回收的方式直接将混凝土与钢筋剥离，同时予以资源化回收；2015年，英国政府资助了一项名为"针对建筑环境的柔性机器人装配模块"（Flexible Robotic Assembly Modules for the Built Environment，FRAMBE）的新一代建筑机器人研究计划。计划基于模块化建筑方法，运用机器人技术建造预制模块，现场实现机器人装配，其最终成果值得期待。西班牙加泰罗尼亚高等建筑研究院（Institute for Advanced Architecture of Catalonia）开发的"Mini Builders"系统旨在解决"轮廓工艺"系统最大的问题——建筑本体尺寸受限于打印机大小。系统包括地基机器人（Foundation）、抓握机器人（Grip）和真空机器人（Vacuum）三套3D打印机器人，分别用于地基、墙体和墙面的打印作业，三者通过计算机协调彼此运作工艺，并结合自身传感器和定位数据，按顺序执行建造任务[16]。

1.5.2 国内建筑机器人发展现状

我国建筑业信息化率仅约为0.03%，与国际建筑业信息化率平均水平0.3%相比差距巨大。建筑产业信息化建设任重而道远。我国建筑机器人建造研究起步较晚，发展水平较低。但在特定领域，国内机构已经取得了令人瞩目的成绩。

在建筑学领域，国内主要建筑院校是建筑机器人研究与推广的主要平台。2010年以来，同济大学、清华大学、东南大学、南京大学、青岛理工大学、浙江大学等高校相继建立建筑机器人实验室，开展建筑机器人相关教学实践。其中同济大学是国内建筑机器人领域的主要推动者。同济大学建筑与城市规划学院数字设计研究中心（DDRC）长期从事建筑机器人建造装备、工具端与工艺研发。中心配备了国际领先水平的实验设备14轴导轨式建筑机器人平台、机器人协同软件"Robot Team"以及一系列自主研发的机器人工具端，搭建了世界领先的机器人硬件装备平台。同济大学从2011年起，连续举办上海"数字未来"活动，针对不同主题探讨建筑机器人智能建造在建筑学教育、科研和实践中的潜力和可能。2015年同济大学与上海一造建筑智能工程有限公司（Fab-Union）合作率先建立了全球首台18轴建筑机器人加工平台，并相继开发了机器人木构（图1-5）、机器人陶土打印（图1-6）、机器人砌筑、机器人塑料3D打印等工艺，掌握并达到了国际水平的专门化技术。先后出版了《建筑数字化编程》《建筑数字化建造》《建筑机器人建造》《探访中国数字工作营》《从图解思维到数字建造》《计算设计》（Computational Design）、《数字建造》（Digital Fabrication）、《建筑工作室》（Collaborative Laboratory）等多本相关著作，确立了国内建筑数字化设计与建造的理论框架。2016年，由上海市科委批准、立项，同济大学、同济大学建筑设计研究院（集团）有限公司、上海建工机施集团联合建设了"上海建筑数字建造工程技术中心"，旨在建设示范性建筑机器人建造共性技术研发平台，通过建筑机器人建造装备、工艺研发与应用在上海大力推广建筑机器人建筑技术，对建筑机器人

图1-5　上海一造科技（Fab-Union）机器人木构（2016年）
（图片来源：上海一造科技）

图1-6　同济大学数字设计研究中心机器人陶土打印（2015年）
（图片来源：上海一造科技）

研发成果迅速转化起到了重要推动作用。2017年，同济大学与中建集团合作，在"十三五"重点研发计划"绿色施工与智能建造"项目下，开发了移动式履带式现场机器人建造平台的研发工作，填补了我国在该领域的空白。

同样，清华大学建筑学院也积极将机器人建造内容融入建筑系教学。从2015年起在暑期"参数化非线性建筑设计研习班"中开设"机械臂建造班"，相继尝试了机器人木构、机器人三维打印等。2017年10月，清华大学联合中南置地成立清华大学（建筑学院）—中南置地数字建筑联合研究中心，致力于研究与数字建筑相关的多项关键性课题。联合研究中心成立初期重点研发"混凝土3D打印—系统化智能建造体系"，在机器人混凝土打印方面进行了深入探索。2018年5月，清华大学主办2018亚洲计算机辅助建筑设计研究年度会议（CAADRIA 2018）。清华大学团队利用双机器人协同三维打印混凝土技术，建造了直径达3m的复杂曲面空间形体，高效地呈现出数字设计的复杂形态。2018年8月，清华大学（建筑学院）—中南置地数字建筑研究中心首次把机器人自动砌砖与3D打印砂浆结合在一起，形成"机器臂自动砌筑系统"，并首次把该系统运用于实际施工现场，建成一座"砖艺迷宫花园"。

此外，东南大学、南京大学、青岛理工大学、浙江大学相继在教学中引入建筑机器人建造。东南大学在多年数字建造教学的基础上加入了机器人建造的内容，主要针对机器人木构铣削工艺开展了多次探索。第三届中国建筑学会建筑师分会数字建筑设计专业委员会（DADA）国际工作坊中，东南大学团队完成了神经元机器人（Neuron）木构建造实践，采用机器人铣削工艺，建造了跨度7m、高3m的木板材结构。同年，东南大学建筑系开设大四设计课程"机器人建造"，学生采用机器人切割纤维板建造了Crown拱形结构。在2018年发布的Mero机器人木构项目中，东南大学团队再次将铣削工艺扩展到实木材料的节点加工中，完成了多个木网壳结构的实验建造。2016年，南京大学首次在教学中尝试机器人建造技术，编织完成了张拉整体结构单元的数字建造。2016年青岛理工大学建筑学院数字建构实验室（DAM_Lab）成立了机器人建造中心（Robotics Fabrication Center），以此为契机召开了国际机器人建构工作营，应用机器人的"夹取工具"和"热线切割工具"分别开展了"木构搭建"和"EPS泡沫切割塑形"的建构实验；2018年，浙江大学建筑系建设了机器人实验室，并开设"数字化设计与机器人建造"课程，作为建筑学系参数化设计课程体系中的新增部分，逐步开始将热线切割等机器人建造技术引入建筑设计思考中。

上海市机械施工集团有限公司牵头，联合天津大学、北京石油化工学院，以及江阴纳尔捷机器人有限公司等单位共同开发了"多瓣式空间网壳节点加工机器人"智能焊接机器人装备，并成功应用于上海世博轴阳光谷、自然博物馆（新馆）细胞壁钢结构工程、上海中心大厦以及世博博物馆"云结构"等多项工程项目。这些尝试不仅填补了我国基于机器人施工装备的复杂焊接节点流水化制作工艺的空白，而且对于提升我国建筑行业在大跨度和空间异形钢结构方面的建造水平和技术进步也具有深远影响和重要意义；河北工业大学、河北建工集团在863计划的支持下，于2011年研发成功我国第一套面向建筑板材安装的辅助操作机器人系统——"C-ROBOT-I"。该机器人系统面向大尺寸、大质量板材的干挂安装作业，可满足大型场馆、楼宇、火车站与机场等装饰用大理石壁板、玻璃幕墙、天花板等的安装作业需求[17]。

从上述现状可以看出，建筑机器人的研发主要建立在相关工业机器人技术的基础上，通过技术集成、改造和创新，应对建筑生产与施工中面临的需求和问题。尽管国内外发展水平不一，但整体而言，除了在砌筑等少数领域研究相对深入外，大多数建筑机器人建造技术的信息化、智能化水平，技术成熟度仍有待进一步优化与完善。

1.6 建筑机器人的产业化发展与应用

建筑机器人研究在建筑学领域全面推进的同时也引来了一系列的质疑，一些人认为无论从学术还是从科技角度，建筑机器人的创新空间似乎依然十分有限。建筑机器人也被质疑代价过于昂贵，从行业发展的角度，建筑机器人的未来存在太多不确定性。但是近年来，一些新兴的建筑机器人科技公司和成功的建筑机器人应用实践成为对这些质疑的直接挑战和回应。

1.6.1 新兴建筑机器人科技公司

建筑机器人科技公司的出现是建筑机器人从研究室走向实践应用的标志。这些新兴科技公司一般以建筑学为主导，带着建筑学在设计层面上的优势，踏上了建筑业的舞台。事实上，早在1996年，建筑师伯纳德·剞可（Bernard Cache）的公司——Objectile数字设计与建筑研究实验室——就开设了一个采用数控铣床的建造工厂。近年来，上海一造建筑智能工程有限公司（Fab-Union）、奥迪卡模板机器人公司（Odico Framework Robotics）、Robofold、洛杉矶Machineous顾问公司、机器人科技公司（Rob Technologies）、Greyshed设计研究实验室、布兰奇科技（Branch Technology）等建筑机器人企业通过为建筑业提供急需的软件、硬件工具，不断缩小学术研究和工业之间的差距[18]。这些技术公司与早期的建造顾问公司有所不同，瑞士"设计—生产"公司（Design to Production）、Case Technologies等早期科技公司致力于通过数控（CNC）等数字建造技术为复杂建筑的建造提供技术支撑，而新兴的建筑机器人公司提供设计与建造技术的协作开发。他们不仅关注机器人建造技术，同时通过软件开发制定了相应的设计工具，起到了引领新型建造工艺的作用。其中包括砖的砌筑、金属弯折、泡沫切割等创新工艺。通过将相应的软件和设计工具提供给建筑师和建筑产业，市场应用的门槛被大大降低[19]。Rob Technologies公司开发了犀牛（Rhino）插件"Brick Design"用于砖块非标准砌筑的设计，并开发了非标准化的机器人砌筑工艺。在2008年威尼斯建筑双年展上，Rob Technologies与格马奇奥&科勒研究所一起完成了名为"振荡结构"（Structural Oscillations）的机器人砖构装置，引起了极大的轰动效应。2012年威尼斯建筑双年展的"Arum"装置由扎哈·哈迪德建筑事务所（ZHA）与RoboFold共同呈现，其中，RoboFold提供的折板结构设计工具以及机器人金属板弯折工艺使装备的美学和建造潜力得以充分实现[20]。奥迪卡模板机器人公司是一家致力于通过机器人制造大型建筑模板的技术公司，尝试通过使用创新的软件和机器人技术革新建筑行业，奥迪卡公司利用机器人热线切割（The Robotic Hotwire Cutting, RHWC，图1-7）发泡聚苯乙烯（EPS）混凝土浇筑模板这一项技术，解决了使用机器人进行大规模建造时面临的挑战，其技术已经在小型和大型建筑项目中进行了测试。在国内，上海一造建筑智能工程有限公司（Fab-Union）是一家建筑数字设计与数字建造技术服务公司的上海市高新技术企业，专注于数字化设计与建筑机器人技术开发，推动传统建筑行业的产业化升级，拥有全球领先的18轴空间桁架机器人系统，多台移动建造机器人平台及实验

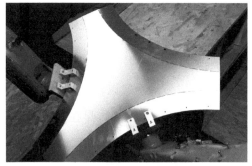

图1-7 Odico Formwork Robotics机器人热线切割工艺
（图片来源：Odico Formwork Robotics）

图1-8 上海一造科技（Fab-Union）机器人金属板弯折（2018年）
（图片来源：上海一造科技）

机器人组。2014年起，上海一造建筑智能工程有限公司在自主机器人平台上配备了包括木材铣削工具、混凝土打印工具、塑料打印工具、木材切割工具、金属焊接工具、大尺度石材切割工具、木缝纫工具、金属弯折工具（图1-8）等一系列建筑机器人工具端。在建筑机器人控制系统、多机器人协同技术、机器人非结构化环境感知等共性技术，以及机器人增材建造工艺、机器人砌筑建造工艺、机器人木构建造工艺和机器人金属加工工艺等领域均在国内处于领先地位。

1.6.2 建筑机器人建造实践

新兴机器人科技公司为建筑机器人从研究走向实践应用开辟了道路。格马奇奥和科勒研究所自2005年建设第一个机器人建造研究工作站开始，便致力于建筑机器人在实践领域的应用。在2006年，他们使用机器人砖墙砌筑技术完成了甘特宾酒庄（Gantenbein Winery）的建筑立面表皮预制建造，通过机器人砌筑工艺，成功让砖墙表皮呈现出交织的球状肌理，开辟了建筑学领域机器人数字建造的先河。之后的十年间，随着建筑机器人研究的迅猛发展，相关实践也层出不穷。2014年，斯图加特大学计算机设计学院采用机器人木板材铣削技术建造了位于德国施瓦本格明德（Schwäbisch Gmünd）的园艺展览馆。展馆由243块独特的几何板块、7600个指形接头拼接而成，每个板块的形态和节点都是通过算法生成，利用7轴机器人加工。施瓦本格明德的园艺展览馆不仅展现了机器人的建造潜力，同时也为创新设计提供了重要支撑。为了推动建筑前沿研究的实践应用，2016年5月由苏黎世联邦理工学院格马奇奥和科勒研究所教授领衔打造了瑞士模块化实验大楼NEST，为建筑机器人及相关智能研究提供了实践平台。在国内，一造科技在研发的同时开展了多个机器人建造实践项目，2015年，上海一造建筑智能工程有限公司与苏州昆仑绿建木结构公司合作完成了江苏省园艺博览会现代木结构主题馆的大跨度木拱壳结构，第一次将机器人数控铣削技术用于复杂木结构节点的批量定制生产，在6个月的时间里实现了45m跨度的木结构建筑，为机器人木构建造工艺的发展积累了初步经验。2016年，在上海池社项目建造中，上海一造建筑智能工程有限公司第一次将专项研发的机器人砌筑工艺用于建筑外立面的现场建造中，实现了机器人智能建造技术在"现场"完成典型结构建造的全球首次尝试。

建筑机器人的实践无疑在一定程度上展现了机器人建筑产业化的巨大潜力，但当下实践的数量和范围仍未全面展开，建筑机器人技术的成熟与应用仍有待更多的建筑机器人建造技术进入市场。

1.6.3 总结

建筑机器人技术的核心任务在于实现建筑生产和建造过程的自动化、信息化升级与创新，通过信息物理系统方法整合设计、预制、施工、运营与拆除等过程，实现建筑全生命周期的精准分析和精确建造。建筑机器人智能建筑的发展方向需要涵盖建筑建造的全过程。其关键共性技术包括人机协作控制、智能感知与传感器的环境适应性控制、非结构化环境的精确作业、建筑机器人施工工艺以及建筑工程施工的智能监测等（图1-9）。

在当前的发展水平下，利用既有工业机器人技术，对现有的建筑装备进行升级，并在此基础上大力推动建筑机器人专业系统是现阶段发展建筑机器人技术的合理途径。随着新兴科技革命的发展，建筑机器人作为具有发展潜力的智能技术，有望实现建筑业数字化、网络化、智能化的全面突破。面向绿色化、信息化和工业化的建筑机器人智能建造技术作为实现传统建筑产业升级的核心，是我国"十三五"期间新型城镇化发展的重要战略和趋势。建筑机器人智能建造技术能够有效提高劳动生产率，避免资源浪费，解决建筑行业高度依赖人力资源的落后现状，让建筑产业提升到工业级精细化水平，交付达到工业级品质的建筑产品，规模化地满足社会对个性化定制与批量化生产的日益增长的需求，推动建筑业从碎片化、粗放型、劳动密集型生产方式向集成化、精细化技术、机器密集型生产方式的转型升级，对提升国家智能建造产业竞争力具有极其重要的意义。

图1-9　瑞士国家数字建造研究中心建筑机器人智能工厂
（图片来源：Gramazio Kohler Research, ETH Zurich）

第 2 章

建筑机器人工作原理

2.1 概述

建筑机器人数字建造技术可以追溯到20世纪初期的第二次工业革命。伴随着批量化生产和高效物流模式的飞速发展，人类社会对于信息技术的认知和开发也出现了萌芽。高效率的信息化需求孕育了制表机的发明。在第二次世界大战中这项技术通过对二进制数学算法的运用逐渐演变成为早期的计算机。第二次世界大战结束后，数字与信息技术得到快速推广与发展。数控机器（Numerical Control）最初是由美国的约翰·帕森斯（John T. Parsons）提出来的设计概念。1947年，帕森斯创立的美国帕森斯公司（Parsons）开始研究以脉冲方式（Pulse Mode）控制机器各个轴的运动，进行复杂形态轮廓加工[21]。1949年，在麻省理工学院伺服机构研究所（Servomechanisms Laboratory of the MIT）的合作协助下，帕森斯历时三年，终于在1952年完成了能通过计算机进行三轴控制的铣床原型机，取名为"数控机器（Computer Numerical Control，CNC）"，这就是世界上第一台数控加工机器（图2-1）[22]。这种具备精确信息传输技术的设备可以加工形态高度复杂的几何构件，完全超越了机械式人工制造的能力与精确度[23]。如今大多数数控设备通过计算机进行控制。三轴的数控机床工作模式是工业机器人发展的前身[24]。

乔治·戴沃尔（George Devol）最早提出了工业机器人的概念，并在1954年申请了专利（专利批准在1961年）[26]。1956年，戴沃尔和被誉为"工业机器人之父"的约瑟夫·恩盖尔柏格（Joseph F. Engel Berger）基于戴沃尔的专利，合作建立了美国尤尼梅逊工业机器人公司（Unimation）[27]。1961年Unimation的第一台工业机器人（图2-2）在美国诞生，开创了机器人发展的新纪元。这是一台用于压铸的五轴液压驱动机器人，手臂的控制由一台计算机完成。它采用了分离式固体数控元件，并装有存储信息的磁鼓，能够完成180个工作步骤的记忆。但世界上第一台真正实现商业化应用的机器人，则是出自美国机器与铸造公司（American Machine and Foundry，AMF）。1960年，他们将公司制作的第一台机器人命名为"万能搬运家"（Versatran）[28]。第二个突破是以斯坦福大学（Stanford University）的维克托·希曼（Victor Scheinman）在1969年设计的"斯坦福机械臂"（Stanford Arm）为代表的六轴机械臂。1973年，辛辛那提米拉克龙公司（Milacron）设计出第一台由微型计算机控制的工业机器人[29]。其后，希曼在1978年开发了可编程的通用机械臂（Programmable Universal Manipulation Arm）[30]。随后的几十年，各种结构类型的

 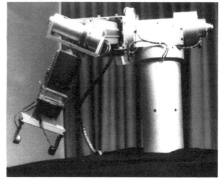

图2-1 帕森斯发明的世界第一台具备自动换刀系统的数控机床，1952[25]

图2-2 Unimation生产的世界第一台工业机器人，1961
（图片来源：https://reader009.staticloud.net/reader009/html5/20180714/5571fa0d49795991 69912083/bg1.png）

工业机器人相继被研制出来。这些工业机器人的控制方式与数控机床大致相似，但外形特征迥异，主要由类似人手臂的结构组成。其中，四轴平面关节机器人、四轴并联机器人、六轴串联机器人等三种类型的机器人在市场上有着十分广泛的应用，机械结构简单成熟，控制算法简单快速[31]。

机床数控系统和工业机器人控制系统都属于多轴联动控制系统。随着工业机器人轴数的增多，多轴联动控制系统的研究愈发深入。近十年来，随着电子技术和软件技术的发展，多轴联动运动控制器技术不断更新换代。以"五轴联动"为例，"五轴联动"是指机床具有五个伺服运动轴，在机械运动时五个轴能通过控制同时协调运动，所以又叫"五轴五联动"。如果机床拥有五个轴，只有四个轴可以同时动作，那么这个机床就该叫"五轴四联动"[32]。2014年，中国制造了世界首台11m七轴六联动螺旋桨加工机床。现在市面上也有很多九联动机床技术投入使用。

机器人发展到今天，已经出现了七轴机器人热潮。七轴机器人又称为冗余机器人。无论从产品角度，还是从应用角度，七轴工业机器人目前都还处于初步发展阶段。但各大厂商纷纷在各大展览会力推相关产品，可见业界对其未来的发展潜力还是十分看好的。2014年11月，德国库卡机器人公司（KUKA）在中国国际工业博览会机器人展上首次发布他们的第一款七自由度轻型灵敏机器人LBR iiwa（图2-3）[33]。

从近几年全球推出的机器人产品来看，新一代工业机器人正在向模块化、智能化和系统化方向发展。首先，机器人的结构模块化和可重构化趋势日益明显，例如关节模块中的伺服电机、减速机、检测系统三位一体化，由关节模块、连杆模块重组构造机器人整机；其次，工业机器人控制系统向着基于PC机的开放型控制器发展，伺服驱动技术的数字化和分散化、多传感融合技术的实用化、工作环境设计的

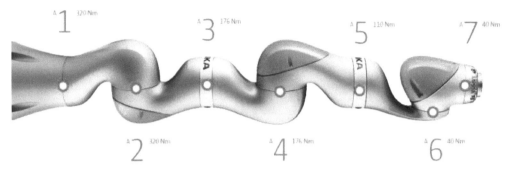

图2-3 KUKA七自由度轻型灵敏机器人LBR iiwa（2014年）
（图片来源：KUKA LBR iiwa产品手册）

优化和作业的柔性化，以及系统的网络化和智能化成为重要的发展趋势[34]。

从机器人市场的品牌进行分析：在世界工业机器人业界内，以德国的库卡、瑞士的ABB、日本的发那科和安川电机最为著名，并称工业机器人四大家族。它们在亚洲市场同样也是举足轻重，占据中国机器人产业70%以上的市场份额，几乎垄断了机器人制造、焊接等高阶领域。机器人四大家族的起家皆是从事机器人产业链相关的业务，如ABB和安川电机从事电力设备电机业务，发那科研究数控系统，库卡最初从事焊接设备。最终他们能成为全球领先的综合型工业自动化企业，都是因为掌握了机器人本体及其核心零件的技术，并致力投入研究而最终实现一体化发展[35]。

2.2 建筑机器人的类型

关于建筑机器人的分类，国际上目前没有制定统一的标准，可按负载重量、控制方式、自由度、结构、应用领域等进行划分。我国的机器人专家从应用场景环境出发，将机器人分为两大类，即工业机器人和特种机器人[36]。国际上的机器人学者，从应用环境出发将机器人分为制造环境下的工业机器人和非制造环境下的服务与仿人型机器人两类。这和我国的分类是基本一致的[37]。

所谓工业机器人，按照ISO8373的定义，它是面向工业领域的多关节机械手或多自由度的机器人。工业机器人是自动执行工作的机器装置，是靠自身动力和控制能力来实现各种功能的一种机器。它可以接受人类指挥，也可以按照预先编排的程序运行，现代的工业机器人还可以根据人工智能技术制定的原则纲领行动[38]。工业机器人的典型应用包括焊接、刷漆、组装、采集和放置［例如包装、码垛和表面组装技术（Surface Mount Technology，SMT）]、产品检测和测试等。所有工作的完成都具有高效性、持久性、快速性和准确性[39]。面向建筑工业的机器人即为建筑机器人。建筑业在原材料输送、加工及高效率生产过程及建筑建造过程中都可用到机器人。

特种机器人则是除工业机器人之外的，用于非制造业并服务于人类的各种先进机器人。包括：服务机器人、水下机器人、娱乐机器人、军用机器人、农业机器人、机器人化机器等类型。在特种机器人中，有些分支发展很快，有独立成体系的趋势。如服务机器人、水下机器人、军用机器人、微操作机器人等[40]。

本章节将根据机器人的机械几何结构形式、机器人的负载重量及运动范围、机器人的用途对建筑工业机器人进行更具体的介绍。

2.2.1　按机器人的机械几何结构形式划分

根据作业需求的不同，机器人的机械部分具有不同类型的几何结构，几何结构的不同决定了其工作空间与自由度的区别[41]（表2-1）。

1. 直角坐标型机器人（直角坐标系）

直角坐标型机器人，又称笛卡尔坐标型机器人，具有空间上相互垂直的多个直线移动轴，通过直角坐标方向的3个互相垂直的独立自由度确定其手部的空间位置。其动作空间为一长方体。

2. 圆柱坐标型机器人（柱面坐标系）

圆柱坐标型机器人主要由旋转基座、垂直移动轴和水平移动轴构成，具有一个回转和两个平移自由度。其动作空间呈圆柱形。

3. 极坐标型机器人（球面坐标系）

球面坐标机器人分别由旋转、摆动和平移三个自由度确定。动作空间形成球面的一部分。

4. 水平多关节机器人

水平多关节机器人，又称选择顺应性装配机械臂（Selective Compliance Assembly Robot Arm，SCARA）。其结构上具有串联配置的两个能够在水平面内旋转的手臂，自由度可依据用途选择2～4个。动作空间为一圆柱体。水平多关节机器人在X,Y轴方向上具有顺从性，而在Z轴方向具有良好的刚度，此特性特别适合于装配工作。

5. 关节型机器人（多关节坐标系）

垂直多关节机器人模拟人手部功能，由垂直于地面的腰部旋转轴、带动小臂旋

机器人根据几何机构形式分类 表2-1

类型	类型示意图	结构类型	工作空间
直角坐标型			
圆柱坐标型			
球面坐标型			
SCARA 型			
关节型			

注：作者自绘。

转的肘部旋转轴以及小臂前端的手腕等组成。手腕通常有2~3个自由度，其动作空间近似一个球体[42]。

2.2.2 按负载重量及动作范围划分

机器人额定负载，也称持重，是指正常操作条件下，作用于机器人手腕末端，不会使机器人性能降低的最大荷载。负载是指机器人在工作时能够承受的最大载重[43]。如果你需要将零件从一台机器处搬至另外一处，你就需要将零件的重量和机器人抓手的重量计算在负载内。工具负载数据是指所有装在机器人法兰上的负载。它是另外装在机器人上并由机器人一起移动的质量。负载数据必须输入机器人控制系统，并分配给正确的工具[44]。需要输入的值有质量、重心位置（质量受重力作用的点）、质量转动惯性矩以及所属的主惯性轴。

机器人的运动范围也称工作空间、工作行程，是指在机器人执行任务的运动过程中其手腕参考点或末端执行器中心点所能到达的空间范围，一般不包括末端执行器本身所能扫掠的范围。机器人的运动范围严格意义上讲是一个三维的概念[45]（图2-4）。

根据负载重量和机器人的运动范围，可将建筑机器人分为超大型机器人、大型机器人、中型机器人、小型机器人和超小型机器人（表2-2）。以机器人典型行业应用为例，见表2-3。

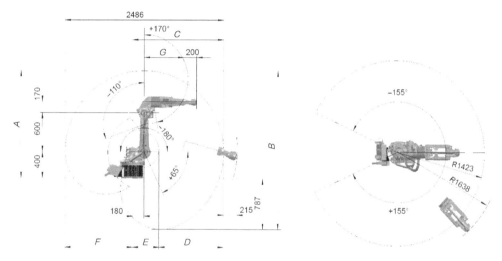

图2-4　德国KUKA机器人的6轴运动范围（单位：mm）
（图片来源：KUKA KR5 Arc HW数据表）

机器人根据负载重量和运动范围分类　　　　　　　表2-2

类型	负载重量	动作范围
超大型机器人	大于1t	
大型机器人	100kg ~ 1t	10m³ 以上
中型机器人	10 ~ 100kg	1 ~ 10m³
小型机器人	0.1 ~ 10kg	0.1 ~ 1m³
超小型机器人	小于0.1kg	小于0.1m³

注：作者自绘。

不同行业应用中的机器人负载重量　　　　　　　表2-3

作业任务	搬运	码垛	点焊	弧焊	喷涂	装配
额定负载（kg）	5 ~ 20	50 ~ 80	50 ~ 350	3 ~ 20	5 ~ 20	2 ~ 20

注：作者自绘。

图2-5 德国KUKA机器人公司KR 1000 Titan超大型机器人
（图片来源：Youtube视频KUKA KR1000 Titan，https://www.youtube.com/watch?v=OIA0YHIilKQ）

1. 超大型机器人

负载重量为1t以上的机器人可称为超大型机器人。

在大型建筑材料或者建筑构件码垛、搬运、装配过程中，通常荷载较大。在建筑施工建造中，负载重量为1t以上起重机器人等设备必不可少。以KUKA公司生产的KR 1000 Titan超大型机器人（图2-5）为例。KR 1000 Titan是具有开放运动系统和超强有效载荷能力的六轴机器人，负载范围750～1300kg，可到达3202～3601mm范围。它可以精确快速地处理距离高达6.5m的重载荷[46]。类似发动机缸体、石头、玻璃、钢梁、船舶和飞机零部件、大理石块、预制混凝土部件，所有这些重载荷对于KR 1000 Titan来说都是轻松可行的。对于特殊的应用领域，可提供变形版本，重量负载高达1.3t。

2. 大型机器人

负载重量为100kg～1t，动作范围为10m³以上的机器人可称为大型机器人。

以日本发那科公司（FANUC）出产的R-2000iC（图2-6）为例，R-2000iC主要用于焊接操作，动作范围在165～270kg之间，根据型号不同略有差异[47]。

3. 中型机器人

负载为10～100kg，动作范围为1～10m³的机器人可称为中型机器人。以瑞典通用电气布朗-博韦里（Asea Brown Boveri，ABB）公司生产的IRB4600型机器人

图2-6　日本发那科公司R-2000iC机器人
（图片来源：https://www.fanuc.eu/~/media/corporate/products/robots/
r2000/generic/400x600/int-ro-pr-r2000165f-l-1.jpg?w=400）

图2-7　ABB的IRB4600型机器人
（图片来源：ABB Robotics, http://www.debass.com.my/wp-
content/uploads/2016/03/17.jpg）

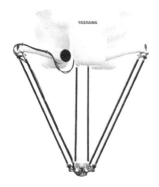

图2-8　日本安川机器人MPP3H
（图片来源：Yaskawa Robotics https://www.motoman.com/
getmedia/65ad7575-e787-4e53-b167-2f313208e135/
mpp3h_700.jpg.aspx）

图2-9　ABB IRB14000型机器人，YuMi®
（图片来源：ABB Group,https://www07.abb.com/api/ir/
getimage/36fb710b-54e0-4e53-8383-aacde553ec56/1）

（图2-7）为例，这类机器人可用于安装、清洁、铸造等较为恶劣的环境，负载范围20～60kg，运动范围2.05～2.5m[48]。以日本安川电机公司（Yaskawa）生产的安川机器人MPP3H（图2-8）为例，这是一种适用于高速高精度取件、码垛、包装等物流操作的机器人，结构类型属于六轴垂直多关节机器人，具有较高的速度和灵活性。

4. 小型机器人

负载为0.1～10kg，动作范围为0.1～1m³的机器人可称为小型机器人。小型机器人常被用于较轻重量的构件装配和较为精密快速的建筑施工作业中。以ABB公司2015年开发的YuMi®机器人，即IRB14000型机器人（图2-9）为例。这款机器人号称是世界上第一款真正意义上的双臂协同机器人，主要用于建筑小部件的组装，可与人类进行合作协同作业。这类机器人有精准的视觉，灵巧的夹具，灵敏的力量及控制反馈机制，灵活的软件和内置的安全功能，可以通过示教而不是编码进行编程学习。这款机器人的额定负载为0.5kg，动作范围极限为0.55mm ~ 0.5m。

5. 超小型机器人

负载小于0.1kg，动作范围小于0.1m³的机器人可称为超小型机器人。这类机器人常用于生物医学等较为微观的领域。由于建筑构件通常尺寸较大，超小型机器人在建筑中的应用很少，在这里就不再赘述。

2.2.3 按机器人的用途划分

根据建筑机器人在建筑全生命周期内的使用环节和用途，将机器人进行了较为详细的分类。本章将从前期调研机器人、建造机器人、运营维护建筑机器人、破拆机器人四个方面详细介绍机器人的种类及功能（表2–4）。

1. 前期调研机器人

机器人系统越来越多地用于建筑工地的自动化工作，如场地的监测，设备的运行和性能及施工进度监测（包括施工现场安全），建筑物和立面的测量和重建，以及建筑物的检查和维护等。这类机器人覆盖面广，在数据丰富度、速度、工作流程和数据整合方面存在优势，在减少人力成本等方面的影响是巨大的。研究表明，移动机器人可以将测量师的工作时间减少75%。空中机器人传感器的性能迅速改进，整个数据采集"管道"实现自动化［从运动/飞行计划到多传感器数据的注册，从可编辑3D数据的提取到将数据并入建筑信息模型（BIM）数据集等］将有助于进一步提高建筑性能。未来，这种调研机器人系统的使用将在提高施工总体生产力方面发挥重要作用。

（1）地面调研机器人

用于施工现场的地面调研机器人平台可搭载各种传感器，如激光扫描仪、热检测系统和成像仪。目前也在尝试将从多个传感器获得的信息融合到施工现场的一个多模态、连贯的图像中。使用安装在移动平台上的激光扫描仪（如RIEGL激光扫描仪，其精度约为5mm或更好的效果）可以实现高度精确的点云和几何模型，进而将各种传感器的信息以高度精确的方式融合到完整的3D模型中，是目前的移动监测建筑机器人研究的主题[49]。

根据建筑全生命周期的建筑机器人的分类 表2-4

前期调研机器人	调研机器人	自动化现场测量与施工进度监测	移动机器人
			空中机器人
建造机器人	预制建造机器人	预制板机器人	预制板机器人
		预制结构机器人	预制钢结构机器人
			预制混凝土结构机器人
			预制木结构机器人
	现场建造机器人	地面和地基工作机器人	挖掘机器人
		机器人常规施工机械	机器人常规施工机械
		钢筋加固生产和定位机器人	钢筋加固生产机器人
			钢筋定位机器人
		钢结构机器人	现场自动、机器人3D桁架、钢结构组件
			钢焊机器人
		混凝土机器人	混凝土机器人
		搬运及装配机器人	现场物流机器人
			砌砖机器人
			建筑结构装配飞行机器人
			集群机器人和自组装建筑结构
建造机器人	现场建造机器人	搬运及装配机器人	表皮安装机器人
			铺砖机器人
			内部整理机器人
	现场建造机器人	喷涂机器人	外墙涂装机器人
			防火涂料机器人
		辅助机器人	人形建筑机器人
			可穿戴机器人及辅助装置
运营维护机器人	运营维护机器人	服务，维护和检查机器人	服务，维护和检查机器人
		翻新和回收机器人	翻新机器人
			回收机器人
破拆机器人	破拆机器人	拆除机器人	拆除机器人

注：作者自绘。

佐治亚理工学院（Georgia Institute of Technology，Gatech）的机器人与智能建筑自动化实验室（Robotics and Intelligent Construction Automation Laboratory，RICAL）研发了一种移动机器人，可以通过激光扫描仪和热检测系统以3D点云的形式收集施工现场的实时信息，生成热量数据和红、绿、蓝（RGB）数据的云图。此外，移动平台还配备了同时用于即时定位与环境建图（Simultaneous Localization and Mapping，SLAM）的自主导航的附加传感器（GPS接收器，激光器，车轮中的编码器）。

三维环境建图智能机器人（Intelligent Robot for Mapping Applications in 3D，IRMA3D）配备有3D激光扫描仪（VZ–400 RIEGL）、数码单反相机（Canon 1000D）和热成像仪（Optris PI160）。因此，系统可以产生具有彩色和热信息的点云。移动平台本身还配备有多个传感器［2D激光扫描仪，惯性测量单元（IMU），数码相机］，并允许手动远程控制和自主导航[50]。该机器人系统由德国维尔茨堡大学（University of Würzburg）和不来梅雅各布大学（Jacobs University Bremen）的研究人员合作开发。

苏黎世联邦理工学院的机械工程系机器人与智能系统研究所（Institute of Robotics and Intelligent Systems，IRIS）开发了一种可良好适应各种地形的腿式调研机器人ANYmal（图2–10）。腿式机器人相比传统履带式机器人具有更高的自由度和灵活性。ANYmal在具有挑战性的地形中能够自由安全地移动和操作。同时，作为一种多功能机器人平台，它也适用于室内场所或者室外场所的检查和操作任务，及自然地形或者碎片区域的搜索和救援任务[51]。在没有人为操作的情况下，ANYmal可借助自身的板载传感器不断地扫描地形和障碍物，在复杂的环境中找到一条安全的路径。该机器人具有专用的有效载荷硬件接口和集成的应用程序计算

图2–10　苏黎世联邦理工学院IRIS开发的ANYmal机器人及其检测结果
（图片来源：ANYbotics，ETH Zurich）

单元。一系列软件编程接口（Application Programming Interface，API）允许其与不断演进的设备和系统紧密集成。通过增加高端RGB变焦相机，ANYmal可以远距离收集丰富的图像信息，对压力表、液压计等进行摄像检查。通过配备激光传感器，ANYmal可以创建高精度、高分辨率的3D环境地图，还可以通过声学传感器进行声环境检测，这些结果在对比环境变化时十分有用[52]。

（2）空中调研机器人

无人机（Unmanned Aerial Vehicle，UAV）作为机器人的一种，也在越来越多地用于施工过程中，并用于施工过程的监测工作。一般来说，它们可以低成本地处理1~4kg的有效载荷。无人机种类多样，包括迷你型无人机和高达10kg有效载荷的高性能无人机等。无人机的传感器有效载荷必须非常轻，如何在其重量和可实现的精度之间进行权衡是该技术的核心内容。在建成环境中使用的无人机的典型传感器是用于3D图像和摄影测量的传感器、热成像仪、磁力计和LiDAR激光扫描仪。基于UAV的数据采集（特别是3D数据）的准确性可以被认为介于基于地面的方法（机器人全站仪、速度计、移动机器人等）和三维空间系统之间[53]。无人机在大幅降低成本和工作量的同时，可以用最小的成本覆盖大面积的建筑物。

在无人机数据采集的背景下，技术上最具有挑战性的是开发飞行控制软件来自动设置飞行计划。飞行控制单元和附加传感器（惯性测量单元，GPS接收机等）的正确组合，可以准确确定无人机的位置和其数据采集设备的方向。越来越多的用于记录、整理UAV传感器信息的方法正被开发出来。配备摄影测量系统的无人机能够获得现有建筑物和建筑立面的高精度数据，可用于城市规划、建筑单体建设以及装修阶段的低成本传感器（如连接在无人机上的Kinect传感器）也在被不断实验中。例如，德国上升科技无人机公司（Ascending Technologies）开发和制造了集成用于数据采集的数码相机、热成像仪和摄像机等各种传感器的高性能无人机。菲尼克斯（Phoenix）空中系统和奥地利RIEGL激光测量系统都开发了自己的无人机，它们能够携带适用于无人机的轻型LiDAR传感器。在2018年上海"数字未来"工作营中，同济AiR小组致力于用无人机开发高时空分辨率感应下的城市环境扫描和数据可视化，将建筑和城市设计中隐藏的环境参数纳入可感知的范围。工作营小组选取同济大学的校园作为环境数据收集试验现场，在无人机上安装了命名为MUST-fly（Mobile Urban Sensing Technologies-fly）的传感器用于捕捉城市环境数据的垂直变化。小组还利用传感器配备的自平衡踏板车以及自行车来获取城市环境数据的水平变化（图2-11、图2-12）。

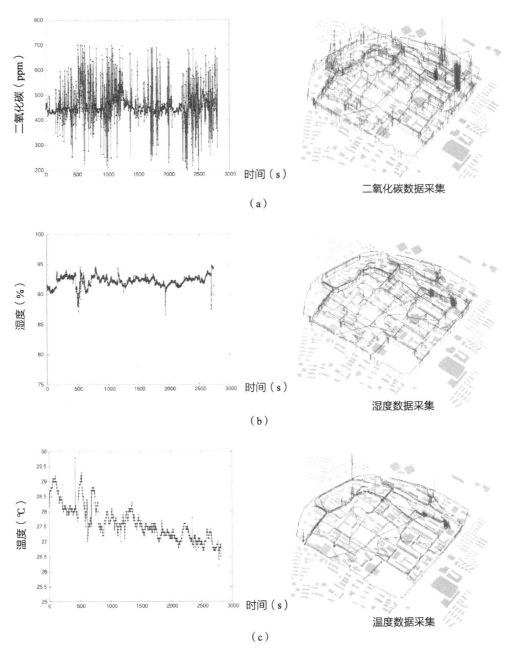

二氧化碳数据采集

（a）

湿度数据采集

（b）

温度数据采集

（c）

图2-11　集成了LiDAR传感器的RIEGL RiCOPTER无人机（2017年）
（图片来源：同济大学2017上海"数字未来"工作营）

2. 预制化场景中的建筑机器人

使用机器人预制装配式建筑构件有以下几点优势：一是加工高效，现场组装迅速。二是成本较低。以一个建筑面积170m²的建筑为例，木结构预制装配式比传统建造方式总体成本下降约1/3。三是保护环境。预制生产建筑构件，再运输到现场进行装配式干式作业，可极大减少扬尘污染，做到"零"建筑垃圾。预制建筑机器

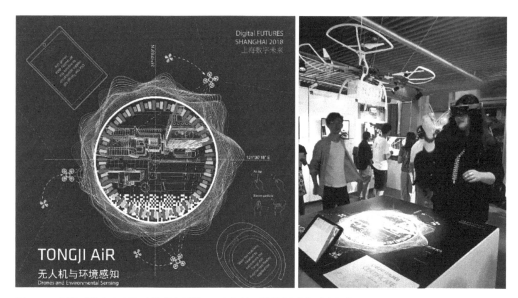

图2-12　上海"数字未来"工作营中同济AiR小组的环境数据采集无人机装置
（图片来源：同济大学2017上海"数字未来"工作营）

人的种类很多，现在比较高效的方式是在建筑机器人上进行相应建筑作业工具端的开发。工具端可根据具体的项目需求进行多样的调整。

（1）预制板生产机器人

由于制作工序比较简单，施工难度不大，且需求量大，预制板材生产成为机器人切入建筑业的一个重要环节。这种重复的可标准化的工艺主要是应用自动化的建筑机器人替代预制化模台上面的加工中心。普通工人重复劳动时间过长会感到疲惫，会降低板材质量。传统预制化工厂的加工中心一旦被机器人取代，不但可以生产统一的标准构件，还可以定制加工非标构件。质量安全有保证，制作好之后还可以直接运到施工现场投入使用，保证了建筑施工环节的准确可靠。常见的可进行机器人自动化生产的板材包括预制水泥板、预制水磨石板、预制钢筋混凝土板等。预制板机器人系统常常出现在预制化生产线的加工中心，包括搅拌、吊车、挤压、切割、抽水、拉钢丝、浇捣等不同分工。

（2）预制钢结构加工机器人

钢结构属于较为重要的建筑结构，其自动化预制过程分为工厂预制与现场预制。工厂化预制通常采用大型精密建筑机器人进行下料、切割、焊接、钻孔等批量操作。进行预制拼装后，再运到现场进行组装。工厂化预制的优点是精确性高，对施工质量的控制力强。但受到运输距离和运输工具运输能力的限制，不能预制生产特别大型的构件。施工现场预制灵活性较高，可根据现场情况灵活选择预制和安装顺序，并及时进行调整，同时也减少了运输过程中对于钢结构构件的损伤。常见的钢结构预制机器人包括钢筋加工机器人、数控金属切割机器人、弧焊机器人、高精度数字金属钻床等。

（3）预制混凝土加工机器人

与钢结构相似的是，混凝土结构的自动化预制过程也分为工厂预制与现场预制。预制混凝土结构机器人自动化系统可使用大型精密的混凝土机器人进行混凝土构件甚至是整个墙体的预制化生产。现阶段混凝土构件预制机器人以层积3D打印机器人最为常见。

由英国拉夫堡大学创新和建筑研究中心（IMCRC of Loughborough University）发起，英国工程和自然科学研究委员会（EPSRC）资助，福斯特建筑设计事务所（Foster+Partners）和英国标赫工程顾问公司（Buro Happold）合作的"自由形式建造"项目（图2-13），开发出由大型计算机控制的三轴钢制龙门吊系统，可按照较高的精确度浇筑混凝土预制异形墙面。

（4）预制木结构机器人

木结构建筑是一种传统建筑，同时也是节能建筑。在应对气候变化、倡导节能减排的当今，木结构建筑仍可发挥其作用。也正因此，最近我国连续出台相关政策，大力推广木结构建筑。大型木结构建筑构件由于加工难度较大、规范要求严格，通

图2-13　英国拉夫堡大学创新和建筑研究中心"自由形式建造"项目
（图片来源：英国拉夫堡大学创新和建筑研究中心）

常采用工厂预制的方式进行。现在，预制木结构自动淋胶、数控胶合、多功能加工中心机器人等种类很多，包含了不同的增材与减材制造工艺。木结构机器人加工中心主要包括胶合、切割、铣削、检测、装配等多种类型（图2-14、图2-15）。斯图加特大学教授阿希姆·门格斯（Achim Menges）的团队近期开发了木缝纫机器人，是一种新型的木结构装配机器人。机器人木构工艺将在本书第5章进行详细介绍。

3. 现场建造机器人

（1）地面和地基工作机器人

地面和地基工作是各种施工过程的重要组成部分。与建筑地面以上部分的其他类型工作相比，基础工作对建筑物的特性的影响有限。这类机器人可进行包括挖掘工作在内的大量重复性工作。相关的工作被认为是施工过程中最危险的。这些作业特点为自动化的产生奠定了基础。因此在这一领域的建筑机器人种类繁多，从机器人协助现场生产隔膜墙到机器人自动化挖掘和自动祛污系统。更复杂的建筑机器人系统还尝试建立互连的自动化链，例如集成和自动化的松土、挖掘和去污过程。

以挖掘机器人为例（图2-16），这种机器人是为了改善深层挖掘作业的工作环境而开发的，旨在降低施工人员遇见深坑塌方、地下水渗漏、有毒气体等危险的几率。

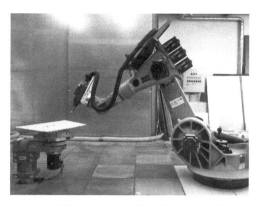

图2-14 斯图加特大学计算机设计学院木材加工机器人
（图片来源：ICD/ITKE University of Stuttgart）

图2-15 上海一造科技（Fab-Union）木材切割机器人
（图片来源：上海一造科技）

图2-16 国机集团（SINOMACH）履带挖掘机器人
（图片来源：http://www.yto999.com/product/product_for_286489.htm）

（2）机器人多功能常规施工机械

与开发新的特定功能的建筑机器人相比，将目前使用的建筑机械（翻斗车、拖车、挖掘机等）升级到多功能机器人系统也是一种替代方案，即将多种功能整合在一起的自主施工机械。这也将彻底改变建筑的设计内容和建造流程。这种方法可以为施工流程、施工环境、施工安全以及施工效率提供一种具备感知能力与智慧工地的系统解决方案，并在从前的模式和投资基础上进行。机器人施工机械相比常规施工机器将提供更高的适应性、灵活性以及极端环境施工能力。随着智能感知技术在整体智慧工地的实施，机器人施工机械将协助人类进行更广泛的自动化任务，并可与其他机器人通过数字通信，实现无缝协同施工工作。

（3）钢筋加工和定位机器人

钢筋混凝土结构需要大量钢筋加工生产相关的施工操作，包括切割、弯曲、绑扎、精确布置以及加强筋元件或网格在楼板或模板系统中的定位，均具有一定的操作难度。自动化钢筋弯折与布料系统不但可以大幅度提高效率与精确度，提高与加固生产定位相关工作的生产力和质量，还可以降低对员工健康的影响，降低施工风险。为此开发的系统包括用于施工现场弯曲成型的各种类型钢筋的多功能弯折钢筋系统，以及实现较大的钢筋的网格连接的系统。钢筋弯折机器人可以布置在预制化工厂，施工工地上使用中小型机器人装备需要高度移动性和紧凑性，以适应临时部署的要求。此外，该类机器人也包括较小尺寸的移动机器人，可以帮助各个楼层的工人处理、定位和固定局部加强钢筋元件（图2-17）。

（4）钢结构机器人

1）大型桁架、钢结构组件现场自动组装定位机器人

钢结构、桁架结构在大厅、飞机库、工厂、大型会议中心、体育中心、火车站、机场等建筑中广泛使用。这种结构的特点是标准化，使自动化成为可行的选择。因为这些钢结构需要复杂的连接系统和连接操作，需要组装机器高水平的灵巧性和准确性[55]。此外，钢结构部件的大而重的特征使得施工中难以准确、安全地处理和连接各个部件。机器人技术的最新进展为钢结构组装领域的进步做出了贡献，而3D打印等新技术也为钢结构节点和连接系统提供了新的设计与施工方法。

2）焊接机器人

如果在柱和梁的设计中尽可能减少焊接线的种类，则焊接可以成为适用于预制自动化生产的重要内容。此外，传统的基于劳动力的焊接，对工人的年龄、体力要求较高，更重要的是对健康产生不利的影响。焊接需要采取预防措施，以避

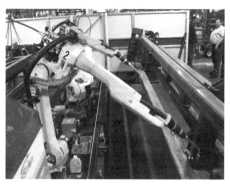

图2-17　日本鹿岛建设（KAJIMA）移动钢筋定位机器人[54]　　图2-18　日本发那科（FANUC）六轴焊接机器人[57]

免灼伤，视力损伤，吸入有毒气体和烟雾，以及暴露于强烈的紫外线辐射中等危险。焊接机器人（图2-18）具有智能化程度高、焊接质量稳定、一次探伤合格率高等特点。生产效率提高了1倍以上，大大降低了工人劳动强度，同时改善了劳动条件，与人工焊接相比有很大的优势。自动焊接能够更好地控制和保证焊接部件之间的连接质量。梁上两个或多个不同但协调的位置同时自动焊接甚至能够确保钢结构部件不会变形，从而保证高精度。该类别的建筑机器人系统可以临时通过环或模板等小型系统将其连接到梁或柱上，可以被安装到待焊接的柱或梁接头的移动平台上，以及较大规模的吊顶系统上[56]。在日本和韩国，几家公司在造船和建筑业积极推动，促成了机器人钢铁焊接方式从造船工业到建筑业的转移。随着单轨双焊头、曲线导轨焊接机器人的研发，焊接机器人将达到更高的适应性与工作效率。

（5）混凝土机器人

1）用于混凝土结构定制生产的"造楼机"（攀登平台）系统

在世界许多地区，建筑物的基本承重结构是由混凝土制成的。混凝土结构通常是劳动力密集型的现场建造，但总体施工成本大，现场的固体废料较多。20世纪八九十年代，该类建筑机器人研究和开发重点建立在现场定制和系统模板上。对于高层建筑物建立具有自动攀登功能的高端系统模板（自动攀登模板），这些系统的先进功能（如额外的传感器和激活器，或高级数字控制和通信功能）可以几乎完全自主地进行自我调节和爬升，但还未能达到产品层级。除此之外，最近在非建筑行业的添加剂制造、3D打印领域的进展引起了研究人员和公司的广泛兴趣，试图用这种方法进行施工。

自动爬升系统用于以独立于起重机的方式来生产大型钢筋混凝土结构，如高层建筑、码头、塔架和塔架核心。以多卡（Doka）的SKE Plus自动攀爬系统

（图2-19）为例。液压提升过程需要经历两个重要步骤：第一步，锚定在结构上的爬坡轮廓通过液压缸升高到下一部分；第二步，爬升脚手架沿同一个气缸沿攀爬轮廓被向上推。这种爬升模板功能很多样，允许沿坡度、半径和弯曲路径爬升。自动攀登系统提供多个工作平台，可用于在多个层面上同时进行工作。

2）混凝土轮廓工艺3D打印机器人

混凝土结构3D打印机器人也是目前建筑机器人重点研发的对象之一。混凝土打印机器人的制造方式包括多种类型，其中层积制造技术是较为主流的制造方式之一。

美国南加州大学的巴柔克·考斯奈维斯（Bhrokh Khoshnevis）教授开发了通过机器人进行混凝土或混凝土添加剂层积打印（也称为轮廓加工或层叠制造）的几种方法。层积打印技术可根据设计需求灵活改变混凝土打印路径（图2-20）。该系统的核心元件是末端执行器，由喷嘴、材料供给系统以及一个或多个T刀系统组成[58]。系统还开发了各种类型的末端效应器。根据要建造的建筑物的类型，龙门式系统可以以各种配置部署在施工现场，并为末端执行器配备附加的操纵器或用于加固定位的执行器[59]。

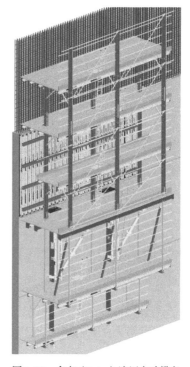

图2-19 多卡（Doka）液压自动攀爬系统SKE Plus
（图片来源：Doka GmbH，https://www.doka.com/_ext/xmlproducts/ mars-img/364px-width/06-Doka-Kletter-Systeme/00856949.jpg）

目前各大建筑院校和公司均开始了对3D打印混凝土机器人的研究，试图通过该方法改变未来混凝土建造方法。但是混凝土3D打印的最大弱点一方面是打印速度通常较低，另一方面打印层间结合力很难达到结构设计要求。但是，无论是结构打印，还是模具打印，该技术还有深度的研究空间。譬如，西班牙加泰罗尼亚高等建筑研究院（IAAC）建造实验室（Fab Lab Barcelona）开发的Mini Builder机器人使用集群智能技术，提出由许多具有专门的分配任务的小而简单的机器人合作。不同种类机器人可以同时工作，这不但加快了生产速度，而且这种机械系统不受到建筑物的尺寸和形状限制。该方法包括三类打印机器人：①基础打印机器人（图2-21），能够在地面上移动，专门打印第一层并提供稳定的基础结构；②抓握机器人（图2-22），能够在基础结构上移动，专门打印和延伸结构；③壳体加固机器

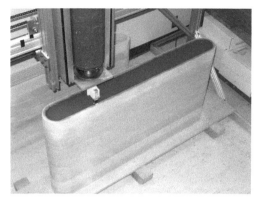

图2-20　美国南加州大学层叠制造混凝土原型墙的生产过程

[图片来源：Behrokh Khoshnevis, Center for Rapid Automated Fabrication Technologies（CRAFT）, University of Southern California]

图2-21　西班牙加泰罗尼亚高等建筑研究院Fab Lab开发的基础打印机器人

（图片来源：IAAC Institute for Advanced Architecture of Catalonia）

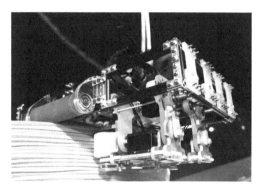

图2-22　西班牙加泰罗尼亚高等建筑研究院Fab Lab开发的抓握机器人

（图片来源：IAAC Institute for Advance Architecture of Catalonia）

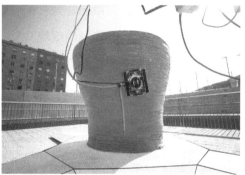

图2-23　西班牙加泰罗尼亚高等建筑研究院Fab Lab开发的壳体加固机器人

（图片来源：IAAC Institute for Advance Architecture of Catalonia）

人（图2-23），能够在打印结构的外部移动，并增加更多的层以进行加固和精加工。所有Mini Builder机器人都采用模块化的方式，而由型材构成的框架可以根据建筑的类型、尺寸及建筑材料，配备必要的移动和打印工具[60]。

3）混凝土配送机器人

混凝土配送机器人（图2-24）用于在大面积或模板系统上分配具有均匀质量的混合混凝土。使用高性能机器人与使用高性能混凝土供应泵是互补的。该类别的系统范围包括从水平和垂直物流供应系统到紧凑型移动混凝土分配和浇筑系统，可在各个楼层较大的范围上运行。机器人通过简单的预定动作，以准确的方式重复运动，混凝土分配和浇筑系统能够均匀分布混凝土。目前该混合系统还未达到完全的自动化，仍需要专业技术人员监督指导。

图2-24　东急建设（Tokyu Construction）移动混凝土配送机器人[61]

图2-25　Lomar Machine & Tool Company混凝土平整机器人[61]

4）混凝土精加工机器人

在施工现场进行混凝土处理时，经常要求在作业过程中对混凝土进行调平和压实。混凝土平整施工是将倾倒或粗糙分布的混凝土整平到具有更加密实和平整的混凝土层的过程。调平操作的自动化处理类似于混凝土精加工操作，混凝土平整机器人的使用加快了效率，提高了劳动生产率，并保持了整个表面的整体完成质量。混凝土压实工具从混凝土中除去空气，压实混凝土混合物内的颗粒，强化了混凝土及其增强材料的密度，加强了混凝土与钢筋之间的粘结（图2-25）。

从人体工程学的角度来看，混凝土地板平滑工作也是十分关键的施工过程之一。在地板平滑机器人发明以前，建筑工人需以弯曲姿势平整混凝土地面数小时。为了减轻施工人员的工作负担，同时保证施工质量，各公司已经开发并部署了能够执行该任务的机器人。第一台混凝土平整机器人在1986年被投入商业使用，以协助整理大型建筑物、高层建筑、发电厂和其他大型商业建筑物的混凝土地板。这些单任务机器人能够以预定义的模式操作，并且适用于单楼层机器人的移动系统。大多数系统可以配备不同类型的旋转末端执行器，例如旋转刨刀刀片或推动盘。操作模式包括直接遥控到自动导航，并可以沿着预编程路线避障。在许多情况下，陀螺仪和激光扫描仪将在预编程的行进路线内进行辅助导航和运动规划。

（6）搬运及装配机器人

1）现场物流机器人

常规施工现场的物流工作，特别是那些需要处理许多材料、废弃物的物流运输工作，数量众多，耗时耗力。现场物流涉及物料的识别、运输、存储和转移（从一个系统或机器到另一个系统）。在物流业务沿建筑工地的主要物流路线通过，明确规

图2-26　Kuka omniMove运输机器人
（图片来源：Kuka Roboter, https://www.kuka.com/-/media/kuka-corporate/images/industries/case-studies/airbus/airbus_omnimove.jpg）

图2-27　上海一造科技（Fab-Union）使用砌砖机器人进行池社的建造
（图片来源：上海一造科技）

定了路径、物流系统与多种材料相互作用的情况下，可以通过使用托盘和集装箱进行标准化，物流机器人随之产生（图2-26）。特别是在日本建筑行业，现场物流流程的自动化正成为常规施工现场的标准化工作内容。该类别包括用于自动化材料的垂直传送系统，允许在地面或单个楼层上进行水平传送材料的系统，有助于托盘或材料传送（例如从电梯到移动平台）的系统，以及自动化材料系统储存解决方案。水平材料传送系统包括装载叉车式可移动机器人平台、基于地面的轨道或安装在天花板上的系统，或更小的微型物理解决方案。在所有这些情况下，通过沿着具有与其他系统的标准化交互的预定义路线操作机器人，显著降低了控制和导航的复杂性。单个系统的有效载荷范围从微型物流解决方案的大约100kg到水平系统的几百公斤再至垂直升降系统的数千公斤。物流机器人的操作速度位于40～100m/min。

2）砖构机器人

尽管预制砖墙以及其他重要的建筑材料（如混凝土、钢铁和木材）的预制加工和使用都取得了重大进展，砖结构的现场生产仍然是非常重要的施工环节。特别是在住宅建筑和规模较小的公共建筑建造的情况下，砖砌建筑由于对生活舒适度和气候条件等的积极影响而被高度评价，因此增加了此类建筑物的价值。除此之外，现场砌砖工艺的使用和研发的悠久历史使得砖成为今天仍在运用的建筑材料。现在的砖砌块有许多不同的形式，甚至不乏各类高科技砌块，例如集成和高度绝缘等特征。砖砌块性能的发展以及对砖砌建筑的需求导致了使用机器人在场建造砖砌结构方法的复兴。最近在该领域的研究和开发又一次得到加强，市面上已经有多种不同种类的砌砖机器人（图2-27），各大建筑高校也纷纷将砌砖机器人作为数字化建造技术应用的一个重点研究方向。

3）装配式飞行机器人

在过去十年中，面向民用和军事用途开发了大量不同规模和类型的航空飞行多轴机器人。在民用领域，无人机如今已不仅仅用于检查、监视或测量等任务；而工业生产领域正在尝试将飞行机器人（无人机）用于工厂和户外制造中的物流，甚至安装系统；在军事领域，能够承载相应载荷的无人机已成为关键装备。鉴于航空飞行机器人领域的快速创新，受到相关理论潜力的启发，研究人员将飞行机器人的监测和测量能力用于工程物流和建筑结构装配。然而，尽管在施工中使用飞行机器人的优势明显（例如，独立于道路和其他基础设施，可将场地从诸如起重机等重型设备中释放出来），但在全面实施整体工程方面所面临的挑战仍是巨大的（有效载荷、电源、组装方法、稳定飞行策略等）。因此，研究人员目前正在重点研究飞行轨迹、算法、建筑模块化、组件连接器、组装顺序和自动化通道等相关技术方法[62]。目前，已经可利用飞行机器人进行较为精密的装配操作，苏黎世联邦理工学院教授格马奇奥和科勒研究所开发了可用于砖砌块装配的飞行机器人[63]（图2-28）。

4）集群机器人和自组装结构

机器人集群智能是建立在多机器人协作和许多相对简单和标准化的机器人构件单元相互作用的基础之上的。许多方法基于先进的分布式控制架构，考虑自我调节和系统组织，并受到白蚁、蚂蚁或蜜蜂等昆虫的集体组织和传播信息行为的启发。特别是在建筑方面，大多数情况下的"产品"是由许多类似的标准化构件单元组成的，这在一定程度上是合乎逻辑的。然而，这种系统面临的诸多挑战（例如，建筑项目的规模、现实世界的现场条件等），仍然是被研究的热门话题。源于20世纪八九十年代的空间建筑装配研究，在不同建筑项目的施工背景下，采用独立运作或群体运作的多机器人系统来实施不同的装配目标。目前开发的系统主要集中在通过装配机器人进行装配，该类机器人可以在这些结构内爬行或飞行。由于在实际施工中存在重力和潜在的各种结构，对该机器人系统的要求相对复杂，随着研究领域的进步，已经逐渐可以处理更复杂的建造场景。目前，形成了两个基本的研究方向：一个方向是可以在结构中爬升并操纵大量组件的机器人[65]，组件可以是简单的结构构件或机电一体建筑构件[66]；另一个研究方向则是将系统和组件组装在一个整体的机器人集群上[67]。第一种方法可以降低复杂性，特别是构件简单并且适合于批量生产的时候；第二种方法的优点是只需要设计和运用一个组件，但自身复杂性相对较高。哈佛大学伊莉莎·格林内尔（Eliza Grinnell）领导的集群机器人系统研究

图2-28 苏黎世联邦理工学院利用飞行机器人作砖构
装配[64]

图2-29 哈佛大学的集群机器人搭建研究
（图片来源：Eliza Grinnell, Harvard School of Engineering and
Applied Sciences）

（图2-29）中，集群机器人系统由一组简单、独立的机器人组成，配备有车载微处理器、传感器和激活器，可以搭建具有被动机械特性的积木结构。

5）单元构件定位机器人（起重机终端）

以常规方式使用起重机针对单元构件进行运输、升降、平衡和放置效率不高，通常会导致安全问题或材料损失。传统起重机主要用于物流，即将物料运输和放置在需要的地方。然而，对于定位和精准操作，这些过程通常必须被多次重复，并需借助另一个系统来辅助定位处理，因此材料的传输常常被中断。于是，机器人定位辅助装置和机器人起重机端部执行器的技术融合，改进了传统的方法与流程，可以实现精确的吊装与对位操作。该类别建筑机器人的功能，包括从相对简单的机器人末端执行器，到可将柱或梁定位到允许精确定位和组装的多自由度末端执行器。一些特色系统原型在试验和演示中还配备了小型可控的涡轮机和陀螺仪，以获得更精准的位置以及方向控制。这些原型可作为传统起重机的终端效应器，带来更先进的自动化解决方案。

单元构件定位机器人可以作为单个实体或群体，并沿着桁架结构移动以组装、拆卸、定位和重新定位单个桁架元件。该系统可用于利用桁架元件建立多种形式的建筑结构。

6）建筑立面单元安装机器人

建筑立面单元安装操作包括窗户的定位和调整、完整的立面单元安装或建筑物的外墙安装。现代建筑特别是高层建筑中的立面元素与钢筋混凝土或钢结构主体是相对独立的，因此可以被认为是一种表皮系统。立面单元的安装操作是相对复杂的操作过程，涉及将重型部件或单元构件精确地定位在建筑工人难以接近的位置。此外，预制外立面单元的定位和对准要求精度高，误差小。自20世纪80年代以来，大型建筑重复的立面构件元素设计的趋势为投资开发自动化或机器人安装系统提供了动力。到目前为止，立面单元安装系统一直是研发部门的热门话题。特别是随着亚洲的高层建筑建设越来越普遍，甚至在住宅建设方面也很普遍。该类别包括可在单个楼层上使用的移动机器人，用于安装立面构件的具有高度移动性的蜘蛛式机器人起重机，具有非常重要的实用价值。

7）室内装修机器人

土建施工基本完成后，室内的装修与整理工作往往非常不利于健康。第一代室内装修机器人于1988~1994年期间投入使用，并结合非结构化场地发展[68]。根据莱斯利·库西诺（Leslie Cousineau）和新村三浦（Nobuyasu Miura）于1998年的研究，在20世纪八九十年代投入使用的第一代天花板安装机器人，虽然在速度和人力劳动要求方面相对于人工安装只有微小的改进（例如CFR-1：从3~4min安装面板所需的时间缩短了约2.5min，只有一个工人，而不是两个人），然而，随着研究和开发继续进行，最新的技术表明，机器人技术的进步速度以及与软件的集成能力正在大幅度提升。新型具有成本优势的机器人系统正在被研发，并逐渐被运用到常规施工中去了。

该类别的建筑机器人系统包括多种类型：例如配备操纵器的用于定位、安装墙板的机器人移动平台系统；全自动化安装天花板的机器人系统；安装大型管道或通风系统的机器人系统；墙纸、片材等材料铺贴机器人系统；墙壁上的砂浆/石膏刮平机器人系统；墙壁和天花板的自动钻孔机器人；可进行室内瓷砖铺装的铺砖机器人等等。由于与室内整理相关的各种各样的任务，一些系统甚至被设计为可以定制或适应各种现场条件和任务的模块化机器人系统。

以铺砖机器人为例（图2-30），基本所有类型的建筑物通常都有各类地面铺装材料。在建筑施工中的操作包括瓷砖运输、砂浆涂抹、瓷砖定位以及平整铺设等步骤。大量单元瓷砖构件的相同或差异化铺设以及通常难以攀爬立面的事实使得铺装自动化系统研发具有巨大的潜力。铺砖机器人的发明，可以提高精度，甚至可以实现复杂图案的铺设，而不会过分增加所需的工时或成本。该类别的建筑机器人系统包括将瓦片安装到垂直墙面（如墙壁、外墙等）以及水平地面（地板等）的系统[69]。

（7）喷涂机器人

1）立面喷涂机器人

立面涂装是施工中一道较为繁琐的工序，即使是脚手架，通常也难以近距离控制整体均匀度。建筑立面喷涂机器人可以提高建筑立面的涂装效率以及整体效果。

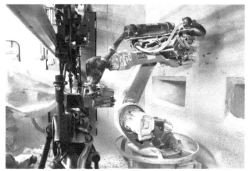

图2-30　苏黎世联邦理工学院铺砖机器人　　　图2-31　KUKA立面喷涂机器人
（图片来源：Gramazio Kohler Research, ETH Zurich）　（图片来源：Kuka Roboter, https://youtu.be/8ug OT-ZpE8Y）

立面喷涂机器人在保持质量不变的情况下具有特殊的优势，它们通常具有能以同步模式操作的多个喷嘴。喷嘴通常也被封装在被覆盖的喷头构造中，可以防止涂料溢出。连续喷涂的质量由喷嘴尺寸、喷涂速度和喷涂压力决定，这些因素都能得到有效的参数化控制[70]。立面喷涂机器人的另一个优点是工人不会受到有害的油漆或者涂料物质的侵害。喷涂机器人可以安装在不同的立面移动系统中，例如悬挂笼/吊舱系统、轨道导向系统和其他立面运动的系统机构。

立面喷涂机器人（图2-31）主要用于高层建筑和较大型商业建筑的大型外墙。施工要求是要涂漆的建筑外墙尽量规避阻碍机器人操作的拐角或轮廓结构。此外，窗框的设计以及窗户覆盖的数量和面积会影响立面涂装机器人的适用性和效率。该类别的系统的运行速度取决于喷涂的类型，大致分布在200～300m²/h之间[71]。

2）防火涂料机器人

在许多国家，建筑法规要求钢结构覆盖有防火涂料。若使用工厂预置防火涂料的钢结构，只有在钢结构都得到精准的连接，并且在组装操作期间避免对防火涂层造成任何损坏的情况下，才能保证其可行性与安全性。因而工厂预置防火处理显得不实际，现场防火涂料机器人便应运而生。特别是在由于地震等因素鼓励广泛使用钢结构的国家，在现场搭建后，能够对钢结构进行涂装的自动化机器人系统的开发和使用具有大量的实际需求。在这类机器人领域，诸如SSR1、SSR2和SSR3等机械系统的发展从1980年延续到今天，已经产生很多种类的建筑机器人。该类别的系统可以分为两个主要的子类别：一类系统安装在移动平台端的机器人操纵器上，可以跟随要涂装的构件移动；另一类系统直接连接到梁或柱，借此沿着它们所涂覆的构件移动。

（8）辅助机器人

1）人形建筑机器人

人形机器人领域可以被认为是机器人技术上最复杂的领域之一。这类机器人从问世起，就面临着诸多挑战，如复杂的运动学结构、较高的自由度、双足运动机制、自主的判断与非结构化环境适应能力以及与人的安全互动等问题。由于这些因素，人形机器人中所需的硬件和软件的巨大成本仍然是人形机器人的自主或部分自主运行的难题。因此在任何可以想象到的应用领域（例如护理、制造业或施工工程）中，人形机器人都尚未投入长期使用。然而，由于人形机器人的前沿性，机器人公司和工程院校仍旧继续投资人形机器人的开发和探索。在过去十几年中，许多公司已成功地将其人形机器人商业化，投入制造业和服务业。尽管面临上述挑战，人形机器人仍将会是现代建筑业对施工自动化智能化提出的一种智能解决方案，实现自主执行任务、直接和自然地与人类沟通协作、帮助搬运材料、协同安装石膏板、组装钢型材等。川田公司（Kawada）目前已经开发了四代人形工业机器人，其中2006年研发的第三代机器人HRP-3 Promet Mk-II（图2-32）具有包括两个腰轴在内的42个自由度，可与人类协作或自主独立进行多项施工作业和机器操作[72]。

2）可穿戴机器人及辅助装置

机器人外骨骼，即可穿戴机器人和其他辅助、协作机器人和设备，是一种可以通过人与机器人系统或设备之间的直接穿戴，传递人的控制力、灵活性、判断力，并与机器的强度、速度、精度和耐久性相结合的机器人。这种人机协作的方法一方面可以规避与其他类型的机器人相关的许多挑战（例如，不需要完全自动化或复杂的运动或自主导航，因此相比人形机器人更容易开发和实现），另一方面在生物传感器、人机交互和所需的控制算法方面引入了新的挑战。依附于人体的外骨骼机器人系统是功能最强但也是最复杂的可穿戴机器人形式，特别是针对制造或建造目的的可穿戴设备，这样的外骨骼可以配备附加的处理装置或小型起重机。实际上，对于

图2-32　川田公司（Kawada）HRP-3 Promet Mk-II人形工业机器人

（图片来源：AIST, Kawada Robotics Corporation）

建筑中的许多应用和任务，全身外骨骼可以被认为是一种过分强化的手段。更简单的随任务而定的局部可穿戴解决方案可能是更实用而行之有效的方案。特别是在外立面单元构件或内部装饰构件安装的情况下，穿戴式机器人可为工人提供独立于手臂和腿的可操作的额外肢体[73]。

4. 运营维护建筑机器人

（1）服务、维护和检测机器人

高层建筑的立面通常铺满瓷砖、玻璃幕墙或其他表皮材料，必须在整个建筑的生命周期内进行定期检测、维修和维护。特别是检测结构是否损坏并替换有掉落风险的瓦或立面幕墙材料是十分必要的。此外，随着玻璃表面的长久使用损耗和热摄入量的增加，外墙应该提供可清洁和维护的重要功能构造。通常，工人通过从屋顶悬挂的吊笼或吊车对立面进行检测、清洁和维护，这种工作通常被认为是单调、低效和危险的。服务、维护和检测机器人能够自主执行这些单调和危险的任务。在许多情况下，特别是在检测的情况下，这些机器人系统也被证明更可靠，并能提供大量的详细数据。为了检测40m高的建筑立面（约3000m²的面积），建筑维护机器人（图2-33）平均需要8h工作时间，包括大约1小时的准备、配置、转换、拆卸和清洁机器人[74]。研究表明，立面检测机器人的主要弱点是在非结构化施工环境中需要大量的人力和时间去安装、编程、校准、监督和卸载。这个类别的机器人涵盖范围广泛，包括立面清洁和检查机器人（电缆悬挂、立面攀爬、导轨等）、救援和消防机器人、家具陈设机器人和建筑物通风系统检查机器人等多种门类[75]。

图2-33 Erylon立面维护机器人
（图片来源：Erylon Robotics）

（2）翻新和回收机器人

建筑装修和回收通常是劳动密集型工作。1997年，德国建筑业产生了一个有趣的转折点：与改造相关的建设量超过新建筑建设量。今天，这种差距在扩大，而且这个趋势将会持续下去。在日本，建筑物的生命周期通常较短，但这种趋势也出现甚至扩大。在全球范围内，可以观察到对越来越多节能建筑的需求成为翻新和拆卸机器人研发的新驱动力。改造、拆卸和回收作业的自动化一方面能够大大提高劳动生产率，另一方面，与其他不同的建筑机器人相比，它需要相对较高的系统灵活性。该类机器人包括：拆除和拆卸建筑物

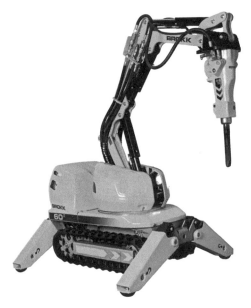

图2-34　布洛克机械技术有限公司（Brokk）拆除机器人
（图片来源：Brokk110产品手册）

结构件和内部单元构件的机器人系统；现场拆除和回收材料的机器人；用于如地板、墙壁和立面表面准备工作和混凝土表面清除工作的机器人；最后也是最重要的是使用机器人自动化系统辅助完成较为危险的石棉清除作业。

5. 破拆机器人

在新的建筑施工前要进行场地的处理工作，场地上原有的建筑的拆除工作是场地整理重要的环节。旧建筑的破拆工作任务繁重，且具有一定的风险。自动化拆除机器人（图2-34）可进行半自动或全自动破拆操作，其特点是可适应较恶劣环境，自动化水平高，具有一定自主识别与避障能力，常常可以运用多台机器人同时进行作业。

2.3　建筑机器人的工作原理

2.3.1　建筑机器人的组成

要了解建筑机器人的工作原理，首先要从建筑机器人的组成开始。建筑机器人主要由三大部分、六个子系统组成（图2-35）。三大部分是：感应器（传感器部分）、处理器（控制部分）和效应器（机械本体）。六个子系统是：驱动系统、机械结构系统、感知系统、机器人环境交互系统、人机交互系统以及控制系统。每个系统各司其职，共同完成了机器人的运作[76]。

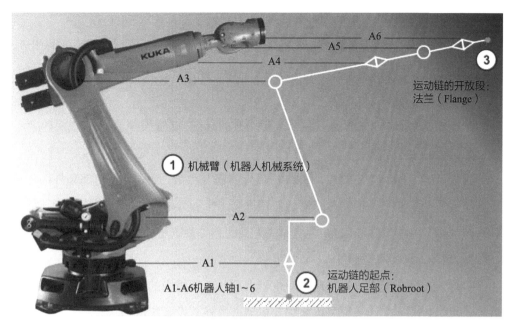

图2-35　Kuka机器人机械系统的组成
（图片来源：KUKA Roboter，作者自绘）

1. 驱动系统

要使机器人运行起来，就需给各个关节，即每个运动自由度安置传动装置，这就是驱动系统。驱动系统可以是液压传动、气动传动、电动传动，或者把它们结合起来应用的综合系统，也可以直接驱动或者通过同步带、链条、轮系、谐波齿轮等机械传动机构进行间接驱动。

2. 机械机构系统

建筑机器人的机械机构系统是工业机器人用于完成各种运动的机械部件，是系统的执行机构。系统由骨骼（杆件）和连接它们的关节（运动副）构成，具有多个自由度，主要包括手部、腕部、臂部、足部（基座）等部件，下面以六轴机器人为例介绍建筑机器人机械机构系统的组成。

（1）手部

又称为末端执行器或夹持器，是工业机器人对目标直接进行操作的部分，在手部可安装专用的工具头，如焊枪、喷枪、电钻、电动螺钉（母）拧紧器、砖块夹取器等。末端可安装工具头的部位被称为法兰（Flange），是机器人运动链的开放末端。

（2）腕部

腕部是连接手部和臂部的部分，主要功能是调整机器人手部即末端执行器的姿态和方位。

（3）臂部

用以连接机器人机身和腕部，是支撑腕部和手部的部件，由动力关节和连杆组成。用以承受工件或工具的负荷，改变工件或工具的空间位置，并将它们送至预定位置。

（4）足部

是机器人的支撑部分，也是机器人运动链的起点，有固定式和移动式两种。

3. 感知系统

感知系统由内部传感器模块和外部传感器模块组成，用以获取内部和外部环境状态中有意义的信息。智能传感器的使用提高了机器人的机动性、适应性和智能化的水准。对于一些特殊的信息，传感器比人类的感受系统更有效。

4. 机器人环境交互系统

机器人环境交互系统是实现工业机器人与外部环境中的设备相互联系和协调的系统。机器人环境交互系统可以是工业机器人与外部设备集成为一个功能单元，如加工制造单元、焊接单元、装配单元等，也可以是多台机器人、多台机床或设备、多个零件存储装置等集成为一个去执行复杂任务的功能单元。

5. 人机交互系统

人机交互系统是使操作人员参与机器人系统控制并与机器人进行联系的装置。该系统归纳起来分为两大类：指令给定装置和信息显示装置部分。

6. 控制系统

机器人的控制系统通常是机器人的中枢结构。控制的目的是使被控对象产生控制者所期望的行为方式，控制的基本条件是了解被控对象的特性，而控制的实质是对驱动器输出力矩的控制。现代机器人控制系统多采用分布式结构，即上一级主控计算机负责整个系统管理以及坐标变换和轨迹插补运算等；下一级由许多微处理器组成，每一个微处理器控制一个关节运动，它们并行完成控制任务。控制系统可根据控制条件的不同分为以下几种：

（1）按照有无反馈分为：开环控制、闭环控制；

（2）按照期望控制量分为：位置控制、力控制、混合控制；

位置控制分为单关节位置控制（位置反馈、位置速度反馈、位置速度加速度反馈）、多关节位置控制，其中多关节位置控制分为分解运动控制、集中控制。力控制分为直接力控制、阻抗控制、力位混合控制；

（3）智能化的控制方式：模糊控制、自适应控制、最优控制、神经网络控制、模糊神经网络控制、专家控制以及其他控制方式。

2.3.2 建筑机器人建造的原理

1. 从建筑形态到几何参数

在建筑行业中建筑机器人主要用于数字化建造。建筑空间从参数几何形式到数字化建造的转化需要依赖于特殊的图解媒介。数字化建造加工技术中的铣削、弯折、3D 打印等，都需要将几何信息通过图解机制转译为可被建造的机器加工路径。整个转译过程会包含时间进度和建造顺序等多个参数，这些参数可以被机器直接用于定义材料的空间定位以及生产过程，实现全新的从几何到建造的一体化建造模式。从参数几何向机器建造的转换一般会针对不同的设计原型和建造工具开发出不同的转译工具包，这一过程可以被描述为以下步骤：几何逻辑确立—建造工具选取—几何参数抽离—几何参数转译。针对不同类型的几何形体，坐标、曲率、法向量等几何参数会依据材料特性和工具特性被转译为相应的加工参数，如位置、姿势、速度等。一般采用离线编程的方式进行工业机器人的运动及顺序的设定或程式编写，实现建筑几何信息到机器人工具端运动路径的参数转换[77]。

2. 从几何参数到机器建造

一般情况下，机器人的轴数决定了其空间作业的工作范围和复杂程度，即机器人的自由度。自由度是机器人的一个重要技术指标，它是由机器人的结构决定的，并直接影响到机器人的机动性。在笛卡尔坐标空间中，运动维度增量或者围绕某一节点的自由旋转能力都可以被定义为工具的一个轴，一般情况下机器人的自由度等于轴数。

2轴工具意味着工具头的运动只在二维平面内进行移动，而在垂直平面的方向上受到限制，如激光切割机、水刀切割机等。以此类推，2.5轴工具的工具头可以被定义为在不同高度的二维平面内自由移动；3轴工具的工具头可以在三维空间中进行自由移动，如三轴数控机床。基于它们的加工轴数限制，2轴工具仅能对平面轮廓进行雕刻，2.5轴工具可以加工出层叠状的形式结果，而3轴工具则可以产生较为圆润的曲面效果。虽然3轴工具可以实现工具端在空间中的自由移动，但仍不能完全满足所有的数字加工工作。当面对内凹负形空间雕刻等复杂作业时，工具头则需要更多的轴数来支持工作方向角度的调整。进而，4轴、5轴、6轴，甚至更多轴数的工具应运而生。其中6轴及以上的机器人主要为目前广泛应用于汽车制造业和建筑业等需要多样化作业的数控机器人[78]。

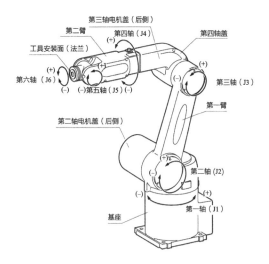

第二臂
第三轴电机盖（后侧）
第二轴（+）
第四轴（J4）
工具安装面（法兰）
第四轴盖
第六轴（J6）（+）
（-）第五轴（J5）（-）
第三轴（J3）
第二轴电机盖（后侧）
第一臂
第二轴（J2）
（+）
基座
第一轴（J1）

图2-36　6轴机械臂的六个自由度示意
（图片来源：www.robots.com）

以6轴工业机器人为例，机器人机械本体采用六个自由度串联关节式结构（图2-36）。机器人的六个关节均为转动关节，第二、三、五关节作俯仰运动，第一、四、六关节作回转运动。机器人后三个关节轴线相交于一点，为腕关节的原点，前三个关节确定腕关节原点的位置，后三个关节确定末端执行器的姿态。第六关节预留适配接口，可以安装不同的工具头，以适应不同的作业任务要求。六轴及以上的机器人可以以任意角度（A，B，C）和姿态到达空间的任何位置（X，Y，Z）。

虽然6轴机器人已经被认为有能力实现全方位无死角的空间作业。但对于传统的6轴机器人来说，其每个关节的力是一定的，它的分配可能并不合理。而对于现在刚刚兴起的7轴机器人来说，可以通过控制算法调整各个关节的力矩，让薄弱的环节承受的力矩尽量小，使整个机器人的力矩分配比较均匀，更加合理。相比6轴机器人，7轴机器人额外的轴允许机器人躲避某些特定的目标，便于末端执行器到达特定的位置，可以更加灵活地适应某些特殊工作环境[79]。随着工业精度不断增加，7轴工业机器人拥有广阔的用武之地，在不远的将来，它将可以取代人工进行精密的工业作业。

对于机器人建造的实施来说，与数控设备发展同等重要的便是机械工具端的开发。

目前，在机器建造平台上的工具端虽然多种多样，但本质上建筑机器人的工作流程都可以分为三个步骤：接收信号、处理信号和反馈信号。而这三个步骤从具体元件的类型上便分别对应感应器（传感器部分）、处理器（控制部分）和效应器（机械本体）。

对于机器人工具端而言，感应器分两类：一类是感应机器人发出的信号，一类是感应环境中的信号。感应机器人发出的信号主要是指当工具端本身需要与机器人的动作产生配合时，工具端需要接收从机器人发出的指令并产生相应的动作。例如，在使用机器人进行砌砖工作时，工具端是一个用于将砖块夹住并放置在特定位置的夹具。在砌砖过程中，当机器人运动到取砖的地点时会发出信号让夹具夹取砖块，这时工具端需要通过感应器接收到机器人所发出的信号。感应环境中的信号则是指工具端需要感知环境变化并对其做出反应，其中常见的环境感应包括温度感应、外力感应和视觉识别等[80]。斯图加特大学计算设计学院的阿希姆·门格斯教授研究团队于2015年完成的展馆建造中，将碳纤维材料在一个薄膜结构表面进行缠绕建造。由于薄膜结构形态不稳定，很容易受到环境温度、机器人动作或者空气流动的影响，因此工具端需要通过一个压力感应装置实时感应来自薄膜的压力，并以此来判断薄膜结构的变形情况从而调整机器人的姿态，使碳纤维始终紧贴在薄膜结构的内壁上[81]（图2-37）。

工具端的处理器主要是处理感应器所有接收到的信号，然后依据预设程序针对不同的信号发出不同的指令，进而控制效应器的运行。机器人工具端的处理器依据其功能的不同可简单可复杂。简单的处理器可以是几个继电器组成的开关装置，而复杂的处理器一般为类似微型电脑的单片机。

效应器是指依据接收的信号来产生工具端具体动作（如夹取、切割、锤击和加热等）的装置。效应器的种类十分多样，这种丰富度使得机器人可以取代平面工

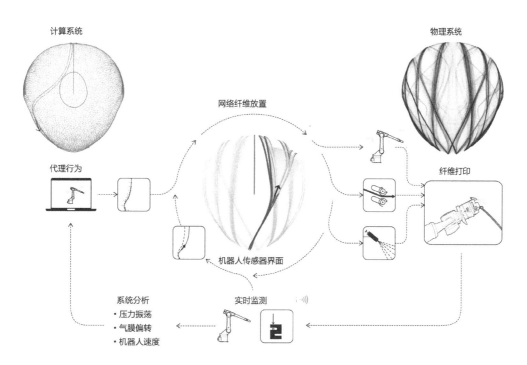

图2-37 斯图加特大学"2015 ICD/ ITKE 研究展馆"机器人建造流程与工作原理
（图片来源：ICD/ITKE University of Stuttgart）

艺、增减材建造，甚至三维成型技术中的数控设备，成为全能的建造工具。机器人末端配备铣刀电钻，便可以进行相应的铣削雕刻作业，而如果搭载锯刀、电锯，就可以进行石材、木材的切削塑形等。因此，机器人端头工具技术的开发也是各种数字建造实验的核心技术之一。如果将机器人建造平台比喻成多功能瑞士军刀的话，那么设计师只需要选择特定功能的工具端便可以处理特定需求的数字建造加工工艺。以砖、木及金属为例，机器人砌砖工具端需要适应不同砌体的尺寸，并具备准确的空间定位技术；木材加工工具端则需要组合不同的铣刀、圆锯及带锯等装置来完成复杂曲面和节点的准确加工工艺；在金属加工中，设计师则需要根据不同金属的形变能力，开发具有不同抓力和弯折力矩的工具，在不破坏金属内部结构的情况下完成构件加工。

以2014年同济大学数字设计研究中心于"数字未来"夏令营中探究的机器人绸墙项目（图2-38）为例，项目通过对砖块夹取的工具头进行设计，配合KUKA机器人完成了砖块的定位与放置，建造原理如图2-39所示。

图2-38　同济大学数字设计研究中心于2014年"数字未来"工作营中探究的机器人绸墙建造过程
（图片来源：同济大学2014上海"数字未来"工作营）

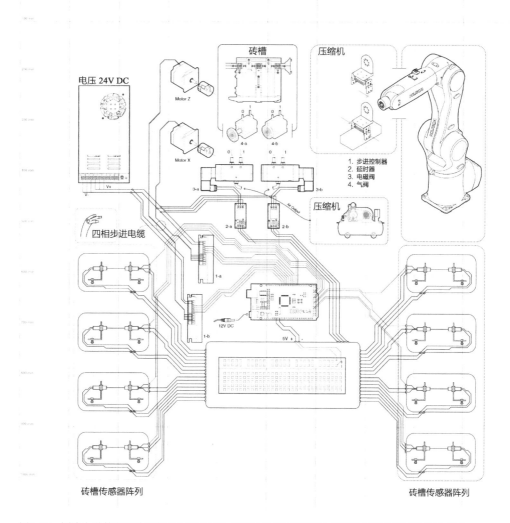

图2-39　同济大学数字设计研究中心于2014年"数字未来"工作营中探究的机器人绸墙建造原理图
（图片来源：同济大学2014上海"数字未来"工作营）

第 3 章
建筑机器人控制共性技术

3.1 概述

建筑机器人作为机器人专业领域的一个重要分支，其技术体系与机器人一脉相承。从机器人控制技术出发，探讨机器人控制系统结构、控制系统方式，并进一步引申到建筑机器人编程、交互、定位等控制系统共性技术的内容是全面掌握建筑机器人知识的基础内容。

3.1.1 机器人控制系统的结构

依据控制系统的开放程度，机器人控制器可以分为三类：

（1）封闭型结构：封闭型的控制系统是不能或者很难与其他硬件和软件系统结合的独立系统。

（2）开放型结构：全开放的控制系统具有模块化的结构和标准的接口协议，其硬件和软件的各个部件，都可以很方便地被用户和生产厂家变更，它的硬件和软件结构能方便集成外部传感、控制算法、用户界面等。

（3）混合型结构：混合型控制系统结构是部分封闭、部分开放的。现在应用中的工业机器人的控制系统，基本上都是封闭型系统或混合型系统。

机器人控制系统的结构研究始终是机器人学的热点。体系结构的研究对于实现机器人自身的技术进步与功能的增强至关重要。当前，信息化技术在机器人体系结构研究中的比重逐渐凸显，机器人逐渐向智能控制体系发展。随着机器人在工业上的广泛应用，机器人已成为工业生产系统中的一个标准部件。为了实现控制系统的数据与信息流通与共享，现代生产装备通过网络或者工业总线将生产线上各种设备的控制系统连接起来，形成一个综合控制系统，从而方便产品和系统设计人员进行沟通和程序设计[82]。由于现代工业的生产设备通常由不同的厂家生产，对于大部分设备而言，综合控制系统的建立需要在不同设备的控制系统之间建立连接，一起成为一个自动化系统。在此过程中，工业生产设备的开放性至关重要。

开放的机器人控制系统会给用户、生产者以及系统集成者带来诸多好处，如自动化系统的可扩展、可联网、可移植等；工业机器人控制系统的开放性的研究受到自身技术水平的积极因素的影响，当前计算机、网络以及控制技术水平的迅速提高也为机器人控制系统的开放提供了高度的可行性[83]。

机器人控制系统的开放可以为用户、生产者及系统集成者带来实际效益。但是当前机器人控制器的开放性还没有一个明确的评价标准，使用者的期望与市场现状之间仍然存在显著差距。工业机器人领域通常采用下列几个性能指标的优劣和完善程度来评价工业机器人控制系统的开放性。

（1）可扩展性：生产者、用户、系统集成者等方面，人员都可以根据特定需求在机器人控制系统上增加硬、软件设备，实现功能扩展。

（2）互操作性：机器人控制系统核心部分应符合或遵从一定的标准，一台机器人的控制器可以与另一台或多台机器人轻松交换信息。

（3）可移植性：机器人控制系统的应用软件可以在不同环境下互相移植。

（4）可增减性：机器人控制系统的性能、功能可以根据实际需求增减[83]。

为了达到上述开放性需求，机器人控制系统应该是一个标准化的硬件系统与一个具有开放界面的计算机操作系统的结合。

3.1.2 机器人控制系统的方式

尽管对机器人控制系统没有统一的开放标准，机器人控制系统的控制方式却拥有广泛认可的框架体系。机器人的控制系统从智能化程度上来看分为三个类型，从低到高分别为程序控制系统、自适应控制系统和人工智能系统[84]。

（1）程序控制系统：给机器人的每一个自由度施加一定规律的控制作用，机器人就可以实现预设的运动轨迹。在程序控制系统作用下，机器人严格按照预设程序来工作，智能化程度最低。

（2）自适应控制系统：自适应控制系统是指当外界条件变化时，为保证所需的运动品质，或者为了使机器人随着经验的积累而自行调节控制品质，机器人控制系统的结构和参数能随时间和条件自动改变。自适应控制系统一般基于对机器人的状态和伺服误差的观察，调整非线性模型的参数，一直到误差近似消失为止。

（3）人工智能系统：事先无法对机器人运动进行编程，而是在运动过程中根据机器人所获得外部和内部状态信息，实时确定应该施加的控制作用。

由于建筑建造任务的复杂性和不确定性，建筑机器人的控制系统搭建需求上会更加复杂，需要在工业机器人控制系统基本类型的基础上，根据实际需求进行研发。

3.2 建筑机器人软件与编程

机器人编程方式包括四种主要类型：（在线）示教编程、离线编程、自主编程以及增强现实辅助编程技术[85]。

示教编程技术通常是由操作人员通过示教器控制机器人工具端到达指定的姿态和位置，记录机器人位姿数据并编写机器人运动指令，完成机器人在正常运行中的路径规划。

示教编程技术属于在线编程，具有操作简便、直观的优势。示教编程一般可以采用现场编程式和遥感式两种类型。以工业机器人应用广泛的焊接领域为例，在对汽车车身进行机器人点焊时，首先由操作人员操作示教器控制机器人到达各个焊点，记录各个点焊轨迹，编写成机器人程序，在焊接过程中通过运行程序再现示教的焊接轨迹，从而实现车身各个焊点位置的焊接。在实际焊接中，由于车身的位置难以保证完全一致，因而单纯依靠示教编程无法保证精度，通常还需要增加视觉传感器等对示教路径进行纠偏和校正。

但是在人类难以进入的极限环境中，如海底、太空、核电站等，操作人员无法现场示教，建造任务的完成需要借助于遥控式示教。机器人通过视觉传感器感知现场情况，反馈给机器人控制器进行示教编程。选择合适的机器视觉辅助遥控示教技术对于应对复杂环境下识别精度问题至关重要。在极限环境中，机器人立体视觉受到环境光条件的影响，信息反馈效率和精度低，会大大延长示教周期。以焊接为例，焊接的遥感示教可以采用激光视觉传感获取焊缝轮廓信息，反馈给机器人控制器，使焊枪能够实时调整位姿跟踪焊缝[86]。

机器人离线编程是借助计算机离线编程软件，对加工对象进行三维建模，模拟现实工作环境，在虚拟环境中设计与模拟机器人运动轨迹，并根据机器碰撞诊断、限位等情况调整轨迹，最后自动生成机器人程序。传统示教编程在复杂作业中的效率和精度难以保证，以汽车模具生产为例，由于模具表面形态复杂，采用人工示教几乎无法完成铣削、激光熔覆等机器路径设计，而离线编程可以直接借助三维模型生产机器人运动轨迹，对路径进行参数化设计与调整，对于复杂建造任务具有广泛的适用性。离线编程首先建立加工对象的CAD模型，利用定位技术确定机器人和加工对象之间的相对位置，然后根据特定的工艺与工具进行机器人路径规划和仿真，确认无误后生成加工文件，传输给机器人控制器执行加工任务。与示教编程相比，离线编程在精度和处理复杂任务的能力方面优势显著，在基本的编程操作外，还可以使用编程工具的高级功能对复杂任务进行路径优化[87]。同时离线编程便于与计算机辅助设计与计算机辅助建造（Computer Aided Design/Computer Aided Manufacturing，CAD/CAM）系统结合，有助于实现从计算设计到机器人建造的一体化。

商业化的离线编程工具一般都会具备以下基本功能：几何建模功能、基本模型库、运动学建模功能、工作单元布局功能、路径规划功能、自动编程功能、多机协调编程与仿真功能[88]。当前，国内外主流的机器人离线编程商业软件主要有加拿大杰贝兹科技（Jabez Technologies）开发的机器人大师（Robot Master）、德国西门子（Siemens）的RobCAD、美国德能机器人公司（Deneb Robotics）所开发的交互式图形机器人教学计划（Interactive Graphics Robot Instruction Program，IGRIP）、ABB机器人公司开发的机器人工坊（Robot Studio）、法国达索公司（Groupe Dassault）开发的Delmia以及北京华航唯实机器人科技有限公司的RobotArt等。这些商业软件在机器人离线编程方面各有千秋，例如Robot Master支持市场上绝大多数机器人品牌，但不支持多机器人同时模拟，Robot Studio只支持ABB机器人，但在路径规划方面功能强大。当前，商业化离线编程软件普遍成本高昂，而且操作使用复杂，需要专业培训和大量实践。同时，市场上的商业化离线编程软件侧重于单一工艺流程的独立编程，鲜有软件能够兼顾离线编程的所有环节。以汽车制造领域复杂结构的弧焊编程为例，汽车车身往往拥有数百条焊缝，在离线编程环节中需要对每条焊缝的路径进行标签建立、轨迹规划、工艺规划，过程非常繁杂耗时。在标签建立时，为了保证位置精度和合理姿态，车身的离线编程可能需要消耗数周的时间。离线编程软件一般都具有机器人碰撞检测、布局规划和耗时统计等功能，但到目前为止还没有软件可以提供真正意义上的路径规划，而工艺规划更需要依赖技术人员的工艺经验和知识。

机器人自主编程是指由计算机主动控制机器人运动路径的编程技术。随着机器视觉技术的发展，各种跟踪测量传感技术日益成熟，为以工件测量信息为反馈编程方法奠定了基础。根据采用的机器视觉方式的不同，目前自主编程技术可以划分为三种类型——基于结构光的自主编程、基于双目视觉的自主编程以及基于多传感器信息融合的自主编程。基于结构光的自主编程技术的原理是将结构光传感器安装在机器人末端，利用目标跟踪技术逐点测量待加工位置的坐标，建立起轨迹的数据库，作为机器人运动的路径；基于双目视觉的自主编程技术的主要原理是利用视觉传感器自动识别并跟踪、采集加工对象的图像，由计算机自动计算出待加工对象的空间信息，并按工艺特征自动生成机器人的路径和位姿；基于多传感器信息融合的自主编程技术将不同传感器搜集的各类信息进行综合，共同生成高精度的机器人路径。传感器可以包括力控制器、视觉传感器以及位移传感器，集成位移、力、视觉信息。例如，机器人利用视觉传感器识别预先标记的特征路径（如记号笔标记的线），自动生成机器人路径，建造过程中利用位移传感器保持机器人工具中心点（Tool Central Point，TCP）的姿态，视觉传感器保证机器人对路径的追踪，力传感器则用来保持机器人工具端与工件表面的距离[89]。

增强现实等技术的出现为机器人编程提供了新的可能性。增强现实技术源于虚拟现实技术，能够实时地计算相机影像的位置及角度，并与相应的预设图像进行叠加。增强现实技术把虚拟信息叠加在现实场景中，并允许虚拟与现实互动，提供了现实环境与虚拟空间信息的交互通道。将增强现实技术用于机器人编程具有革命性意义。增强现实编程有虚拟机器人仿真和真实机器人验证等环节构成。可以利用虚拟的机器人模型对现实对象进行加工模拟，控制虚拟的机器人针对现实对象沿着一定的轨迹运动，进而生成机器人程序，测试无误后再采用现实机器人进行建造[90]。

3.2.1 开放型机器人编程平台

建筑建造工艺种类极为多样化，而且依据不同项目的不同要求，需要对工艺进行及时的调整。建筑机器人建造编程平台必须要有足够的开放性来应对建造工艺的多样性。在传统工业机器人编程平台软件中，多数是针对工厂流水线和单一工艺重复作业进行编程操作，重视作业节拍、重视作业精度、重视同一条流水线中不同机器人之间的通信配合，这种编程模式对于建筑机器人建造而言，有着明显的局限性。

如前所述，建筑机器人的工作模式主要分为两种：工厂预制建造和现场建造。对于工厂预制建造而言，传统工业机器人编程模式有一定的可借鉴性，但由于建筑预制构件在尺度和工艺复杂程度方面与传统工业产品难以对比，应对单一工艺重复作业的传统自动化流水线无法满足建筑预制构件在工艺尺寸多样性和复杂性上的需求，因此，基于编程端要能满足针对同族不同型号的建筑构件的柔性建造编程的要求，基于参数化设计方法的机器人编程模式被提出。这种参数化机器人编程手段可以通过参数调整来迅速调整机器人工作程序，从而在编程端实现柔性建造；对于现场建造而言，传统的流水线型编程思路已经完全无法适应现场移动机器人建造的需求，对于现场机器人建造，机器人建造编程有着更高的需求，除了建造工艺编程，还包括现场环境感知和建模、智能定位、智能路径规划等，才能满足建筑机器人现场建造的需求。在这种技术要求下，机器人建造编程变得更加多变和复杂，但总体是延续一个可逻辑化的技术路线进行编程，因此参数化的机器人编程模式就变得非常重要，确定好编程逻辑之后，依据现场情况及时进行参数调整，而非完全依据现场情况进行重新定制化编程，这样才能建立更高效的机器人建造编程模式。

传统制造加工产业经过了多年发展，设计建模软件和制造加工软件已经产生了紧密的联系，有很多共通的接口可以实现快速的模型导入、导出与处理，加工信息可以快速实现编程与控制。对于建筑行业来说，设计软件环境和加工软件环境的断层是阻碍建筑数字化发展的重要原因之一。这方面来说，工业机器人作为一种通用工具，为设计与建造的统一提供了可能，特别是在BIM技术的支持下，建筑信息模型可以为建造阶段提供充足的数据基础，只要通过合适的接口和转译，这种数据流完全可以延伸至建造阶段，实现设计和建造的一体化。这要求建筑机器人从编程端向设计软件端靠拢，打通数据流，充分借助BIM的信息优势实现设计和建造的一体化数字化。

一个开放型的机器人编程平台无疑在建筑机器人研发初期即需要纳入目标。依据我们的研究经验，建筑机器人编程平台的开放性需要表现在如下几个方面：

（1）对设计软件环境的开放性：通过将机器人整合到设计软件环境中，建筑师能够在设计阶段将几何、材料与建造等因素进行综合考虑，对于整合行业工作流程具有重要意义。

（2）对不同材料、工艺的开放性：建筑建造的复杂性决定了机器人需要处理的材料以及执行工艺的多样性。机器人编程平台需要能够定制机器人模块、机器人工具端，个性化地满足不同建造任务对机器人编程方式的需求。

针对建筑机器人建造的上述需求，多种面向建筑师的开放型机器人编程软件开始进入建筑师的工具库，其中既有针对特定机器人品牌的编程工具，如面向KUKA机器人的KUKA|prc和为ABB机器人使用者定制的Taco，也有支持多品牌机器人的编程平台，如HAL机器人架构（HAL Robotics Framework）。这些机器人编程工具大多数集成在Rhino、Grasshopper平台上，能够与建筑师设计几乎无缝衔接。

HAL Robotics Framework是2011年起英国HAL机器人公司（HAL Robotics ltd.）开发的一款机器人编程工具（图3-1）。HAL是Grasshopper的插件，支持ABB、KUKA和Universal等主流机器人品牌的编程，拥有可扩展的机器人库，包括85个高质量的预设机器人模块，可在短时间内编码和模拟所需要的机器人单元[91]。HAL支持单一机器人模拟，也可以对多机器人进行协作编程。HAL的程序包涵盖了多种类型的机器人指令，有助于创建高级的机器人程序结构，包括I/O管理、错误处理、多任务处理等。同时软件内置了热线切割、铣削、砌筑等附加的工艺程序包，简化了多种创新建造方式的编程过程。此外，HAL还针对ABB IRC5控制系统以及Universal机器人设计了实时控制与监控的功能。HAL充分利用了Grasshopper平台

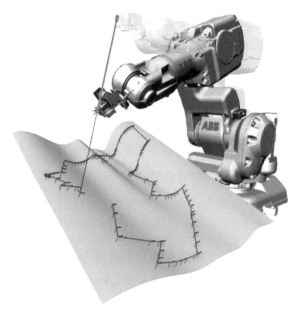

图3-1 英国HAL机器人公司的HAL机器人架构对ABB机器人进行编程模拟
（图片来源：HAL Robotics，hal-robotics.com）

的编程优势，可以从4个电池出发对机器人进行简单的模拟，也完全支持大规模的
生产程序构建。HAL拥有近百个示例文件和模板，数百个特定的嵌入式错误提示
消息，确保编程过程中遇到的问题都能够得到及时识别和解决。HAL甚至还具备
对其他CAM程序进行反向工程处理的功能，能够将Gcode和ABB Rapid逆向集成到
Grasshopper电池中，便利了建筑师与集成商、机器人专家等人的数据交换，充分展
现了其开放性的特点[92]。

KUKA|prc是建筑机器人协会（The Association for Robots in Architecture）开发
的一款KUKA机器人编程工具（图3-2）。KUKA|prc同样内置于Grasshopper平台上
支持对KUKA机器人进行全方位的运动仿真，快速验证机器人程序中有无碰撞或
限位，以图形的形式映射所有轴的运动（如所有工具位置，所有轴的值，碰撞值，
I/O接口状态等），可以发现并避免奇点。设计师可以通过调整参数定义，实时观
察显示结果，直观地解决问题。KUKA|prc最终能够生成程序文件，直接用于机器
人建造，在KUKA机器人与参数化设计之间建立了直接关联[93]。KUKA|prc专门为
KUKA机器人定制，内置了一个庞大的机器人库，从小型AGILUS机器人到有效载
荷1吨的Titan机器人应有尽有，KUKA|prc甚至可以模拟新的KUKA iiwa，一种用于
人机交互的七轴机器人。完整版的KUKA|prc可以对机器人外部轴进行个性化定制，
可模拟最多配备有四个外部轴的复杂机器人装置，使用者只需要输入目标路径，

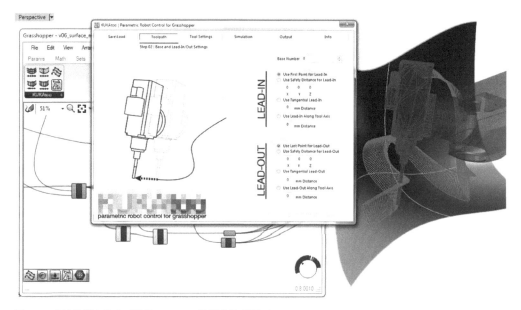

图3-2　建筑机器人协会开发的KUKA|prc机器人编程界面
（图片来源：Association for Robots in Architecture，robotsinarchitecture.blogspot.com）

KUKA|prc可以自行计算外部轴的位置（轨道）或角度（旋转轴）。KUKA|prc的开发旨在使建筑、艺术等创意产业可以使用机器人，但当前KUKA|prc也越来越多地被用于高端木材加工工业、航空工业，甚至核工业中[94]。

对ABB机器人用户而言，Taco是一个免费且用户友好的编程插件，可以在Grasshopper中直接模拟和控制ABB工业机器人，为用户提供参数化的ABB机器人编程和可视化。目前Taco支持单机器人与多机器人任务处理、机器人模拟、RAPID代码生成、自定义工具端多种工具路径选项等，初步为建筑在项目中采用ABB机器人铺设了道路[95]。

3.2.2　专门化机器人建造工艺工具包

除了上述开放性建筑机器人编程工具之外，一批针对特定机器人建造工艺的专门化建筑机器人编程工具包简化了特定工艺的设计与编程流程，为建筑师应用成熟的建筑机器人建造工艺提供了巨大便利。这些工具包大多由新兴机器人创业公司所开发，通过将相应的软件和设计工具提供给建筑师和建筑产业，降低建筑机器人工艺的市场应用门槛。当前，建造工艺工具包的开发主要针对铣削、砌筑、金属弯折、线切割等相对成熟的建筑机器人建筑工艺。

RAPCAM是荷兰RAP科技（RAP Technologies）针对机器人铣削工艺开发的一

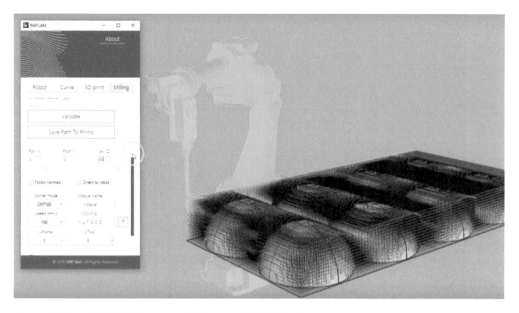

图3-3　荷兰RAP科技公司的RAPCAM软件在Rhino中的编程界面
（图片来源：RAP Technologies B.V., www.rapcam.eu/projects/accoustic-lamp-milling）

款编程软件（图3-3）。RAPCAM基于Grasshopper编程平台，能够直接从Rhino模型快速生成机器人铣削路径。针对铣削工艺的特点，该工具的轮廓加工功能为三维复杂物体的钻孔或切削提供了便利，同时可以生成粗加工和精加工的刀具路径，符合实际生产中的加工需求。在生成加工路径时，RAPCAM即允许定制铣削方向，刀具运动不仅可以跟随对象曲率，也可以保持在一个固定方向上，从而最大限度地释放铣削工艺的能力。由于RAPCAM兼容ABB、FANUC以及KUKA等工业机器人，因而具有广泛的适用性，相比于Robomaster、Powermill等专业数控铣削编程工具而言，RAPCAM的成熟度仍存在较大差距，但其优势在于更加友好的使用体验，随着功能的不断更新完善，这一优势也将具有决定意义[96]。

　　在机器人砌筑工艺编程方面，Brick Design是瑞士机器人科技公司（Rob Technologies）开发的一款综合的砖墙设计与机器人建造软件（图3-4）[97]。软件在设计阶段就整合了机器人建造过程的参数，利用机器人的定制加工能力轻松地完成每块砖的定位。软件输出的数据直接用于控制机器人建造过程，无需额外的机器人编程，从而实现非标准砖墙的高效、高度灵活的自动化建造。除了格马奇奥&科勒研究所在瑞士普丰根完成的Ofenhalle砖墙立面原型之外，第一个基于Brick Design软件的大型商业项目是2014年建造的位于瑞士提契诺州的洛迦诺之星（Le Stelle di Locarno）住宅楼。此外，Rob Technologies还开发了基于CAD软件

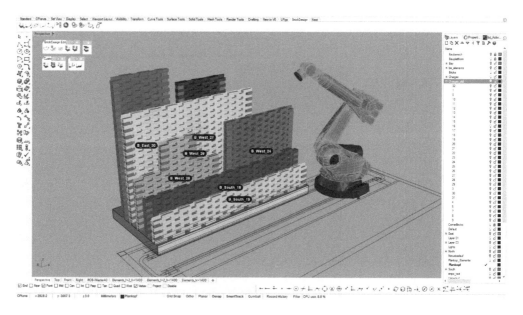

图3-4　瑞士机器人科技公司开发的BrickDesign砖墙设计与机器人建造软件
（图片来源：ROB Technologies AG，rob-technologies.com）

环境的URStudio，可用于UNIVERSAL机器人的离线和在线编程，提供双向通信。软件在不进入机器代码的编写的情况下，通过控制虚拟几何有效简化了机器人复杂任务的编程[98]。

　　RoboFold在机器人金属折板工艺方面的深入研究推动了相关软件工具的开发，先后开发了一系列CAD软件和插件，用于管理设计到生产的工作流程。软件包基于Rhino和Grasshopper平台，覆盖了工作流程的每个阶段，用参数链接起金属板弯折的整个过程[99]。金属折板设计首先研究纸张的折叠，一开始就保证设计可以使用片状材料进行建造，然后对纸张进行表面分析，提取必要的参数，在其开发的Grasshopper插件Kingkong中模拟纸张折叠。Kingkong基于Kangaroo的物理引擎，主要用于折叠的计算模拟及金属板立面的外观研究。Kingkong插件以两种形式输出结果，一方面将设计以平面图案的形式输出，用于板材切割，另一方面输出折叠过程的动画，用于驱动机器人模拟。CNC切割的G-code编程由另一款Grasshopper插件Unicorn生成。对机器人建造可行性的所有必要的检查可以在哥斯拉（Godzilla）——一款基于Rhino和Grasshopper平台的六轴机器人仿真插件中完成（图3-5）。最后阶段由哥吉拉（Mechagodzilla）接管，在远程树莓派（Raspberry Pi$^{®}$）上为机器人生成代码。一旦金属板在CNC中切割完成，就放置在机器人加工台面上，用真空吸盘拾取，开始机器人弯折。RoboFold开发的这一系列软件工具通过

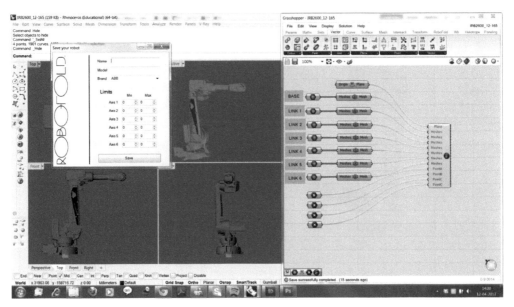

图3-5　RoboFold开发的六轴机器人仿真插件Godzilla进行机器人编程
（图片来源：Godzilla软件操作手册）

分工协作使金属板弯折流程的每个阶段都实现了参数化模拟与控制，但美中不足的是，各个软件工具之间的连接和转换过于繁杂，单一工艺流程被拆解为数个阶段，不利于工艺的整体化应用[100]。

软件开发对Odico公司核心机器人建造技术的成熟发展具有很重要的意义[101]。PyRAPID是一个基于Python OCC的独立计算机辅助建造-机器人热线切割应用程序（RHWC-CAM）。PyRAPID由Odico的一位首席技术人员编写，该人员具有纯粹的建筑学背景，体现了由建筑愿景引领的技术创新对于提供实用和经济的工业解决方案的积极作用。PyRAPID的逆向运动学运算器根据输入的曲面的结构线计算机器人线切割工具的运动序列，并生成ABB机器人所学的Rapid语言指令，用于复杂形态的建筑模板生产[102]。

3.2.3　面向多机器人平台和建造工艺包的FURobot

FURobot是由上海一造智能工程有限公司（FabUnion）联合同济大学数字设计研究中心（DDRC）出品的一款机械臂编程软件，用于离线编程，同时也包含了工艺包和机械臂的实时通信功能，在2018年年中开始在FabUnion内部使用。

在打印生产过程中，FabUnion对工具头和硬件集成有了越来越多的要求，对grasshopper的编程流程也希望更加简单化，同时还希望打印工艺，例如层积打印、空间打印，这些已有的成熟工艺能被总结并编写成为电池加入编程的流程中。同时

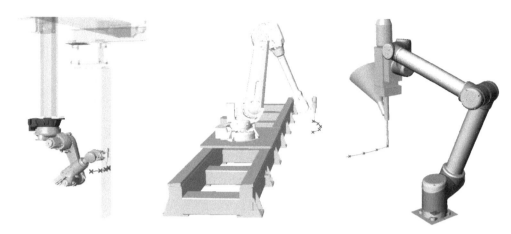

图3-6 FURobot所支持的部分机器人和外部轴
（图片来源：上海一造科技 ）

还需要使用KUKA、ABB、UR这些机器人，FURobot按照以上这些需求进行了设计和开发，它的特点如下：

1. 支持多种机器人和硬件

FURobot支持KUKA、ABB、Universal Robot机器人，这三种机器人是使用最多的机器人，尤其是在高校和研究机构。同时还包括了常用的工具头（塑料和金属打印和自定义工具头）和外部轴（同济大学数字建造实验室外部轴和FU的XYZ大型外部轴）和FabUnion研发的砌砖机器人履带式移动平台，并能够加入自定义移动平台（图3-6）。

2. 运动模拟、检测和离线程序

在运动模拟之前，FURobot会对每一个点进行检测，根据已有状态来选择最合理的角度进行输出模拟，使得模拟在大范围运动中（比如砌砖），也能符合现实机器人的姿态。

在实现基本模拟功能的前提下，FURobot还实现了任意运动状态（工具头任意旋转姿态和位置）在6轴角度、直线、点到点之间的运动模拟的插值，做到了整个模拟过程平滑过渡。

在模拟的同时还附带了检测功能，在提供了对奇异点、碰撞、打印范围、角度限制检测外，还加入了多线程机制，提升了计算速度和用户体验。

打印生产需要进行机器人离线编程。由于有些离线程序的生成比较耗费时间，有时候生成的文件会比较大，这时候如果只是在测试或者模拟阶段就没有必要生成程序，于是我们在电池上增加了一个按钮来决定是否生成离线程序。

FuRobot提供了基本的运动指令电池，这些指令电池做到了和机器人硬件在使用层面上的硬件无关。用户无需了解不同机器人的指令，只需要使用指令电池，就能够生成相应机器人的离线文件。

3. 可自定义的多种工艺包

一个工艺包等于一系列指令的集合，而且工艺包能够接受参数，然后生成相应的指令。因为做到了指令和机器人型号的无关性，所以编写相应的工艺包能够被FURobot所支持的所有机器人识别并执行，而且这些电池指令都开放了相应的API，可以供Grasshopper中的Python使用。

目前FURobot携带了两款工艺包：

（1）层积打印工艺电池

这是目前工艺成熟的打印工艺，这个工具电池的输入端包括：几何体、层高、基座层数，用于生成接缝的几何体，同层最末段长度，上下层连接坡度。这几个参数是控制层积打印最关键的参数。工具箱同时还配有一些其他的电池，比如通过最近的几何体来决定曲线的接缝点的电池，把零碎的断线连接成完整曲线的电池和在转折处添加点的曲线分割电池等。

（2）空间结构打印工艺电池

空间结构打印比前者复杂，原因在于需要设计一种路径来避免工具头和打印出来物体之间的碰撞。输入口的参数有：输入曲面、UV数、曲面偏移向量、曲面厚度、打印速度、移动速度、输出端口号。目前采用的是一种成熟的打印路径（图3-7）。

4. 实时通信

随着不断实践，实时互动，高精度感知、高精度控制、高精度建造越来越多地的在项目中得到运用。许多场景需要多机器人具有互动协作，互动感知的功能，这就少不了实时通信。

FURobot实现了ABB的实时通信，能够实时获得机器人的运动姿态，并发送数据给机器人，KUKA和UR的实时通信正在研发中，计划基于特定格式，发送指令给机器人并接收同样也是自定义格式的数据。在此基础上，在多机器人协作的场景中，即可以用一台电脑给多台机器人发指令，同时监控这些机器人的运动状态，并根据已有状态决定何时再次发送指令。另外还能通过实时通信给机器人发送指令，解决KUKA机器人一次只能装载小于10mb大小的离线程序的限制，并根据已有状态自动生成下一条指令并发送给机器，可以通过PID控制实时纠正机器人运动误差，生成纠正指令，把外界环境带来的影响减少到最小。基于实时通信，在未来可以创造出越来越多新的机器人应用（图3-8）。

3.3 建筑机器人协同

3.3.1 多机器人协同

（1）多机器人系统概述

多机器人系统（Multiple Robot System，MRS）是多智能体系统（Multi-agent System，MAS）的一种，是机器人与人工智能领域的重要研究方向。单一机器人难以胜任许多建造任务，如一些需要高效率完成、并行完成的任务。为了应对此类问题，机器人领域一方面致力于不断研发更智能、能力更强、灵活性更高的单一机器人；与此同时也在现有技术的基础上，研究利用多机器人协同（Multi-robot

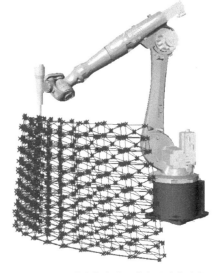

图3-7 FURobot的空间打印工艺包生成的路径
（图片来源：上海一造科技）

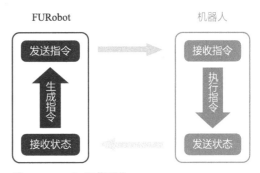

图3-8 FURobot通信示意
（作者自绘）

Coordination）来处理上述复杂任务的方法。相比于单一机器人系统，多机器人系统具有多方面的优势。多机器人系统可以给机器人分配不同的功能和信息，通过相互间的资源共享与协作，完成单一机器人难以完成的极度复杂的任务，扩展机器人系统的能力；多机器人系统可以通过时间与空间分布实现并行建造，大大提高建造效率；此外，多机器人系统还具有环境适应力强、系统数据冗余度高、鲁棒性和容错性突出等优势[103]。实际上，多机器人系统是对大自然以及人类社会中群体系统行为模式的一种模拟。多机器人系统通过将多机器人看作一个自然或社会群体，通过模拟自然或社会群体的组织方式研究多个机器人之间的协作机制，充分发挥协作系统的多种内在优势。多机器人系统的灵活性、智能性和稳定性主要取决于机器人之间协同性能的优劣。在多机器人协同过程中，除了要考虑运动学、控制系统、传感系统等共性问题，还需要针对多机器人的体系结构、通信、协作机制、系统规划等基础问题展开重点研究。

多机器人系统种类多样，其中比较有代表性系统主要有集群智能机器人系统、自重构机器人系统（Self-reconfigurable Robotic Systems，SRRS）、协作机器人系统等。其中集群智能机器人系统是由许多相互间无差别的机器人组成的分布式系统，通过个体能力有限的单一机器人的组织与协作产生智能性，集群智能机器人系统往往模拟自然界中蚂蚁、蜜蜂等动物群体的行为和组织方式，通过能力相同的个体间的交互完成复杂任务。自重构机器人系统也是以标准化的模块单元为基本组件，但是不同的标准模块具有不同的功能，根据不同的目标任务需求组合不同的模块，形成不同的功能系统。日本名古屋大学（Nagoya University）福田敏男（Toshio Fukuda）教授团队研发的细胞元机器人系统（Cellular Robotic System）CEBOT受到生物细胞结构的启发，是自重构机器人系统的典型代表。协作机器人系统则是由多个具有一定智能性的单一机器人组成，主要通过在单一机器人之间建立通信来实现相互间的协作，共同完成复杂任务[103]。

多机器人协同研究始于20世纪80年代。从20世纪80年代中期到90年代，研究人员开始研制各种多机器人系统与协作方法，针对分布式人工智能和复杂系统开展了大量理论和仿真研究，有力推动了多机器人协同技术的发展。实际上，多机器人系统研究与许多其他领域密切相关。例如，控制理论为多机器人系统研究奠定了重要基础，为多机器人之间的协同提供了基本思路和实现方式；复杂系统科学的研究来自于物理、化学、生物、计算机科学等多领域呈现出的相似的系统特征，这些系统都具有复杂性和相似的运行机制，为组织多个机器人实现协调提供了间接的解决方案；此外，人工智能理论的重要分支分布式人工智能专注于分布式系统的研究，与多机器人系统、多机器人协调方法具有密切联系[104]。

（2）多机器人协同的几种类型

多机器人系统的体系结构取决于群体结构体系和个体结构体系两个方面。不同的个体体系对应于不同的决策方法和过程。多机器人体系结构的研究一方面需要以功能逻辑为导向，思考如何使机器人更加智能高效地完成任务，同时也需要考虑体系结构的模型和软件实现方式。

多机器人系统的群体结构体系可以分为集中式（Centralized）、分布式（Distributed）和分层式（Hierarchical）三种类型。集中式结构由控制系统的主控单元负责多机器人的规划和协同优化，将工作分配给受控机器人，从而协作完成任务；与之相对，分布式结构没有主控单元与受控机器人之分，多机器人相互之间关系平等，均能通过通信从周边和其他机器人获取信息，根据系统规则决定个体行为；分层式结构则是介于集中式结构与分布式结构之间的一种混合结构[105]。

多机器人系统的任务规划主要包括任务分配和运动规划两个方面。任务分配多机器人协作的关键，关系到机器人之间是否会发生任务冲突和空间冲突。其主要问题在于，给定一个多机器人系统、一个任务集合以及系统性能评价指标，为每个子任务寻找一台合适的机器人负责执行该子任务，且使得机器人系统执行完成任务集合中的全部任务时所取得的效益最大[106]。任务分配可以看作是多一个在约束条件限制下的组合优化问题；运动规划的难点则在于保证系统中的各个机器人在协作完成任务时能够避开障碍和彼此，避免冲突，如多机器人在动态环境下共同搬运物体、保持队形等操作均涉及运动规划技术。

协作机制是多机器人系统规划的核心内容之一。协作机制与多机器人系统的群体体系结构、个体体系结构、感知、通信和学习等方面都具有密切联系。协作机制需要保证在协作中尽量减少或避免系统冲突和死锁，解决任务的分解、分配问题，高效利用资源完成目标任务。当前，人工智能研究为解决多机器人协作机制问题提供了重要技术支撑，相关研究已取得大量成果，并成功应用于多机器人系统规划中。

为了实现机器人的同步或协调，多机器人系统的信息交互必不可少。通过通信可以实时获取当前环境信息和其他机器人的状态，利用既定的协作机制进行有效磋商，协作工作。合理的通信可以大大提高系统运行效率。一般来说，机器人之间的通信可以分为隐性通信和显性通信两类。隐性通信的多机器人系统通过自身传感器来获取所需信息并实现相互协作，但多机器人间没有共有规则和方式进行数据转移和信息交换，机器人之间的信息传递通过个体机器人自身的感知来实现；显性通信的多机器人系统中，机器人之间具有直接的信息传递，借助特定通信介质，直接、快速、有效地完成数据、信息的转移和交换，并通过某种共同规则和方式指导机器人行为。显性通信可以实现隐性通信无法完成的许多高级协作内容。当前，互联网、物联网通信技术的发展对多机器人通信技术具有显著推动作用。根据多机器人系统通信和任务分配方式的差异，机器人的协作类型可以分为有意识协作和无意识协作两种主要类型[107]。

无意识协作通常是一群同构机器人在没有特定的外部干预的情况下，仅仅通过个体间的交互产生协作行为。群合作机器人是典型的无意识协作机器人系统。群合作机器人系统中的机器人通常功能简单但数量众多。在形式上机器人个体各行其是，没有对于全局目标的概念，也没有明确的协作动机和目标，全局任务仅仅通过机器人系统与客观世界的交互作用完成。群合作机器人系统合作机制的研究灵感通常来自于动物行为学和社会科学等领域，系统模拟这些领域的群体行为模式，仅仅对系统中的个体示教简单的控制规则，通过个体行为规则产生群体智能。与集中式控制的机器人系统相比，群合作机器人系统的系统鲁棒性突出，对外部动态环境具有更加强大的反应和适应能力。其缺点也十分明显，群合作方法中机器人行为之间的全局一致性相对较低，因此通常适用于对精度和效率没有严苛要求的任务，例如停车场清理、岩石样本收集、货物搬运等在比较开阔的环境中进行大量的重复操作的任务。

针对多机器人群合作的研究工作有许多，上述细胞元机器人系统CEBOT是自组织机器人群合作的典型代表。CEBOT将众多离散的机器人视作细胞元，细胞元机器人功能简单，但是通过细胞元机器人的自组织形成器官机器人，器官机器人进一步组成更加复杂的功能系统，根据任务进行动态地重构。研究人员通过机器人的组织结构、建模方式、通信、行为规则的研究，使简单的CEBOT机器人通过自组织在整体上呈现出合作行为。一些研究借鉴动物行为学开发多机器人协作系统，利用蚁群、蜂群和鸟群的简单协作规则，设计多机器人系统，利用微观上的机器人自主行为产生宏观上的协作行为。结果显示，蚁群算法及相关行为规则是相关研究中最为成熟的方法。相关研究借鉴蚁群觅食时的信息传递与协作机制，解决了未知环境下的多机器人任务分配等问题。通过这种仿生研究，使多机器人系统具有了散开、聚拢、觅食和轨迹跟踪等能力[108]。

虽然群合作方法在处理很多现实任务方面具有显著的优势，但是在任务完成时间或执行效率方面存在明显不足。现实世界中许多任务需要机器人之间直接的合作，即有意识协作，以便提高工作效率。有意识协作这种协作类型是相对于群合作等无意识协作方式而言的，主要用于处理一些由多个不同的子任务构成的复杂任务。任务的执行要求采用一组规模相对较小但彼此功能相异的机器人，每个类型的机器人处理不同的子任务，通过相互间有目的的合作来完成。与无意识协作不同，有意识合作模式采用智能水平更高的个体机器人共同组成多机器人系统，每个机器人对全局环境、任务等信息的掌握比较全面，个体机器人根据全局目标规划自己的行为，任务完成效率更高。有意识合作也常被称为基于规划的合作。任务分配同样是有意识合作的关键问题，即需要决定如何拆解全局任务，并分配给不同机器人执行不同任务，以使系统效率最大化[108]。

（3）多机器人协同在建筑领域的应用

在建筑领域，复杂的建造任务决定了无法采用单一机器人完成。多机器人协作是建筑机器人发展的重要趋势。早期单工种建筑机器人由于难以整合建筑建造的上下游工序，单工种机器人对建筑施工自动化的推动作用有限。在汽车、航空航天等制造业领域，多机器人协作技术早已司空见惯。近年来，建筑师也逐渐意识到多机器人协作技术的巨大潜力，涌现出一批极具启发性和创造力的多机器人协同建造研究。

2011年斯图加特大学ICD和建筑结构与结构设计研究所（ITKE）建成了一个新的研究展亭（图3-9），使用总计184km长的玻璃和碳纤维增强复合材料，通过机械臂与无人机的协同建造系统，建成了悬挑12m，覆盖40m²，重量约1t的轻质纤维编织结构体[109]。

展亭的几何形状展示了通过不同阶段的纤维缠绕实现建筑的建造的可能性，该研究已经建立了一系列的成功的展馆，综合了数字设计、工程、建造，并进一步探索了空间分布和施工的可能性。材料和结构潜力带来了新的可能性，玻璃和碳纤维材料重量轻并具有较高的拉伸强度，可以以不同的方式实现建造，新的建造工艺考虑了纤维材料的物理性能、供给方式等。利用材料的自动弯折形成复合框架，不需要使用表面的模具和昂贵的模板；通过集成机器臂和自动化的轻量无人机进行建造，扩大可能的建造规模和跨度。多机器人建造的方式展现了未来的分布式、协作式和适应性系统的建设场景。

该研究的概念来源于仿生学，与进化生态研究所和图宾根大学古生物学系合作，对自然轻型结构的功能原理和施工逻辑进行了分析和抽象，研发纤维增强聚合

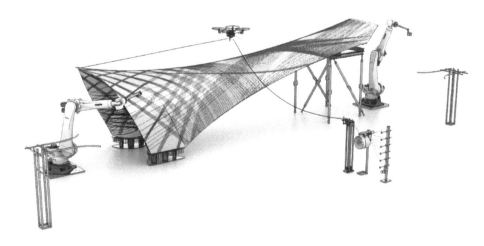

图3-9 斯图加特大学"2016~2017年ICD/ITKE研究展馆"机器人协作工作图解
（图片来源：ICD/ITKE University of Stuttgart）

物的机构和新型机器人制造方法，从生物学模型中抽象出几个概念，并转移到建造和结构概念中。

构筑物建造过程中，机器臂和无人机通过交互和通信实现相互协作：两个工业机器臂位于构筑物的末段，机器臂功率大、定位精确，然而工作范围有限，使用机器臂可以实现纤维缠绕所需的强度和精度；无人机的精度有限，但可以远程移动，使用定制的无人机将纤维从一侧传递到另一侧。将无人机无阻碍的自由度和可变性与机器臂结合，建成了轻质、大跨度的纤维构筑物，而这项任务是无法由机器臂或无人机单独完成的。

为实现多机器人的协作，研究组开发了自适应控制和通信系统，以实现多个工业机器人和无人机在纤维缠绕和铺设过程中相互作用。通过设置集成传感器接口，机器臂和无人机能够根据建造过程中的变化进行实时调整，无人机在不需要人为的控制干扰的情况下自主飞行，可以自动地、自适应地控制纤维的张力；通过定位系统，在机器臂和无人机之间创建信息和物质的传递，在整个缠绕过程中来回传递胶合玻璃和碳纤维。这个过程的一系列自适应行为和集成传感器为大规模纤维复合材料的建造奠定了物理信息系统基础[110]。

2011年由格马奇奥&科勒研究所与ETH动态系统与控制研究所（IDSC）的拉菲罗·安德烈（Raffaello D'Andrea）教授共同完成了飞行组装建筑（Flight Assembled Architecture）项目，该项目是第一个通过飞行机器人组装的建筑装置[111]。在2013~2015年该研究项的下一个探索阶段——空中建造（Aerial Constructions）项目中，项目组用多无人机建造完成了悬挂的拉索结构，进一步探索多无人机空中建造的可能性[112]。

格马奇奥&科勒研究所是致力于充分利用数字设计和建造的年轻一代建筑师组成的事务所，安德烈的工作则涉及突破性的自主系统设计和算法，该装置结合了格马奇奥&科勒研究所严谨的建筑结构和设计表达与安德烈有远见的机器人系统，使用大量共同工作的移动智能体进行建造。飞行组装建筑是一个由多个四轴无人机用约1500个泡沫模块组装了一个6m高的塔式结构，整个过程由多个无人机自主协作完成，不需要人手触碰。以这种方式，飞行器将扩展为生活而建造的建筑机器，并实现动态运动和建筑性能的组合。

装置展现了一个1∶100的建筑模型，建筑设计是共有180层楼、600m高的垂直村落，为30000名居民提供了生活空间，这个新成立的村庄设想于默兹河（Meuse）的农村，距离巴黎不到一个小时车程。利用了一个网格化的组织原理，可以实现在生活、工作和商业的多种功能的可靠安排中获得很大的社区活力。网格在垂直方向转动，最后在网格的两端形成一个近似圆形的自稳定结构。该设计的灵感来自空中装配，提出了一种新的差异空间和一种不同的程序方式，以建造高密度的垂直城市。

多个无人机通过将数字设计数据转换为飞行器的行为的数学算法进行协作。为了协调无人机避免碰撞，无人机使用环绕结构的两条空中通道，空中通道的使用由空间预留系统控制，在每个无人机飞行之前保留飞行轨迹所需的空间；同时，该系统也考虑与塔的碰撞，控制无人机的启停。

在飞行装配架构中，无人机的工作空间大大超出了传统数控机器，从而大大扩展了数字建造的规模。用于组装的模块的重量和形式直接来源于所使用的四轴无人机的有效载荷电容和飞行行为[113]。

3.3.2 人机协作

（1）人机协作概述

由于人与机器有互补性，利用人机协作实现一个系统具有直观的优势。人机系统（Man–Machine System）是一个广泛的概念，由相互作用、相互联系的人与机器两个子系统构成，是一个人、机、环境和过程共存的体系。国际标准化组织将"人机协作"定义为：机器人与工人在一定的工作区域范围内为达成任务目标而进行的直接合作行为，机器人从事精确度高、重复性强的工作，人在机器人的辅助下做更有创造性的工作。人机协作的基本原则是优势互补，恰当分工，实现人和机器都不能独立完成的工作，一般来说，人擅长对问题的智能化的分析解决，如环境感知识别、逻辑推理、决策规划等，而机器人的长处在于可以实现平稳的、高精度的操作。在人机协作中，与其说是机器代替人，不如说是机器加强了人。

人机协作系统的关键是功能分配，人机功能分配的合理性是衡量整个系统的关键因素。在人机协作系统中，人主要负责"定性"判断，而机器则负责"定量"计算，由于人的行为的不确定性，无法用确定的公式和模型描述，因此人机功能分配方法大多以定性研究为基础。

人机交互（Human–Computer Interaction，HIC或Human–Machine Interaction，HMI）是研究人、计算机以及它们间的相互影响的技术，人机之间的信息交互为实现人机协作提供了前提条件。通过人机交互，人能充分及时地了解机器人的系统状态和机器人所处的环境信息，并且以简洁、高效的方式及时对机器人的自主行为产生影响。人机信息交互包括人与人之间、机器与机器之间、人与机器之间的信息交互，人机间信息不一致，需要信息传递和转换的中介设备。信息从抽象程度上可分为：信号层、知识层、智能层。人机交互系统必然要考虑的问题主要包括人机交互的方式、手段、有效性和人机友好等，此外也包括对于人的因素的考虑，如人的行为模型、人类工程学、软件心理学等[114]。

建立人机联合的系统，必须具备一套规范原则，这些原则构成人机协作解决问题的初始指令理论。目前国内外研究偏向于"人类向机器提供知识辅导"的思想，而随着机器学习、智能设计等人工智能领域的进展，机器的自主性和智能性将越来越高，将进一步改变人机协作规范。未来的人机决策系统中，智能机器人只需要理解人类的意图，就可凭借自身的智能性规划处理所需要完成的动作。

（2）人机协作型机器人

人机协作机器人是一种新型的机器人，其将高效的传感器、智能的控制技术和最先进的软件技术集成在机器人上。传统工业机器人和人机协助机器人的差别主要体现在以下几个方面：传统工业机器人需要固定安装，用来实现周期性、重复性的任务，需要机器人专家在线或离线编程并只有在编程时才与工人交互，需要围栏将人与机器人隔离。人机协作机器人可手动调整位置或可移动，有频繁的任务转换，通过离线手段进行在线指导，始终与工人交互，不需要围栏将人与机器隔离。人机协作机器人在给人带来方便的同时，也能完成更复杂、精确的任务。

目前，新型的人机协作机器人开始作为灵活的生产助手用于生产制造中。瑞典ABB公司2014年3月推出了首款人机协作的14轴双臂机器人Yumi[115]，美国睿恩机器人公司（Rethink Robotics）于2014年9月推出了智能协作机器人Sawyer，优傲机器人公司（Universal Robots）拥有UR系列协作机器人家族，KUKA发布了协作机器人LBR iiwa。协作机器人正在成为未来机器人发展的重要方向[116]。

当然，人机协作并不是协作机器人的专利，传统机器人也可以执行协作任务。按照协作程度从低到高，人机协作可以分为四种方式：安全级监控停止（Safety-rated Monitored Stop）；手动引导（Hand Guiding）；速度和距离监控（Speed and Separation Monitoring）；功率和力限制（Power and Force Limiting）。传统机器人在配备合适的控制器/安全选项的情况下，可以实现前三种协作功能，但传统机器人很难实现第4种协作功能。

未来，新一代企业将由员工和机器人组成。人机协作不仅可以提高生产力，还将助力人类实现更大的挑战。将物联网技术、移动互联网、云计算、大数据等互联网技术深度应用于人机协作的过程，可推进"人机协作"理念迈向更高层次。人、机器人、信息、环境之间的多重连接方式必将得到全面重塑。

（3）人机协作在建筑领域的应用

人机协同建造在机器人辅助搭建研究中应用广泛。机器人辅助搭建工艺是利用机器人的精确定位和无限执行非重复任务的能力，辅助构件组装和建筑搭建的技术和流程。在当前的技术条件中，机器人负责精确的定位，操作人员负责决定建造顺序和构件连接是机器人辅助搭建的主要模式。尤其在木结构建造中，螺栓、钉类的连接件往往需要人工植入。这种合作模式也保证了建造过程的安全性。

2015年上海"数字未来"&DADA"数字工厂"系列工作营中斯图加特大学ICD团队的"机器人木构建造"项目（图3-10）旨在探索在不依靠精确的测量技术或者不采用特异性几何形态的建筑构件的情况下，建造自由几何形态的可能性。项目采用工业机器人辅助组装，将几何特征编码到组装过程中，通过把简单、规则形式的构件精确地放置在预设位置上，利用标准化的建筑材料建造出了复杂的木结构体系。项目以自由双曲面表皮形式的机器人建造为研究目标。设计分为结构支撑体和表皮两部分。其中结构支撑体采用机器人辅助建造的标准构件进行搭建；表皮采用特异形式的木板条相互拼接而成。在支撑结构单元的建造过程中，气动抓手被安装在一台KUKA Kr150 QUANTEC Extra R2700机器人上作为工具端，抓取构件并摆放到准确的位置和方向。操作人员的主要工作是确认抓手的打开或关闭。构件之间的连接由操作人员通过气钉枪完成。由于气钉枪的射击方向朝向四周，因而对周边环境具有一定的威胁性，人工操作使建造过程的安全性得到了保证。

2018年，ICD研究人员开发了协作机器人工作平台（Collaborative Robotic Workbench, CRoW），CRoW是一个面向建筑建造的人机交互机器人平台（图3-11），建造者可以利用增强现实界面直接访问和操作机器人控制信息[117]。在此过程中，机器人执行精确建造任务，例如摆放每个构件，而工人执行需要灵活性和过程知识的任务。增强现实界面是一个控制层，在增强现实中，不熟悉机器人的建造者也可以直接操纵机器人，根据触觉反馈、过程知识以及预先设定的建造做出明智决策。通过在AR中展现材料和建筑的场景，用户可以数字化地规划下一组件的放置，尝试替代性的选择。机械臂可以精确移动，将下一个组件放在正确的位置，用户仅需用钉枪作简单的固定即可。CRoW以其创新性入围了2018年KUKA创新奖（KUKA Innovation Award 2018）。CRoW出现在2018年汉诺威工业博览会上，展示了如何生产制作一个复杂异形的木结构[118]。

图3-10 上海"数字未来"工作营中人机协作完成木结构建造

（图片来源：同济大学2015上海"数字未来"工作营）

图3-11 斯图加特大学CRoW协作机器人工作平台（2018年）

（图片来源：ICD/ITKE University of Stuttgart）

3.4 建筑机器人的定位技术

定位是机器人导航最基本的环节，也是移动机器人研究的热点，对于提高机器人自动化水平具有重要的理论意义和实用价值。

3.4.1 机器人定位技术原理

机器人依靠定位与环境感知系统完成定位功能。移动机器人的定位与环境感知系统由内部位置传感器和外部传感器共同组成。其中，内部位置传感器主要针对机器人自身状态和位置进行检测，可以包括多种传感器类型，例如，可以利用里程计，亦即角轴编码器测量机器人车轮的相对位移增量，还可以利用陀螺仪测量机器人航向角的相对角度增量，利用倾角传感器测量机器人的俯仰角与横滚角的相对角度增量，利用精密角度电位器测量摇架转角的相对偏移角度等。外部传感器主要用于构建环境地图，可以采用激光、雷达、摄像头等测量环境中的物体分布，完成环境建图。

从定位方法角度而言，移动机器人定位技术可以分为绝对定位、相对定位和组合定位[119]。

相对定位包括惯性导航（Inertial Navigation）和测程法（Odometry）两种主要类型。惯性导航通常使用加速度计（Accelerometer）、陀螺仪（Gyro）、电磁罗盘（Electronic Compass）等传感器进行定位，但相关研究表明惯性导航定位的可靠性并不理想。相对而言，测程法的使用更加广泛。一般意义上的测程法定位是指利用编码器测量轮子位移增量推算机器人的位置。机器人定位过程中，需要利用外界的传感器信息补偿测程法的误差。基于编码器和外界传感器（例如声呐、激光测距仪、视觉系统等）的信息，利用多传感器信息融合算法进行机器人定位[120]。用于机器人定位的外界传感器主要有陀螺仪、电磁罗盘、红外线、超声波传感器、声呐、激光测距仪、视觉系统等。其中声呐和激光测距仪是最广泛使用的外界传感器。机器人定位研究中，一般利用外界传感器提取导航环境特征，并和环境地图进行匹配以修正测程法的误差。因此利用外界传感器定位机器人时，主要任务在于提取导航环境的特征并和环境地图进行匹配。在室内环境中，墙壁、走廊、拐角、门等特征被广泛地用于机器人的定位研究[121]。

绝对定位方法种类多样，常用的定位方法包括导航信标（Navigation Beacon）、主动或被动标识（Active or Passive Landmarks）、地图匹配（Map Matching）、GPS定位、概率定位等。导航信标定位主要采用三视距法（Trilateration）和三视角法（Triangulation）进行位置计算；主动或被动标识定位比较常见，利用具有明显特征的、能被机器人传感器识别的特殊物体作为标识进行定位。根据标识的不同，这种方法可以分为自然标识定位和人工标识定位两种。其中，后者应用最为广泛和成熟，通过在移动机器人的工作环境里人为地设置一些坐标已知的标识，如超声波发射器、激光反射板、二维码等，为机器人定位建立参考点，机器人通过对标识的探测来确定自身的位置；地图匹配法是移动机器人通过自身的传感器探测周围环境，并利用感知到的局部信息进行地图构造，然后将该地图与预先存储的环境地图进行比照，通过两地图之间的匹配关系计算出机器人在该环境中的位置与方向。地图模型的建立和匹配算法是地图匹配定位的两个关键技术；GPS定位是一种以空间卫星为基础的导航与定位方法，该方法在智能交通系统（Intelligent Transportation System，ITS）中广泛应用。其缺点在于GPS信号容易受到环境条件的影响，如高楼、林荫道、隧道、立交桥等区域容易阻挡或者反射部分卫星信号，导致卫星信号大幅度衰减，从而引起定位精度的大幅度降低，有时误差可达几十米甚至数百米。为了减小误差，目前主要是把GPS和航位推算系统（Dead Reckoning，DR）进行集成，实现车辆连续、高精度的导航定位[121]。

相对定位方法的优点在于能够依据运动学模型自我推测机器人的航迹，但这种方法不可避免地存在随时间、距离增加而增加的累积航迹误差；绝对定位方法往往对环境条件要求高，地图匹配等技术处理速度较慢。针对相对定位和绝对定位方法的不足，将相对定位与绝对定位相结合，例如基于航迹推测与绝对信息矫正的组合，能够相互补足，有效提高定位精度和稳定性[119]。

在信息不足的未知环境中，移动机器人的定位需要借助并发定位与环境建图（Simultaneous Localization and Mapping，SLAM）。在未知环境中，移动机器人本身位置不确定，需要借助于所装载的传感器不断探测环境来获取有效信息，据此构建环境地图，然后机器人可以使用该增量式环境地图实现本身定位。在这种情况下，移动机器人的定位与环境建图是密切关联的——机器人定位需要以环境地图为基础，环境地图的准确性又依赖于机器人的定位精度，这种方法实质上就是SLAM。基于特征的SLAM自1987年被首次提出后，SLAM问题得到了广泛关注，成为移动机器人研究领域的一个研究热点。目前，基于概率的SLAM方法是SLAM的主流研究方法，即机器人所有可能的位置保持概率分布，当机器人移动而检测到新的环境信息后，位置的概率分布会被更新，进而有效减小机器人位姿的不确定性[119]。

3.4.2 建筑机器人定位技术应用

建筑机器人建造需要根据环境条件的不同采用适宜的定位技术。在工厂环境中，建造环境相对稳定，机器人定位以绝对定位为主，相对定位为辅；而在现场复杂的环境条件下则以相对定位为主，绝对定位为辅。

瑞士国家数字建造研究中心（National Centre of Competence in Research，NCCR）桁架机器人移动范围达到43m×16m×8m。吊挂机器人的工具端相对于机器人自身基础具有精确的定位能力。机器人基础的位置由其在桁架系统中的位置所决定，因此，桁架系统甚至整栋建筑的弹性变形和振荡都会降低机器人末端定位精度。为了提高精度，研究人员对机器人末端进行了闭环定位控制。机器人状态由大型定位追踪系统Nikon iGPS（图3-12）加以测量[122]，采用ABB的外部制导运动（Externally Guided Motion，EGM）系统将参照轨迹发送给机器人。EGM能够以250 Hz频率获得有关机器人状态的反馈并向机器人发送位置和速度参考，这些参考可以以关节或姿势模式呈现。iGPS中有一组发射器可以发射探测器能够接受的红外激光脉冲，根据这些脉冲的时间差，确定探测器的位置，多个探测器组合在一起构建一个框架，由主要软件Surveyor进行跟踪。Surveyor可以以40Hz的恒定速率输出帧位置的更新。iGPS系统的性能测试表明，如果校准良好、可视性良好、发射器布局最佳，可以提供亚毫米级的高质量位置测量。在不同的机器人建造研究项目中，为了利用跟踪系统提供的精度，在桁架机器人法兰侧的每个机器人末端执行器上安装了两个iGPS i5传感器。在实验室开展的砖迷宫（Brick Labyrinth）[123]、DFAB之家（DFAB HOUSE）空间木结构搭建（Spatial Timber Assemblies）[124]、轻质金属结构

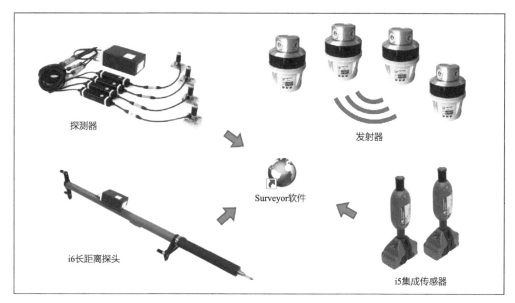

探测器

发射器

Surveyor软件

i6长距离探头

i5集成传感器

图3-12 大型定位追踪系统Nikon iGPS组件[132]

（Lightweight Metal Structures）[125]等建造实践中，该定位系统对于建造系统的精准度发挥了至关重要的作用[126]。

现场建造中机器人的定位方法更加复杂。苏黎世联邦理工学院机器人实验室在为DFAB之家现场展开的金属网格模版（Mesh Mould Metal）建造实践综合展现了当前建筑机器人现场定位技术的发展水平[127]。Mesh Mould Metal是一个全尺寸的钢筋混凝土双曲承重墙，由现场建造机器人（In Situ Fabricator, IF）进行现场建造。两种互补的视觉传感系统为现场建造提供了必要的定位技术。传感系统能够参考建筑工地的CAD模型估计机器人姿态，以及在施工过程中对建筑结构的准确性进行反馈。对结构准确性的反馈用于调整建造方案，以补偿在建造过程中出现的系统不准确性和材料变形。

现场建造机器人IF配备了特殊开发的工具端，整合了焊接、切割和进料等功能，并通过基于视觉的传感系统对工具端的智能化水平进行增强（图3-13）[128]。为了确保DFAB之家的安装精度，网格模版的全局精度需要被控制在±2mm。因此，必须在整个建造过程中以这种精度指导IF的末端执行器的姿态。IF末端执行器上的摄像头用于观察沿着墙壁基础放置的刚性安装的AprilTag（视觉基准系统）基准标记。一些标签用作参考标签，并且它们的位置相对于基础是已知的，而其他标签可以任意放置。在一次校准中，机器人识别标签的位置并将标签与CAD模型进行对齐。在建造过程中对标签位置的图像测量可以在全局参考系中确定机器人的姿

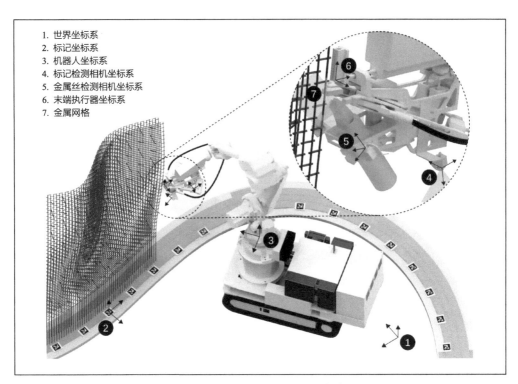

1. 世界坐标系
2. 标记坐标系
3. 机器人坐标系
4. 标记检测相机坐标系
5. 金属丝检测相机坐标系
6. 末端执行器坐标系
7. 金属网格

图3-13　瑞士国家数字建造研究中心现场建造机器人IF定位系统图解[129]

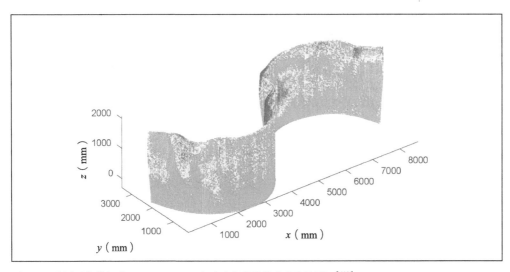

图3-14　金属网格模版（Mesh Mould Metal）建造实践墙体建造误差图解[129]

势。这种定位系统的主要优点是它最大限度地减少了机器人必须清楚认知的工作区域。唯一需要保留的空间是机器人和墙壁之间的空间，施工现场的其他操作不会干扰IF。

仅机器人定位不足以确保网格的精确构造。由于施工期间在网内积聚的内力，即使在期望的位置处进行焊接，在机器人释放金属网结构之后，金属网仍趋于偏离。这不仅导致网格的不准确定位，特别是墙壁顶部和高曲率的区域，而且当机器人必须重新接触网格以继续建造时，网格的位置也是不可预测的。由于这些误差难以建模和预防，因此项目的策略是即时调整建筑设计，以补偿网格建成后的测量偏差。为此，项目使用位于机器人末端执行器两侧的宽基线立体相机组（Wide-baseline Stereo Camera Pair）来识别焊接节点的完成位置。该传感系统不仅允许机器人定位网格以便重新接触，而且还允许在机器人从网格释放之后测量网格轮廓。然后测量得到的网格轮廓可以被用来调整建筑设计以补偿产生的偏差。虽然工业高分辨率激光扫描仪（例如来自Micro-epsilon10的激光扫描仪）可用于进行所需的测量，但它们的尺寸和重量使它们不适合在末端执行器上使用。

这两个传感系统的准确性、可靠性和适当的相互作用对于实现网格的精确和无碰撞建造至关重要。通过这种方式，该结构成功地将98%的几何形体的建造精度控制在偏离设计位置2cm的范围内（图3-14）[129]。

第 4 章

建筑机器人装备共性技术

4.1 概述

建筑机器人控制与装备共性技术是建筑机器人系统最重要的两个组成部分。如果说控制技术是建筑机器人的大脑，那么硬件装备就是机器人的身体，是机器智能与机器运动的硬件基础。机械臂本体是一个开放的通用工具平台，只有通过与其他硬件工具的系统集成才能具备作业完成能力。机械臂本体与其他硬件的系统集成是实现机器人自动化应用的重要环节。为了执行特定的建造任务，建筑机器人需要利用控制器（Controller）为执行器（Actuator）传输指令，通过执行器来完成具体的建造任务。执行器与机器人协同，直接与加工工件进行接触完成加工操作，通过更换执行器可以使机械臂实现灵活多样的建造任务。传感系统是机器人与外界进行通信的核心部分，其功能相当于人的感知系统，机器人利用传感系统检测自身状态以及外部作业环境，是实现环境感知、空间定位以及机器学习等功能的不可或缺的内容。硬件系统与机械臂本体共同组成一个功能性的机器人。为了突破机器人臂展对加工空间的限制，移动装备成为机器人的重要扩展。在大尺度、大范围加工建造任务中，不同类型的行走机构可以有效扩展机器人行程，大大扩展机器人作业范围。

建筑机器人装备及其共性技术建立在工业机器人的相关基础之上。面对建筑预制与现场施工领域的特殊需求，建造机器人装备正面临着快速的转型升级。近年来，用于建筑建造工艺的执行器的层出不穷，多种面向建筑生产的机器人装备平台频繁出现在建筑智能建造领域。建筑机器人装备共性技术的升级转型正在成为建筑产业化升级的重要推手，为建筑工业化、信息化与智能化提供着源源不断的动力。

4.2 机器人集成硬件系统

4.2.1 概述

在之前的章节中我们了解到，机器人是一种高精度的数控设备，能够在 $0.02 \sim 0.05$ mm 的精度下以任意角度（A、B、C）的姿态到达空间中的任意位置（X、Y、Z）。

为了实现机器人的高精度定位，并满足建筑施工准确性的要求，机器人系统作为一种典型的动态系统，在设计构架系统时，必须充分了解动态系统的自动控制原理。其核心内容是通过传感器（Sensor）对一个系统的输出进行检测，然后反馈给某种类型的控制器，并用以控制执行器完成操作[130]。

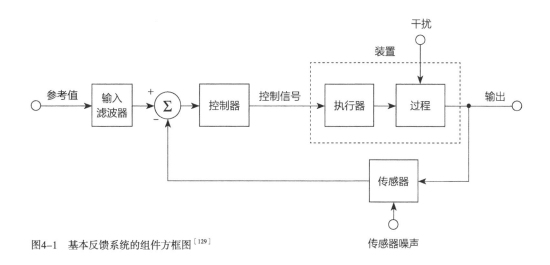

图4-1 基本反馈系统的组件方框图[129]

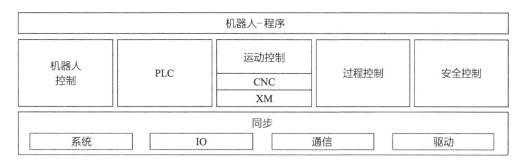

图4-2 机器人本体现场总线柱状图[132]

机器人反馈系统（图4-1）的核心是输出控制的过程，建筑机器人通过软件与编程实现这一过程的逻辑控制，而机器人的控制器、执行器与传感器为实现这一过程提供硬件基础，两者缺一不可。以库卡机械臂为例，库卡机器人语言（Kuka Robot Language，KRL）程序作为上层的控制逻辑，调用可编程逻辑控制、过程控制、安全控制等控制器，通过现场总线对机械臂发出控制信号（图4-2、图4-3）。信号传达至伺服电机等相关执行器模块，提供动力，通过谐波减速机、同步齿轮等传动至机械臂的相关轴，最后由各相关电机上的旋转变压器检测电机角度，各轴传感器检测荷载扭矩，并实施相应的闭环控制，完成对轴旋转角度的动态控制，达到所需的加工精度要求[132]。

经典的机器人本体系统在经过了四十余年的发展之后[134]，已经形成了成熟的硬件与控制体系，其中不同品牌的机器人厂商，例如KUKA、ABB、Faunc、Universal Robot、Dason、Epson等，也形成了各自独立的、不尽相同的控制体系，实现了从轴角度精确控制、扭矩荷载控制，到视觉识别控制、牵引编程示教等非

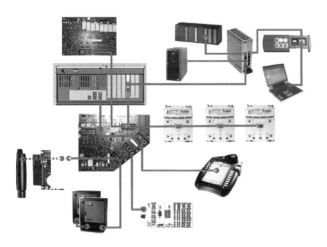

图4-3 机器人硬件总线结构图[132]

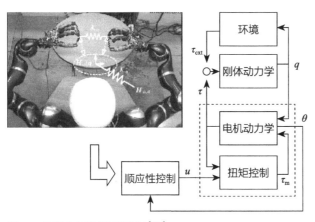

图4-4 机器人电机及扭矩控制[132]

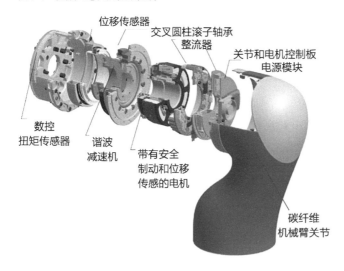

图4-5 机器人单关节执行器与传感器爆炸图
（图片来源：译自http://www.dlr.de/rmc/rm/en/desktopdefault.aspx/tabid-9374/16068_read-39568/［EB/OL］.[2018-02-02]. accessed ）

线性智能化控制（图4-4、图4-5）。在稳定的控制系统的保障下，机器人拥有了可靠的定位工具。机器人赋予了设计师以直接进行加工和建造的能力，这大大缩减了数据转化和施工交流的时间成本，降低了施工质量的不确定性，极大地提高了设计与建造的效率，对于建筑机器人的研究与应用来说，无疑具有重大意义。

设计师可以将复杂而精确的机械设计交予专业的工程师进行，不必深究工业机器人闭环控制系统的详细实现机制。但为了实现设计建筑一体化，设计师要充分了解建造工具与建造过程，具备开发"原型"建筑机器人的能力。工具端对于机器人实现功能来说至关重要。以手臂来比喻的话，如果工业机器人是手臂，那么工具端就是手，没有手的辅助，单纯的手臂无法实现抓取等功能。工业机器人要满足建造功能需要工具端的协助，而工具端往往还需要其他辅助设备进行协同操作。在了解了机器人本体的基础控制后，了解机器人工具附属控制器、传感器与执行器等硬件的基本类型、基本工作原理与控制方式，对于建筑机器人的开发来说意义重大。

4.2.2 控制器

用于计算并控制所需的信号的组件称为控制器。控制器处理所接收到的信号，依据预设程序针对不同的信号发出不同的指令，控制执行器的动作。

机器人工具端及其配套设备的控制器依据其功能的不同可简单可复杂。简单的处理器可以是几个继电器组成的开关装置，如同济大学建筑与城市规划学院袁烽教授团队研发的专利"一种应用于机械臂上的夹取工具"，由一个继电器构成了该工具的处理器：机器人发送高电平（数字信号的一种，相当于二进制码中的"1"）到工具端上时，继电器接通线路一，控制五位三通气阀接通气路A，将抓手夹紧；机器人发送低电平（数字信号的一种，相当于二进制码中的"0"）到工具端上时，继电器接通线路二，控制气阀接通气路B（与A反向）将抓手张开。有些更简单的工具端甚至可以省略掉控制器，比如2015年上海"数字未来"&DADA"数字工厂"系列工作营中，"机器人建筑模型设计研究"小组进行了机器人单点渐进成形的研究（图4-6）。机器人单点渐进成形是一种通过渐进挤压的方式对板材进行异形成型的加工工艺，这种单点成形使用的工具端非常简单，只是一个固定在机器人上的长条形金属棒，金属板的一端有一个金属小圆球作为挤压点。该工具端的设计需要考虑材料强度和机械方面的问题，但它不需要接受任何信号，不需要控制。

在遇到更复杂的控制逻辑时，可以用继电器的组合生成"与"（And）、"或"（Or）、"非"（Not）、"异或"（Xor）等基本运算电路，从而通过它们的组合生成更

图4-6　2015年上海"数字未来"&DADA"数字工厂"工作营机器人单点渐进成形实验
（图片来源：同济大学2015上海"数字未来"工作营）

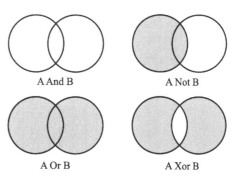

图4-7　And、Or、Not、Xor运算逻辑的图示
（作者自绘）

复杂的控制逻辑（图4-7）。但从本质上来说，这种控制方式最终都以一种高-低电平的开关（On-off）方式进行输出。开关控制是最简单的反馈控制形式。开关控制器根据受控变量相对于设定值的大小进行操作，将操作变量简单地从完全关闭切换至完全打开。开关控制的一个常见例子是空调的温度控制——当温度高于恒温器设定点时，制冷系统打开；低于设定值时，制冷关闭。但实际的开关系统应用会有一些不同。如果制冷开关打开和关闭瞬间，测量的温度越过设定值，则系统会颤动——会以非常高的频率反复打开和关闭。为了避免抖动，实际的开关控制器通常在设定点周围设有死区（Deadband）。当测量值在该死区内时，控制器不执行任何操作——只有当检测值超出该动作值时，开关才会产生动作[135]。

　　另一种简单的控制是比例控制（Proportional Control），控制器根据输入信号成比例地控制输出信号。它的作用是调整系统的开环增益，提高系统的稳态精度，降低系统的惰性，加快响应速度。如果说开关控制可以类比于开车时只考虑将油门踩到底或是完全放空，然后调整其占空比来控制速度，那么比例控制就类似大多数人驾驶的方式，若车辆略超过目标速度，油门会稍为放松一些，使马力减少，因此车辆会慢慢地减速，在减速过程也会根据车辆速度和目标速度的差值，持续的调整油门，最后会接近目标值，其误差比开关控制要小很多，而控制也平顺许多。当然在实际的操作中，因为模拟信号无法被数字电路处理与输出，常采用脉冲宽度调制（Pulse Width Modulation，PWM）的方式进行比例控制，这种方式可以被理解为使

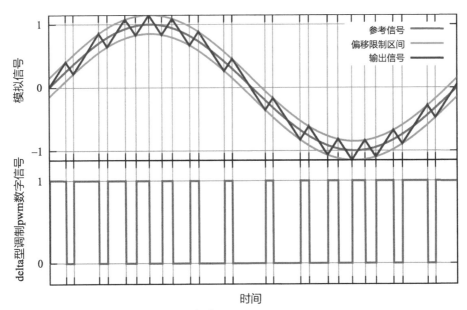

图4-8　脉冲宽度调制PWM逼近模拟信号[137]

用一种高频率的开关控制来模拟比例控制（图4-8）[136]。

比例–积分–微分控制器（PID），则在比例控制的基础上引入了积分与微分控制，由比例单元（P）、积分单元（I）和微分单元（D）组成[138]，通过Kp、Ki和Kd三个参数进行设定。PID控制器主要适用于线性且动态特性不随时间变化的系统。PID控制器可以用来控制任何可被测量及可被控制的变量。比如，它可以用来控制温度、压强、流量、化学成分、速度等。一个常见的例子是马达的控制。控制系统需要马达具有一个可以受控的速度变量，最后停在一个确定的位置。

复杂逻辑的开关控制、PID控制等方法对控制器的运算性能有着较高的要求，随着计算机辅助计算以及嵌入式控制设备的发展，以往使用电子管进行运算的传统控制方法，被基于数字与电信号的方法逐渐替代。作为计算设备，计算机允许更加复杂的模型以及复杂的控制方法。同样作为嵌入式设备，数字设备也允许更加复杂的控制规律。

单片机是在机器人建造领域最为常用的控制器之一。单片机，全称单片微型计算机（Single-chip Microcomputer），又称微控制器（Microcontroller），是把中央处理器、存储器、定时/计数器（Timer/counter）、各种输入输出接口等都集成在一块集成电路芯片上的微型计算机。其作用是接收感应器收到的电信号，然后在单片机内嵌的程序中进行处理，再通过输出端口发出电子信号控制执行器。

在建筑与艺术创意行业中，最常见的单片机莫过于Arduino，其易用性、开放性和较为成熟的生态平台使其受到很多设计师和艺术家的青睐。它构建于开放原始码Simple I/O介面版，并且具有使用类似Java、C语言的Processing/Wiring开发环境。Arduino主要包含两个主要的部分：硬件部分是可以用来作电路连接的Arduino电路板；另一部分则是Arduino IDE，用户计算机中的程序开发环境。用户只要在IDE中编写程序代码，将程序上传到Arduino电路板后，程序便会告诉Arduino电路板需要执行的操作。

在进行机器人工具端原型机开发时，Arduino同样是建筑师进行复杂电子信号处理、控制复杂执行器的首选。伦敦大学学院（University College London）的卡莱德·阿什雷（Khaled Elashry）和鲁拉里·格林（Ruairi Glynn）开展过一项机器人砌砖的研究，这套机器人砌砖系统中包括了涂抹砂浆这个步骤，为了保证砂浆涂抹质量，研究团队在机器人工具端上添加了一个视觉识别系统，这个系统包括两个主要部分，一个是红外扫描摄像头，一个是Arduino单片机。在每块砖涂抹完砂浆之后，红外扫描摄像头会对砂浆层的进行扫描，然后将扫描结果反馈给Arduino单片机，

图4-9　砂浆厚度扫描程序与扫描结果

（图片来源：Khaled Elashry and Ruairi Glynn，UCL）

单片机中有编辑好的程序来对扫描结果进行分析，从而判断这块砖的砂浆涂抹是否合格，如果不合格将重新涂抹（图4-9）[139]。

Arduino能通过各种各样的传感器来感知环境，通过控制灯光、电机和其他的装置来完成更复杂的反馈和行为。Arduino板上的微控制器可以通过Arduino的编程语言来编写程序，编译成二进制文件，烧录进微控制器。对Arduino的编程是利用Arduino编程语言（基于Wiring）和Arduino开发环境（基于 Processing）来实现的。基于Arduino的项目，可以采用Arduino单独处理，也可以将Arduino与其他一些在PC上运行的软件（比如 Flash, Processing, MaxMSP）进行通信，共同完成任务。

在同济大学2014年上海"数字未来"工作营中袁烽教授团队研发完成了一种高自由度、高精度、全自动砌砖机原型机，将Arduino作为全套设备的核心控制器，不但通过与机器人控制柜进行通信，控制砌筑过程的信号，同时也通过传感器及相关辅助执行器，构建了机器人自动送砖机构，与机器人的砌筑过程进行联动，从而形成了完整的砌筑流程硬件构架。

虽然以Arduino为代表的单片机平台具有简洁清晰、灵活易用、强大的跨平台能力等优势，但其在接线可靠性、电气可靠性、运算速率存储量上均存在较大的弊端，很难适应复杂的工业环境对可靠性和稳定性的要求。于是专门为在工业环境而设计的数字运算操作电子系统——可编程逻辑控制器（Programmable Logic Controller，PLC）应运而生。

PLC的核心基础是单片机，但它采用一种可编程的存储器，在其内部存储执行逻辑运算、顺序控制、定时、计数和算术运算等操作的指令，通过数字式或模拟式的输入输出来控制各种类型的机械设备或生产过程。可编程逻辑控制器及其有关外部设备，都按易于与工业控制系统联成一个整体、易于扩充其功能的原则设计。尽管PLC存在箱体式和模组式的区别，但二者的基本构成是相同的，包括CPU模组、I/O模组、记忆体、电源模组、底板或机架。无论哪种结构类型的PLC，都属于汇流排式开放型结构，其I/O能力可按用户需要进行扩展与组合[140]。

在PID控制运算、前馈补偿控制运算等复杂控制算法的基础上，PLC还具有灵活可变的输出方式。除了传统的I/O输出以外，还具备输出驱动数倍的模拟电压与数字脉冲额的能力，可以驱动及控制能接收这些信号的伺服电机、步进电机、变频电机等。同时，PLC支持触摸屏的人机界面，满足在过程控制中几乎任何层次上的需求，大大拓展了其应用范围[141]。

在PLC作为控制器的中间媒介的基础上，如果期望通过计算机完成更高计算量的控制任务或者对硬件要求更高的控制方式，可以通过通用超高速以太网现场总线（EtherCAT）实现2X100M的全双工通信[142]。在同济大学2017上海"数字未来"工作营中，德国斯图加特大学ICD团队运用机器人通过KUKA RSI与计算机进行通信，计算机下发送控制信号给Efka电机PLC，控制工具的加工动作，从而实现计算机对机器人是实时信息传递与控制。

4.2.3 执行器

执行器是可以用来改变过程的被控变量的装置，气动夹具、电动机、缝纫机等都可以作为机器人的执行器。常见的工业机器人工具端执行器还包括抓手、钻头、锯、铣刀、焊枪、真空及非真空吸盘、打磨器、喷枪和磁力吸盘等。这些都是在加工建造中常用的工具，将它们安装在工业机器人上，再进行系统集成，即产生了抓取机器人、码垛机器人、焊接机器人、喷漆机器人和打磨机器人等不同功能的机器人。当然，机器人本体本身也是在机器人使用中最重要的执行器之一。

机器人本体作为执行机构，能够完成对加工工具的精确定位，而工具端的不同给予了它们不同的功能。也就是说，同一个工业机器人，只要更换它的工具端，它就可以实现各种不同的功能。这即是机器人的开放性所在。这种开放性对于设计师的意义在于它给建造方式带来了无穷无尽的可能性。设计师可以依据自己的需求定制不同的加工方式和工具端，从而完全超乎传统建造方式的局限展开设计工作。

于是建筑学领域的机器人建造研究常常通过改装与定制机器人工具端的执行器开展，执行器使用电驱、气驱、磁驱等方式提供动力，受上级控制器信号控制，协同机械臂动作进行工作，从而使机械臂能够实现许多数字建造功能，并代替传统的加工机器。哈佛大学设计研究生院（Harvard GSD）、ETH、NCCR、ICD、MIT、南加州建筑学院（SCI-Arc）、同济大学等院校与科研机构陆续实现了砖砌筑、线切割、塑料三维打印、瓷砖拼贴、纤维编织、金属弯折、塑料空间打印等数字建造技术，并将其中的一部分切实地使用到了实际建筑工程中，建造了许多优美而先锋的建筑作品。由于机器人精确定位及工具端执行器的数控操作，这些建筑作品能够实现非线性与精准建造，从而为热工、结构、风、声音等性能化因素的植入提供了条件。这种对于性能化思维的思考从理性和科学角度为建筑的发展提供了一种可能。

另一方面，与机器人系统协同工作的机器人辅助系统，往往可以在很大程度上简化人工在建造过程中的作用，通过辅助系统执行器的动作，替代传统建造过程中的一些重复性工作。同样以上文提到的高自由度高精度全自动砌砖机为例，砖被批量地储存在"弹夹"——竖向储砖槽中，在Arduino的控制下，通过基于步进电机系统的二轴执行器，将砖块精确地运送至机器人拾取位置，使占据大量体积的砖储系统可以在竖向与横向折叠入狭小的平台空间以内，同时将传统反复的手工取砖、送砖工作替换为弹夹式的填充作业，极大地提高了作业效率，减少了人工工作量。

随着建筑工业4.0时代的到来，劳动力成本的提升，机器换人成为历史发展的大势所趋。建筑机器人，作为技术发展中的过程环节，能在一定程度上推动建筑建造的产业化升级。建筑机器人建造作为这一种全新建造方式，将整合造船业、汽车业及其他工业在提升产品性能与精确性过程中发展而成的高新技术，在未来将其发展运用于建筑幕墙、钢结构、木结构等实践中，推动建筑产业的全方位升级。

4.2.4 传感器

能感应被测量的信息，并能将感应到的信息按一定规律变换成为电信号或其他所需形式的信息输出的检测装置称为传感器。传感器通常由敏感元件和转换元件组成。传感器也可以被解释为从一个系统接受功率，通常以另一种形式将功率送到第二个系统的器件中的装置，所以从某种意义上来说，它是一种换能器。故在一个控制系统中，某一执行器分系统虽然主要负责执行动作，但通常也需要传感器来转换信号的功率形式。

按照上述定义，对于机器人工具端而言，传感器可以分为两类，一类感应机器人发出的信号，一类感应环境中的信号。前者主要是指当工具端需要与机器人的动作产生配合时，工具端需要接收从机器人上发出的指令。如前文所述，机器人控制柜通过EtherCAT现场总线与Beckhoff I/O模块（一种输出高低电平的执行器）取得通信，以电信号开关的数字信号形式向工具端执行器传达信号。在工具端执行器中的传感器部分将这种数字信号转换成所需的功率形式，如气动的开关、调制脉冲转换为模拟信号、磁信号等。例如，在使用机器人进行砌砖工作时，工具端是一个用于将砖块夹住的夹具，在砌砖过程中，当机器人运动到取砖的地点时，机器人会发出信号让夹具夹紧砖块，这时候需要工具端的传感器能够接收机器人发出的信号。

一般而言，机器人发出的信号以电信号为主，这包括了数字信号和模拟信号两种电信号，模拟信号是指用连续变化的物理量表示的信息，其信号的幅度、频率、相位随时间连续变化，如目前广播的声音信号，或电视中的图像信号等。而数字信号幅度的取值是离散的，幅值表示被限制在有限个数值之内。简单来说，模拟信号是一种能直接体现物理量变化的连续数值，而数字信号是一种经过处理后的数字编码，比如二进制码就是一种典型且应用极为广泛的数字信号。工具端上需要有这样的端口来接收电信号。一般而言，机器人处理器上会有预设的接收端口，不需要另外单独配备电信号接收端口。

感应环境中的信号的传感器感知环境并对其做出反应。在机器人中常见的环境感应包括压力感应、加速度感应、位移感应、温度感应、流量感应、距离感应和视觉识别等。建筑机器人研究需要了解这一系列传感器的形式，并将其融入机器人系统中，使机器人系统能够像生物一样感受外部环境，再经过编程或相关机器学习算法的处理，使机器人能够在一定程度上具有智能特性。

从基础的例子入手，2014年上海数字未来工作营中袁烽教授团队研发的高自由度、高精度全自动砌砖机，采用了8对激光对管传感器来感应砖的有无以及二轴步

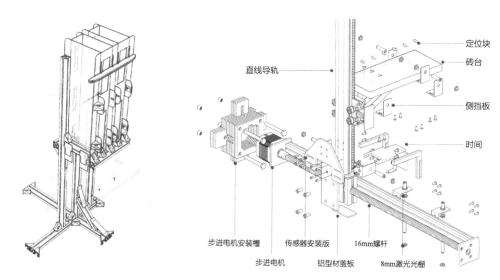

图4-10 同济大学数字设计研究中心研发的第一代自动砌砖机砖槽与基于步进电机系统的二轴执行器
（作者自绘）

进轴系统的运行状态（图4-10、图4-11）。这种激光对管由一个激光管与一个激光接收管组成。当激光管发射出的信号能够照射至接收管时，接收管发出一个高电平信号，反之低电平。这样一套简单的发射接收传感器，可以判断在直线光路范围内是否有物体遮挡，从而实现对外界物体有无的感知。在该案例中，传感器可以判断砖槽中砖块的有无，在砖块数量不足时发出报警，提醒填充；也可以判断运输器上砖块的有无，指导控制器执行下一步的操作；也可以结合二轴步进系统上的挡片，作为限位开关，控制二轴步进系统的位移范围。

在2016年上海"数字未来"工作营中袁烽教授团队研发的塑料空间三维打印实现了更加复杂的系统集成。塑料打印工具端的传感器（图4-12）是用来感应加热块温度的NTC热敏电阻，NTC热敏电阻是三维打印机中常见的一种温度感应器，温度敏感度较高，最高可测量到300℃。控制器识别到电阻阻值差异，换算对应的温度后与设定温度进行对比，通过PWM方式输出比例信号电压，驱动固态继电器（SSR），输出不同加热电压，从而对加热管的功率进行控制。通过在单片机上使用Ziegler-Nichols方法编辑相应的程序，能够低成本地实现PID温度调整，将温度变化幅度控制在±3℃内，从而满足空间三维打印的要求[143]。

建造过程中，对工作形态的识别对于实现最终产品的精确控制有重要意义，是机器人建造研究的一个重要议题。对建造物体的形态识别，一般需要调用更加复杂的图像传感器通过控制器进行视觉识别。在斯图加特大学ICD Achim教授研究团队于2015年完成的研究展亭中，研究团队开展了机器人在场碳纤维建造的研究，该展亭的建造方式是：在一个巨大薄膜结构中放置一个机器人，然后机器人通过视觉识别设备对该薄膜结构进行扫描，以得出薄膜结构的现状模型，随后将设计完成的纤维构筑物投影到薄膜结构的现状模型上，生成现实状态下的纤维加工程序，然后机器人依据加工程序将涂抹树脂的碳纤维贴在薄膜结构的内壁上，待碳纤维固化定形后，将薄膜结构取下来即完成建造（图4-13）。值得一提的是，这个加工程序并非一个静态的程序，由于薄膜结构形态不稳定，很容易因为环境温度、机器人动作或者风的变化就产生形变，因此该工具端上安装了一个压力感应装置，实时感应工具端上受到的来自薄膜的压力，以此来判断薄膜结构的变形情况从而不断调整机器人的姿态，使其能够始终将碳纤维紧贴在薄膜结构的内壁上。这种基于视觉识别对机器人姿态进行修正的系统是一种典型的环境感应与反馈方式。

控制器、执行器与传感器是机器人集成硬件系统的基石，对于三者基础原理的认知与对各类型硬件的调用与组合，使建筑师能够合理地构建原型机，并对其进行

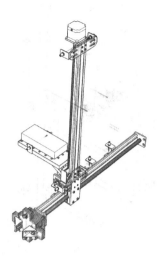

图4-11 同济大学数字设计研究中心研发的第一代自动砌砖机砖槽与基于步进电机系统的二轴执行器
（作者自绘）

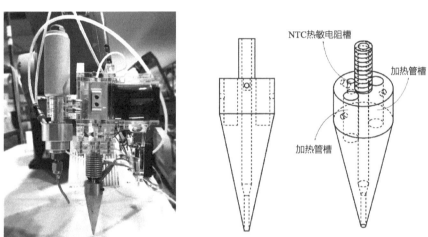

图4-12 同济大学数字设计研究中心研发的塑料空间三维打印工具头传感器
（作者自绘）

图4-13 斯图加特大学"2015 ICD/ITKE研究展亭"的机器人建造过程
（图片来源：ICD/ITKE University of Stuttgart）

快速迭代，实现所设计的大部分功能。在原型机的实证基础上，我们可以进一步地与相关专业合作，跨学科地完成其产业化生成，使建筑师不再仅仅能够控制设计进程，而能从工具创新的角度推动设计与建造的整合，同时推动跨学科的"产-学-研"综合研究路径，使研究成果能够切实地为施工建造提供便利与新的可能性。

4.3 机器人移动技术

4.3.1 建筑机器人移动技术概述

相比于制造业，建筑生产与施工任务不仅对机器人的灵活性有很高的要求，同时也对机器人的工作空间尺寸提出了挑战。一般工业机器人的机座是固定的，其工作空间受到臂展的限制。目前，市场上工业机械臂的最大臂展也仅达到4m左右，难以适应建筑生产需求。为了突破机器人操作空间的局限，机器人移动技术通过为机器人配备移动机构，能够大大提高机器人的活动范围，扩展机器人工作空间。因而机器人移动技术在工业上的应用范围要比单纯的机械手臂更加广泛。

运动机构是机器人移动技术的核心执行部件。运动机构不仅需要承载机械臂，同时需要根据工作需求带动机器人在更广泛的空间中运动。在自动化领域，移动机器人涵盖的内容主要包括轮式机器人、履带式机器人、步行机器人等。在建筑领域，根据建造任务的需要，逐渐涌现出一系列相应的机器人移动技术，这些技术可以划分为两种不同的类型：一种是轨道式机器人，即以不同类型的导轨为引导，以增大机器人本体在特定方向上的移动范围；另一种则是移动平台式机器人，主要包括轮式和履带式移动机器人。不同的机器人移动技术对于满足不同的建筑生产与建造需求具有重要作用。

4.3.2 轨道式移动技术

在工厂生产中，当加工工件尺度超过单一机器人的作业范围时，往往需要多台机器人协作完成任务，不仅会增加使用成本，有时也会降低效率。这种问题在建筑预制工厂中更为突出。机器人轨道式移动技术主要依赖机器人行走轴带动机器人在特定的路线上进行移动，扩大机器人的作业半径，扩展机器人使用范围。而且采用机器人外部轴可以利用一台机器人管理多个工位，降低成本，有效提高效率。

行走轨道系统主要由轨道基座、机器人移动平台、控制系统和安全、防护、润滑装置组成。其中轨道主要作为支持结构和机器人运动的引导轴，轨道长度和有效行程根据实际需要进行定制；机器人移动平台负责带动机器人沿着轨道移动，一般

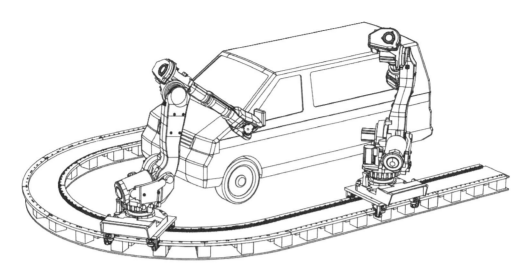

图4-14　弧形地面行走轴
（图片来源：http://www.pltit.com/uploads/allimg/130430/1-13043011113J45.png）

由伺服电机控制，通过精密减速机、重载滚轮轮齿条进行传动；机器人在轨道上的运动一般由机器人直接控制，不需要额外的轨道控制系统。在控制系统中同时需要内置外部轴的软件限位等安全控制手段，保证机器人轨道与机器人的协同控制。

根据机器人与外部轴的相对位置，机器人轨道可以分为地面行走轴、侧挂行走轴、吊挂行走轴。其中地面行走轴是最常用也是结构最简单的一种移动方式，机器人沿着固定在地面上的线性导轨移动，可以有效增加机器人行程，经济高效地满足机器人加工空间的需要。导轨一般采用常规的直线形式，在某些特殊情况下，如机器人需要环绕汽车进行作业时，行走轴也采用弧形或环形设计，甚至可以利用模块化的优势，根据具体需求临时定制或调整轨道路线（图4-14）。

地面行走轴是解决大尺度构件生产的较为经济简便的方式，在建筑预制生产中被广泛应用。同济大学建筑城规学院数字设计研究中心的双机器人联动加工中心是利用地面行走轴进行建筑生产实验的典型案例。双机器人组分别为KUKA Kr120和KUKA Kr60机器人，其中KUKA Kr120配置了6m长的地面行走轨道，充分利用实验室空间，实现机器人生产线长度的最大化[144]。以机器人砌块墙的砌筑为例，轨道机器人可以从实验室一端抓取工件，与位于另一端的KUKA Kr60机器人协同完成抹灰等加工任务。此外，两台机器人之间配备了旋转外部轴，进一步提高了机器人平台的加工自由度。该机器人平台为同济大学数字设计研究中心开展的建筑机器人砖构、木构、三维打印、金属弯折等建造实验提供了重要的基础保障。类似的加工平台在国内外建筑智能建造研究与生产中被广泛应用。德国斯图加特大学ICD的建筑机器人实验室在超过500m²的空间中配置了超过36轴的机器人装备，其中一台配备有12m轨道的6轴KUKA Fortec Kr420 R3080的机器人成为该实验室的核心设备，该平台配备了12kW的铣削主轴作为主要工具端，为大尺度构件与模具的铣削加工、多工位生产以及流程化建造提供了可能[145]。密歇根大学陶布曼建筑与城市规划学院（Taubman College of Architecture and Urban Planning）更是采用了双机器人双地面轨道的方式，轨道有效长度达6m，展现出更加灵活的适应能力[146]。此外，不列颠哥伦比亚大学（University of British Columbia，UBC）的高级木材加工中心（The Centre for Advanced Wood Processing）[147]、皇家墨尔本理工大学（RMIT）的机器人建造实验室[148]等也配备了不同规格的机器人地面轨道作为机器人建造研究的核心装备平台。

地面运行轨道轴具有经济简单的优势，但其问题也比较明显。机器人轨道占用大量地面空间，不仅会减少工件摆放、人员操作的空间，对材料、产品的运输活动也会带来一定程度的不便。这种情况下，桁架机器人，包括侧挂式与吊挂式机器人，就显示出明显优势。桁架机器人占用厂房或实验室上方的立体空间，不仅解放了下部空间，而且可以在三维空间中对工作任务进行更加高效的配置。

侧挂行走轴是充分利用竖向空间的有效方式之一。由于机器人安装在龙门桁架结构的侧面，因此龙门架下部空间被完全解放，可以用于布置工件或其他工序。例如，侧挂式行走轴下部配置翻转台，可以与机器人共同组成焊接机器人工作站，用于大尺度构件、长焊缝的焊接。此外，侧挂行走轴在工业制造业也常用于机加工件、铸件抛光打磨、非金属件的去毛刺等。ABB的产品IRB 6620LX是一种典型的侧挂式机器人组，机器人组采用有效荷载150kg的五轴机械臂，安装在架空的线性轴上[149]。为了合并机器人的铰接式轴和线性轴，ABB从机械臂上拆下了第一个旋转轴，使其能够在线性轴上侧向安装。线性轴可支持两个机械臂，可以同时为多个工作站或设备提供服务，提高机器人的利用率并降低许多机器管理成本。但是由于建筑生产需要更高的灵活度，这种与固定工位相配合的侧挂式行走轴在建筑建造领域鲜有应用。

固定的单一吊挂行走轴与侧挂行走轴在功能上大体相仿，但是在实际应用中，吊挂行走轴自身也常常被升级为一个或多个行走轴共同组成的3轴系统，机器人安装在3轴系统的末端，因而可以进行空间活动的3轴行走轴可以带动机器人在更广的三维空间中移动，打破了单一行走轴的线性活动限制。这种空间桁架式移动技术大大提高了机器人的空间活动能力，也为下部空间的使用解除了限制，从而能够适应不断变化的构件、产品的需求，也因而在定制化的建筑生产中备受青睐。同济大学联合上海一造建筑智能工程有限公司于2016年率先研发了全球首例用于建筑生产的空间桁架式吊挂机器人组（图4-15），两台KUKA Kr120 R1800机器人吊挂在一个三轴桁架系统上，加工空间达到12m×8m×4m，成功实现了机器人木构预制工艺、砖构预制工艺、制陶预制工艺、三维打印工艺等技术，并成功应用于上海松江名企园、2018年威尼斯双年展中国馆等30多个产品和建筑生产中[150]。2017年投入运行的ETH机器人建造实验室（The Robotic Fabrication Laboratory，RFL）由格马奇奥&科勒研究所开发，它包括一个基于龙门架系统的多吊挂机器人系统。四台ABB IRB 4600型工业机器人手臂可以在线性轴上自由移动，活动空间达到45m×17m×6m，允许建筑尺度的各种不同类型的建造应用（图4-16）。在轻质金属结构的设计和组装研究中，该桁架机器人组中两台机器人协作进行金属杆件的定位和组装，通过复杂金属结构的建筑实验，成功实现了桁架机器人自动路径规划技术[151]。空间木材组装（Spatial Timber Assemblies）项目同样采用该桁架机器人组中的两台协作进行

图4-15　上海一造建筑智能工程有限公司桁架机器人组（2016年）
（图片来源：上海一造科技）

图4-16　ETH机器人建造实验室桁架机器人（2017年）
（图片来源：Robotic Fabrication Laboratory, ETH, Zurich）

图4-17　移动机器人KUKA Moiros（2013年）
（图片来源：KUKA Roboter）

图4-18　上海一造科技全向移动式机器人建造平台（2016年）
（图片来源：上海一造科技）

轻型木结构模块的自动化组装，充分利用机器人精确加工与组装构件的能力实现高度定制化的木框架建造。

上述机器人轨道移动技术主要应用于结构化的工厂或实验室环境，实际上机器人轨道移动技术不仅可以用于上述建筑预制生产中，在建筑建造现场也可以发挥巨大作用。在施工现场，临时铺设的机器人轨道和机器人的组合是完成特定大范围施工任务的有效途径。例如日本建设公司熊谷组（Kumagai Gumi）开发的一款工业建筑屋顶面板的安装机器人，屋顶板的定位是一项高度重复的任务，也给所涉及的工人带来安全风险，因此注定要自动化。机器人包括一个移动平台，一个简单的操纵器，以及一个用于处理屋顶板的末端执行器。由于其小尺寸和重量，机器人可以在安装在屋顶桁架上的轨道上移动，以便及时按顺序运输和放置屋顶板[152]。此外，轨道技术也常出现在建筑外墙涂刷、维护机器人系统中。

4.3.3 移动平台式移动技术

轨道移动技术中，机器人需要由轨道引导，决定了机器人只能沿着固定轨迹移动。同时轨道的铺设需要良好的基础条件，无法适应崎岖路面及高约束条件空间。因而，轨道式移动技术比较适应于预制工厂、实验室等结构环境，而施工现场复杂施工任务则需要无固定轨迹限制的机器人移动技术来完成。相对而言，移动平台式移动技术具备良好的越障功能，可以完成各类复杂环境下的建造任务。移动机器人的行走结构形式主要有轮式移动结构、履带式移动结构和步行式移动结构。针对不同的环境条件选择适当的行走结构能够有效提高机器人效率和精度。轮式移动技术的越障能力有限，较适用于结构环境条件下，如铺好的道路上。而步行机器人尽管也能够在非结构环境中行走，但是由于其负载有限，常被用于探险勘测或军事侦察等特殊环境，以及娱乐、服务领域，在建筑工程中并不常见。本节将主要关注轮式和履带式机器人移动结构。

工程实践中的轮式移动装置主要是四轮结构，四轮移动装置与汽车类似，可以在平整路面上快速移动，稳定性较两轮和三轮结构有显著优势。一般情况下，轮式行走装置不能进行爬楼梯等跨越高度的工作。但随着全向移动车的出现，四轮平台可以在平面上实现前后、左右以及自转三个自由度的运动，比一般汽车增加了横向移动能力，从而被称为全向移动式。这种全向移动的建筑机器人机动性高，极其适合在空间狭小的场合应用。KUKA Omni Move是KUKA卡发的一款全向移动式重载型移动平台，采用模块系统，在尺寸、宽度和长度方面可以任意缩放，最大负载可以达到90t，精度±1mm。平台最小长宽高尺寸为2400mm×1700mm×415mm，体量略显庞大。2013年KUKA发布了的移动机器人KUKA Moiros（图4-17）。该移动机器人单元由三部分构成，一个负载8t的KUKA Omni Move移动平台、一个120kg的Kr QUANTEC系列的KUKA机器人以及Kr C4软件和控制系统[153]。工作空间可以达到5m的垂直高度以及几乎无限制的水平移动。

KUKA Moiros主要面向航空领域，巨大的体量决定了其难以在建筑领域广泛应用。2016年上海一造科技开发了一款相对小巧的全向移动式现场机器人建造平台（图4-18），平台搭载负载60kg的KUKA机器人，主要用于现场机器人建造研究。2016年8月在上海池社项目中，该移动机器人平台首次进行机器人现场砌筑实验，借助机器人移动平台实现了长条形曲面墙体的自动化砌筑[154]。同年美国公司Construction Robotics 发布了半自动砌砖系统SAM。SAM同样采用轮式移动平台，主要用于水平移动，而垂直移动则通过脚手架平台的挑战实现。这种移动砌墙机器人的原型可以追溯到欧盟研究项目"计算机集成制造装配机器人系统"研发的Rocco机器人，Rocco采用轮式行走装置，可以允许机器人越过小的障碍物[155]。行

图4-19 南加州大学与美国国家航空航天局利用移动机器人进行月球或火星基础设施建设的设想
（图片来源：Enrico Dini, Foster + Partners, Alta SpA and the Laboratorio di Robotica Percettiva（PERCRO）/ Scuola Superiore Sant'Anna, D-Shape, 2012）

图4-20 ETH开发的第一代现场建造机器人（IF1）（2014年）
（图片来源：ETH Zurich）

走装置的自动导航采用声呐控制，同时配备检测装备倾斜度声呐以及平面位置定位系统，保证现场作业的精度和稳定性。

在南加州大学比洛克·霍什内维斯（Behrokh Khoshnevis）教授与美国国家航空航天局为机器人建造月球与火星基础设施提出的方案中，轮式移动机器人搭载轮廓工艺，用来在月球或火星表面建造基本的遮蔽物（图4-19）。通过收集周围环境中的材料，将其转化为类似混凝土的物质，输送给机器人工具端进行基础设施建造。机器人移动平台允许大范围的材料收集与建造活动，成为太空、基地等特殊环境建造的有效选择[156]。

履带式移动平台又被称为无限轨道式，通过将环状的轨道包裹在数个车轮的外围，使车轮在环形的无限轨道上行走，不直接与地面发生接触。通过履带作为缓冲，这种移动平台可以在崎岖不平的地面上行走，与地面接触表面积大，从而降低了接地压强，即使在松软、泥泞的环境中也可以防止下陷，表现出较好的移动性能。同时，由于履带上具有履齿，不仅可以防止打滑，而且可以产生强大的牵引力。履带式移动平台具备强大的越野能力，在建筑现场可以进行爬坡、越沟，机动性明显优于轮式平台。但是履带式也有自身的劣势，比如无法进行横向移动，机动性略显不足，结构复杂且重量大。

根据履带结构的不同，履带式移动机器人大致可分为单节双履带式、双节四履带式、多节多履带式、多节轮履复合式以及自重构式移动机器人等[157]。其中单节双履带式机器人是最常见的移动机器人类型，2014年ETH开发的第一代现场建造机器人（IF1）是典型的单节双履带式建造机器人（图4-20），IF1采用履带建造平台搭载ABB IRB 4600机器人，机器人臂展2.55m，负载40kg。履带移动平台中植入了ABB IRC5控制器单元所需的所有软硬件装置，机器人与移动平台实现协同控制。IF1带有四包锂离子电池，可在平均机器负载下自行运行3～4h，无需插入主电源。底盘尺度按照瑞士标准门的宽度设计（80cm），总重1.4t，平台的移动速度可以达到5km/h[158]。ETH这款履带式机器人开展了一系列塑料、金属网格结构的建造研究，在实验室环境下进行大尺度建造，未能实现现场应用。除单节双履带式外，其他更加高级的履带形式主要出现在军事研究领域，例如美国iRobot公司与军方合作研发的Warrior机器人为双节四履带式，由中国航天科工集团第四研究院探测与控制技术研究所研制的"排爆奇兵"机器人为多节多履带式移动机器人。上海一造建筑智能工程有限公司（Fab-Union）研发的现场建筑机器人建造平台也是典型的双履带式移动机器人（图4-21），其集成了视觉和现场标定系统可以

图4-21 Fab-Union开发的现场建筑机器人建造平台
（2018年）
（图片来源：上海一造科技）

实现大尺度施工现场的定位，具有广泛的施工现场适应性。随着建筑机器人从实验室走向施工现场，更加高级的履带式移动机器人也终将在建筑领域得到应用。

除了上述两种主要类型外，移动机器人还包括飞行机器人，以及基于集群智能的多机器人系统。飞行机器人一般是一种无人机系统，多家建筑机器人研究团队已经涉足这一领域。飞行机器人在无人机的基础上增加了外部定位系统，以满足建造任务对精确定位的需求。飞行机器人可以在三维空间无限制地飞行，通过数控编程可以在没有脚手架的情况下进行复杂设计的砌筑或组装。ETH的飞行组装建筑是首个采用飞行机器人搭建的建筑装置。项目采用四台四轴飞行器（Quadrocopters）协同工作，无人机搭载实时视觉导航系统，用来确定机器人位置和材料摆放角度，最终将1500块砖垒砌成一个6m高的塔形结构[159]。无人机的局限性在于其负载能力较小，尽管可以通过多台飞行机器人协作搬运重物，其总负载仍相当有限。同时，在非结构环境下，面对粉尘、噪声预计信号干扰，无人机的精确控制也是一大挑战。

多机器人系统是一个相对新颖的领域，其核心在于多台机器人通过相互协作共同实现一个建造目标。多机器人系统的研究灵感往往来自于自然界中蜜蜂、蚂蚁、鸟类的建造行为。不同的机器人可以执行相同的任务，也可以根据每个机器人的作用和环境执行不同的任务。多机器人系统与单一机器人相比具有显著的成本低、容错率高、可扩展性、并行性等优势。事实上，建筑建造是一项复杂的任务，需要多种单一行为的结合，多机器人系统在解决单个机器人无法单独完成的复杂任务方面具有巨大的潜力。哈佛大学自组织系统研究组（Self-organizing Systems Research Group）开发了一款集体建造机器人系统TERMES，该机器人系统模拟白蚁建造行为，以集群建造的方式共同完成建造目标[160]。每个机器人中都存储着最终的设计形态，并根据其机械特征设定行为规则，总体建造任务、机器人行为规则以及本地环境条件共同引导机器人组织自身运动。TERMES展现了多机器人系统在协同建造中的可行性，多机器人研究起步不久，在能够适应建筑施工现场的恶劣环境之前仍然有很长的路要走。

　　建筑机器人移动技术已经取得了可观的成果，但是远未达到实用需要。影响机器人移动技术的因素除了硬件之外，导航与定位、通信与传感技术、运动控制、路径规划等相关技术是制约移动机器人成熟应用的主要因素。相关技术已经在前面各章中有所涉及，但是由于非结构环境、实时精确定位等特殊需求，机器人移动技术对相关技术的成熟性和稳定性的要求更加严格。随着传感器技术、信息物理系统等信息技术的飞速发展，移动机器人将迅速得到完善和发展，并在建筑智能建造领域扮演重要角色。

CHAP
5

第 5 章

建筑机器人建造工艺

5.1 概述

机器人建造研究在过去十年间的繁荣带来了学科理论和工具的发展成熟，材料系统、性能参数、加工局限、建造工具等因素被整合成为一种相对成熟的建筑机器人建造理论和方法。在此背景下，建筑数字建造研究的关注点逐渐从理论和工具性转向实践和应用领域，探索多样的材料系统从数字设计到机器人建造的可能性。

建筑机器人建造利用机器人加工工具将虚拟设计转化为真实建造的过程。不同的设计、构造和建造方式需要相应的机器人建造工具和加工工艺加以实现。类似计算机，机器人提供了一个具有高度精确性、开放性和无限自由度的工具平台。机器人的特点在于其多功能性（Versatility）或者说"通用性"（Generic），通过更换工业机器人末端执行器便可执行类型迥异的作业任务。建筑机器人建造过程利用合理的机器人加工工具，将建筑几何转化为机器人建造逻辑，在虚拟环境中对建造过程进行模拟和错误诊断，最终实现真实环境的建造实验。

在机器人建造过程中，材料及其性能是机器人建造工艺研究的重要导向。一方面，传统、非工业化技术与材料的发掘与再现是机器人建造研究的重要领域。机器人木构建造、机器人打印陶土、机器人金属弯折、机器人切石法等研究不断在传统工艺和材料的基础上开拓新的领域。另一方面，机器人建造技术与创新材料相结合，使新材料充分展现其性能优势。机器人碳纤维、机器人改性塑料打印等工艺不断刷新机器人建造的创新潜力。多材料建筑机器人建造工艺的蓬勃发展不断为建筑机器人的产业化发展开辟道路。

5.2 机器人木构工艺

木材作为一种天然可再生的绿色建材，在未来建筑产业化发展中具有极大潜力。随着胶合木等生产技术的迅速提升，木材已经成为一种大尺度、低质强比的高性能材料。随着现代木结构对产业化升级的迫切需求，传统机械化加工技术难以实现现代木构建造所需的生产力水平。建立在数字化设计与机器人建造技术基础上的木构工艺成为现代木结构产业升级的重要支撑。

木材加工工具的发展经历了传统手工工具、机械化工具到数字工具（信息化工具）的演化[161]。手工工具时代，传统木工通过手工画线，用斧锯刨凿等手工工具完成整个建造过程，设计、加工和材料通过传统匠人的手和工具成为一个统一的整体。进入工业时代以后，机械化的木材加工要求木构件的标准化生产。标准化带来的弊端在于要求建造的便利性，因此传统木工加工的节点方式被螺栓、钉子的连接方式取代，木材成为一种标准化建造材料。与机械时代的标准化相比，数字时代的特征在于定制化和个性化。借助机器人的无限执行非重复任务的能力，机器人木构工艺能够经济地完成非标准化的序列生产和建造，为复杂木构建筑的实现提供了支持。

机器人木构工艺是采用工业机器人进行木构建筑生产的技术和流程。机器人木构工艺的内容不能够完成标准化木构建筑的高效建造，同时机器人自身的特性决定了机器人在非标准化构件的成形加工、复杂结构节点的加工以及复杂结构的辅助搭建等领域拥有更广阔的用武之地。一方面，机器人通过木材切割工艺、木材铣削工艺能够有效拓展传统手工与机械加工工艺，同时机器人自身突出的精确定位和安装能力也为木构建造开启了新的工艺范畴，形成机器人辅助建造工艺。此外，新颖的机器人木缝纫工艺也展现了定制化工具在满足多样化的设计和建造需求方面的巨大潜力。

5.2.1　木材切割工艺

自古以来，锯切就是木材切削加工中应用最广泛的一种加工方式。木工锯切工具种类繁多，既包括框锯等传统手工工具，电圆锯、曲线锯、链锯等电动工具，也有带锯机、台锯等机械工具。机器人锯切工艺，将传统锯切工艺与机器人的运动能力相结合，用来完成更加复杂、精确的锯切任务，把传统锯切工艺提升到新的维度（图5-1）。

（a）机器人圆锯　　　　　　（b）机器人链锯　　　　　　（c）机器人带锯

图5-1　常用机器人切割工具
（（a）图片来源：ICD/ITKE University of Stuttgart；（b）图片来源：Tom Pawlofsky；（c）图片来源：上海一造科技）

机器人与传统锯切工具可以以两种方式进行协同工作。第一种方式较为普遍，即将传统锯切工具改装后作为机器人工具端，通过机器人带动工具端的运动完成固定工件的锯切加工。考虑到机器人的负载能力有限，这种方式适用于一般电动手工工具及重量较轻的机械工具如小型带锯。第二种方式是将锯切工具固定，由机器人加持材料进行锯切，一般电动和机械锯切工具都可以采用这种方式。这种方式的优势在于适宜流程化加工，例如利用固定的不同工具，机器人通过一次夹持可以先后完成锯切、铣削、辅助搭建等系列流程。而这种方式的弊端在于机器人的运动轨迹设计相对复杂，同时机器人的负载能力也限制了材料的尺度。

机器人锯切工艺很大程度上取决于锯片的类型。锯片宽度较大的加工工具，如圆锯、链锯，锯片宽度明显大于锯缝宽度，在加工木料时难以转弯，基本上只能直线行进，适合加工直线构件或曲率极大的曲面构件。但是这种锯片加工效率高，适用于木材的快速成型。锯片宽度较小的锯切工具，如带锯、曲线锯，锯条呈线形，能够加工曲率较小的构件，适用于精细化的曲面加工。锯条宽度越小，能够加工的曲率也越小，在极限状态下类似于机器人线切割技术。在机器人被引入建筑领域之初，机器人热线切割被大量应用于泡沫材料的复杂成形，是早期展示机器人建造潜力的重要工艺之一。拉花锯是最接近线切割技术的锯切工具，拉花锯使用的是一种特殊的细长锯条，截面是圆形，相当于锯缝和锯条宽度相等，因此行进路径可以不受曲率的限制。

在不同的锯切加工方式中需要考虑一些基本的共性问题，如夹锯现象。当锯缝宽度等于甚至小于锯片厚度时，木材会对锯片产生较大的压力，摩擦生热，甚至无法工作或夹断锯条，这种现象称为夹锯。这种现象可能由于锯片本身的原因导致，也可能由于送料速度过快、构件曲率过小等原因引起。防止夹锯现象的主要措施在于增大锯缝宽度，一般通过三种方式实现。可以将锯身制成梯形断面使齿缘厚度大于锯身厚度；也可以将锯齿齿刃压扁，使齿刃宽度大于锯身宽度，称为压料齿；或者将齿刃轮流向左右拨弯，称为拨料齿。锯切工具的切削性能一般从制材效率、加工功率和加工质量方面综合考虑。加工过程中应根据锯齿的锯切能力、机器的功率选择合适的材料进给速度。

机器人带锯切割是其中最具潜力的切割加工方式之一。带锯以环状锯条绷紧在两个锯轮上，沿一定方向做连续回转运动，以进行锯切的锯木机械（图5-2）。带锯机效率高而锯路小，广泛用于木材原木剖料、大料剖分、毛边裁切等。通过将带锯与机器人的系统集成，机器人可以实现带锯的切割方面的连续变化，从而切割出复杂的直纹曲面形式。

Greyshed设计研究实验室和普林斯顿大学（Princeton University）的研究人员第一次将机器人和带锯的结合用于切割一系列曲线木板条，这些木板条旋转之后按顺序胶合在一起能够形成一个数字化定义的双曲躺椅[162]。此后，皇家墨尔本理工大学的研究人员进一步对机器人带锯切割工艺进行大规模直纹面声学装饰板的定制生产的可行性进行了深入研究，探讨了速度、精度和材料光

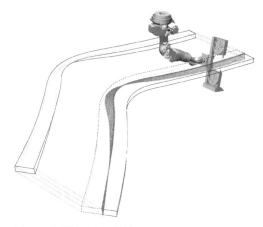

图5-2　机器人带锯工具端
（作者自绘）

洁度等技术问题[163]。与线切割技术类似，机器人带锯工艺主要用于木材的直纹曲面加工，或者以直纹曲面的方式来拟合更加复杂的曲面形式。

2016年上海数字未来工作营"机器人木构工艺"项目（图5-3）将机器人带锯切割技术与胶合木梁加工相结合，探索这种建造技术在工程应用中的潜力[164]。项目采用结构性能化设计方法进行结构找形，以Rhino插件Rhinovault、Grasshopper插件Millipede为主要找形工具，其中Rhinovault用于寻找合理的纯压力结构形式，Millipede被用于结构构件的尺寸优化。在生成的木网壳结构中，每一根木结构构件的上下表面都是空间双曲面，这些双曲面都可以被拟合为直纹曲面，从而能够采用带锯切割技术进行加工。木网壳结构几何系统由内到外、由下到上，分为四个圈层，层层叠加。构件连接采用最传统的榫卯搭接技术，因此结构的建造方式和次序决定了构件的几何关系。

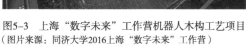
图5-3　上海"数字未来"工作营机器人木构工艺项目
（图片来源：同济大学2016上海"数字未来"工作营）

木结构采用层压胶合木为主要材料。为了实现直纹曲面的加工，项目将一台经过改装的传统带锯与一台大行程的桁架机器人相整合。其中机器人平面行程被设定为3000mm×8000mm，能够满足项目所有构件的加工需求。带锯工具能够切割的最大厚度为320mm，最大深度为300mm。不同于热线切割，由于带锯锯条具有一定宽度，因此对加工曲面曲率、锯条行进方向提出了更严格的要求。曲面曲率太小存在卡锯甚至断锯的风险，而锯条切割角度则必须严格垂直于锯条行进方向。经过多次切割实验，项目最终采用宽度13mm的双金属锯条，满足了构件曲率和加工效率需求。最终，单一构件切割时间能够控制在3h左右。

构件开槽采用同一台机器人，配备一台转速24000rpm的主轴电机，能够在一个小时内完成单根构件的所有开槽工作（每根构件3~5个槽口）。由于结构体采用最基本的榫卯搭接方式，现场搭建过程只需将木构件按照顺序依次安装到位，整个搭建过程在两天的时间内完成。结构体建造过程中除封边外没有采用任何金属连接件。

最终结构呈现为一个高7m，最大跨度达到9.5m的伞形结构。传统木工带锯与机器人线切割技术的结合有效保证了加工精确度和曲面平滑度。该项目是对机器人木构新工艺的一次尝试，机器人带锯不仅是一种建造工具，而且作为设计过程的驱动因素，成为木构建筑创新的动力。

2017年上海数字未来"机器人木构"项目（图5-4）是进一步探索机器人带锯加工能力的一次尝试[165]。项目以网壳结构为原型，采用结构性能化设计方法进行结构体系设计，并以机器人带锯为工具探索复杂空间曲线木构件的加工方法。

木网壳结构体系源于弗雷·奥托（Frei Otto）设计建造的曼海姆多功能厅（Multihalle Mannheim），其主要特征在于能够从一个均匀的平面正交网格出发，建造出受力合理的空间网壳结构[166]。这种"后期成形"的建造方式仅适用于能够被

图5-4 上海"数字未来"工作营机器人木构工艺项目
（图片来源：同济大学2017上海"数字未来"工作营）

平面网格拟合的空间曲面形式，本项目旨在探索木网壳结构体系在更加复杂的空间形态中的应用潜力。

网壳结构的建造系统主要包括两部分内容：覆盖性空间网壳和固定形态的边梁。项目采用Grasshopper插件Karamba对网壳结构构件和边梁的截面尺寸进行了结构优化，以材料使用效率为参考来影响构件截面尺寸，得到变截面的网格结构体系，从而在几何形式和结构性能之间建立了直接关联。

根据建造方式的不同，项目的建造过程主要分为三个部分：空间网壳结构构件采用CNC铣削进行加工，网壳的节点部分采用激光切割完成，边梁部分采用机器人线切割技术实现。空间网壳的建造首先将构件摊平为直线构件，然后将长构件分段后排列在2440mm×1220mm的5mm胶合板上，然后采用五轴CNC进行轮廓铣削。建造过程共采用了38张5mm胶合板，在两天的时间内全部加工完成；网壳结构的连接节点采用5mm木板为材料，687个节点被排列在3张915mm×915mm的木板上，利用激光切割技术在6h内加工完成。边梁呈现空间曲线形式，是该系统的主要建造难度所在。边梁采用层板胶合木为结构材料，首先根据机器人的加工范围划分为等长的12段空间曲线构件，然后利用遗传算法找出能够包覆每段构件的最小单曲体量——单曲构件能够在木构加工厂进行快速生产。以机器人带锯为工具，从单曲构件中切出所需的双曲形态。整个切割过程共花费10天时间，机器人线切割技术有效保证了空间曲线的边梁构件的精确、高效生产。

现场搭建时首先将边梁安装就位，然后以类似编织的方式进行空间网壳构件的组装和固定。整个组装过程在4名工人的帮助下，共花费了20h的时间，展现了这一结构体系的可行性和建造效率。

此外，机器人技术与木工链锯的结合也是一种较为有效的机器人木工切割方式。链锯是利用回转的链状锯条进行锯切的工具，其工作原理是靠锯链上交错的L形刀片的回转运动来进行剪切动作。链锯主要用于伐木和造材，也常内置于木材加工中心，用来完成大尺寸槽口的切割。机器人与链锯的结合进一步拓展了链锯的加工能力。2013年德国科隆设计周展览中展示的伐木机器人7xStool能够将树干直接雕切成家具，堪称工业与艺术的完美组合[167]（图5-5）。7xStool机器人系统由德国设计师汤姆·包罗夫斯基（Tom Pawlofsky）开发，家具构思则来自于设计师蒂博尔·卫斯玛（Tibor Weissmah）及其卡尔斯（Kkaarrlls）平台。一段树干固定在地面上，由机器人操控链锯进行切割，通过巧妙的设计，仅用一段木头就可锯出两把7xStool凳子，几乎没有废料。他们事先精心策划了7xStool机器人操持链锯的加工路径，从各个方向进刀轨迹都保持连贯。在展览现场，受到链锯切割能力的局限，机器人的移动速度相对较慢。但机器人的稳健操作可以将加工精度控制在毫米级，使实物与原设计完美吻合。实际运行中，机器人依靠预先编程重复操作，切起木头来堪称"得心应手"。

5.2.2 木材铣削工艺

铣削是一种典型的减材建造方法（Subtractive Fabrication），以高速旋转的铣刀为加工刀具对材料进行逐层切削加工。在铣削加工中，被加工木材称为工件，切下的切削层称为切屑，铣削就是从工件上去除切屑，获得所需要的形状、尺寸和光洁度的产品的过程。木材铣削主要包括两个基本运动：主运动和进给运动。主运动是通过铣刀旋转从工件上切除切屑的基本运动。进给运动是通过机器人或加工台面的运动使切屑连续被切除的运动。机器人铣削的进给运动主要通过机器人移动路径的编程来完成。在铣削复杂形式或大尺度构件时，一般需要附加外部轴的辅助，比如加工台面的辅助运动等。铣削根据铣刀与工件的接触面可以分为圆柱铣削与端面铣削，根据铣刀旋转方向和工件的进给方向又可以分为顺铣与逆铣。成形铣削主要采用大直径圆柱铣刀进行圆柱铣削和端面铣削，一般采用顺铣方式。根据加工对象的不同可以将机器人木构成形铣削分为两种：二维轮廓铣削和三维体量铣削。二维轮廓铣削主要针对木板材的外形加工，根据设计在平面板材上铣出所需工件的外轮廓或内部开口（图5-6）。三维体量铣削是通过从毛坯中去除多余材料逐层实现所需曲面造型的过程，一般分为两步，首先利用大直径平头铣刀进行粗铣，去除大量毛坯，然后用小直径铣刀或球头铣刀进行曲面半精铣和精铣（图5-7）。受刀具强度和加工质量等因素的限制，铣削过程需要分数层完成。刀具切去一层切屑后，退回原处，让工件或刀具在加工深度方向做垂直直线运动，然后再切下一层木材，如此循环往复，直至加工完成。刀具的运动轨迹设计时需要首先考虑毛坯与所需表面之间的材料差，即需要去除的体量大小，将其均匀划分为等厚度的多层切削面。通常铣削厚度需要根据材料硬度、刀具质量等因素综合确定。

机器人铣削过程不仅需要建立有关铣削运动、工件组成、刀具参数等基本概念，还需要对刀具切屑方向、回转方向、倾斜角度、刀具与工件稳定性等因素进行综合考虑，以满足加工精度和表面光洁度的需求。木工铣削的特点是高速切削，一般行进速度为40~70m/s，最高可达120m/s，刀具转速为3000~12000r/min，最高可达40000r/min。高速切削的速度控制一方面需要能够保证材料不会沿纤维方向劈裂，

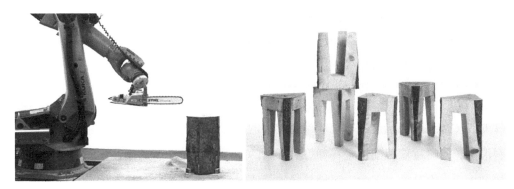

图5-5 德国设计师汤姆·包罗夫斯基（Tom Pawlofsky）开发的机器人锯木系统7xStool
（图片来源：Tom Pawlofsky）

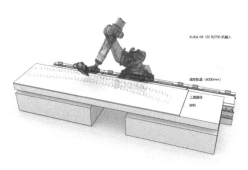

图5-6 机器人二维轮廓铣削
（图片来源：ICD/ITKE University of Stuttgart）

图5-7 机器人三维体量铣削"Totoro Collection"
（图片来源：Armand Graham & Sasha Ritter）

同时需要确保木材的表面温度也不会超过木材的焦化温度，从而获得较高的加工精度和表面光洁度。受高速切削和材料的限制，木材切削的噪声水平一般较高。

铣削工具的通用性使其能够适用于多样化的建造项目，机器人铣削工具在建筑联盟学院（Architectural Association School of Architecture, AA）、斯图加特大学计算机设计学院（ICD）以及机器人木工艺（Robotic Woodcraft）的研究项目中被广泛采用，以不同类型的建造项目展现了丰富的可能性。机器人铣削成形工艺连同节点铣削工艺构成了当前机器人木构工艺的主体内容。

然而铣削这种减材建造方法应用于木材加工时，本身存在着一些不利因素。不同于其他各向同性的材料，木材纤维的方向性对结构承载具有重要影响，而复杂构件的CNC加工过程会造成木材纤维连续性的破坏。此外，减材建造也会造成大量材料浪费，同时逐层铣削也是一种极其耗时的加工方式，加工效率往往随着切削体量的增大而大大降低。因此，无论是从加工质量角度还是从材料效率的角度，铣削加工工艺都不是一种最理想的成形加工方式。

近年来，计算设计与机器人建造领域的创新使木材性能得到了迅速提升，木材的应用范围得到了极大拓展。其中，ICD在木材方面的研究对于木材的材料性能化设计与机器人建造起到了极大的推动作用。ICD/ITKE 2010年研究展亭以厚6.5mm薄胶合板为材料，采用机器人铣削工艺进行轮廓切割，通过建造组装过程中板材的弹性弯曲创造了轻质高效的材料系统。机器人铣削技术有效保证了展馆复杂节点连接系统的精确实现[174]。

ICD/ITKE 2011年度研究展馆利用机器人铣削工艺实现了更加复杂高效的空间木结构系统（图5-8）。项目利用计算机设计和仿真模拟技术，将海胆的生物骨骼结构进行结构仿生学转译。该项目将海胆组织的结构原理及其相关的性能特征通过数字设计技术转化为高效的参数化几何形状。展亭使用超薄的胶合板（厚6.5mm）建成，板块之间的节点模拟海胆凹凸不平的外壳的构造机理，采用传统指形榫卯进行连接。每块木板及其指形连接节点都由计算机自动生成。

为了满足展亭复杂形态的设计与建造需求，项目将有限元模拟、计算设计、机器人建造进行了有机整合，形成数字信息循环。展亭的找形和结构设计密切相关，

图5-8 斯图加特大学"2011 ICD/ITKE研究展亭"
（图片来源：ICD/ITKE University of Stuttgart）

设计的关键点在于将展亭的复杂几何输入有限元分析工具进行结构性能模拟，并利用模拟结果优化几何模型。胶合木板的材料性能以及节点的结构强度经实验测试也作为参数输入结构模拟过程。

　　木板和节点的加工由机器人铣削完成。项目从设计模型通过自主编程自动生成机器人的机器代码（NC-code），用于控制机器人建造。一台配备了外部轴的机器人被用来进行木板节点铣削加工。机器人配备一台主轴电机，与旋转外部轴配合完成木板的铣削，经济高效地生产了850多个不同的模板单元，以及超过10万个指形节点。在机器人加工之后，多个胶合板块组合形成一个预制单元模块，然后现场进行预制模块的组装，精确地实现了双层壳体结构建造。

5.2.3　木材辅助建造工艺

　　机器人辅助搭建工艺是利用机器人的精确定位和无限执行非重复任务的能力，辅助构件组装和建筑搭建的技术和流程。传统的施工流程中，必要的构件定位信息需要通过二维图纸来传达，而机器人辅助搭建只需要通过编程将几何信息转化为时间进度、建造顺序等参数，植入机器人的加工路径中，直接指导材料的空间拼接。建筑的几何信息从材料中转移到机器人的建造路径中，从而能够利用基本材料（甚至标准材料）实现极其复杂的建筑形式。

　　机器人辅助木构搭建方式能够从汽车制造业中得到启发。机器人汽车装配主要遵循两种不同的范式。一方面，机器人用于抓取和放置形式特异的汽车构件，构件的几何形式中包含着组装信息，机器人需要严格按照构件形式精确定位；另一方面，在机器人焊接中，用来指示机器人焊接位置的不是构件本身的形式，而是控制机器人动作的信息流。这两种不同的装配思路提供了两种不同的机器人辅助建造模式。

　　第一种辅助建造模式主要针对特异构件的精确定位，用于取代二维图纸的几何描述。这种方式中，构件的几何信息主要位于自身的特异形式中，机器人用于传递另一部分定位信息。通常特异构件的定位采用人工搭建方式也能够完成，机器人与其说是辅助定位，不如说是用于提高生产自动化程度，解放劳动力。因此辅助搭建模式对于木构建造的自动化、产业化流水线的组建至关重要。

　　第二种辅助建造模式是利用机器人的精确定位技术，采用简单甚至标准化的单元构件实现复杂非标准形式的建造。复杂形式的建造问题从特异构件的生产转化为标准构件的精确定位问题。设计的几何信息完全从构件转移到机器人的控制程序中，从而超越了简单的辅助定位，开启了一种全新的建造工艺。工业机器人在建筑领域的最早实践是ETH的格马奇奥与科勒教授利用机器人进行数字砖墙的建造实验。2008年威尼斯建筑双年展中的R-O-B项目，机器人将每块砖精确地定位在预定的位置和方向上，使墙体呈现出平滑的曲面效果，展示了自由形式的辅助搭建技术。

利用简单构件建造复杂形式的机器人工艺也适用于木构建筑建造。单元化的建造方式能够以单元构件的位置、方向等参数的局部微差来拟合结构性能优化的结果，使形式美学与性能美学充分融合。这种方式模糊了一般性和特殊性的边界，消除了工业化和定制化的隔阂，能够实现超越人工建造手段的复杂建筑系统。

机器人辅助搭建采用的工具端主要是抓手和吸盘。前者通过抓手的开合，抓取、释放构件，适用于细长形杆件；后者则通过气泵产生的空气压力差吸附构件，较适合板块材料。此外，ETH曾经采用无人飞行器作为辅助搭建的工具，无人机不仅可以通过编程实现，而且对于同样的搭建任务，无人机的飞行范围显然大大超越了机器人的运动范围，能够实现大尺度建筑的现场搭建，展现出巨大的潜力。

2015年上海数字未来&DADA"数字工厂"工作营"机器人木构建造"项目是斯图加特大学ICD研究所旨在探索一种数字建造概念，即在不依靠精确的测量技术或者不采用特异性几何形态的建筑构件的情况下，建造自由几何形态的可能性。项目采用机器人辅助组装，通过把简单、规则形式的构件精确地放置在预设位置上，利用标准化的建筑材料建造出了复杂的木结构体系。

项目主要探索自由双曲面表皮形式的机器人建造技术。该装置分为结构支撑体和表皮两部分。其中结构支撑体采用机器人辅助建造的标准构件进行搭建；表皮采用特异形式的木板条相互拼接而成（图5-9）。设计从一个曲面出发，在Grasshopper中生成所有的几何信息，并完成机器人加工路径生成、运动模拟以及代码生成。

结构体由一系列不同规格的标准化构件组成。其中，基础板垂直于表皮向后延伸，用于维持整体结构的稳定性；柱是最主要的结构性元素，通过竖向等间距截取表皮的截面，将其简化为折线，并向后移出表皮一定间距后挤出，根据线段长度将

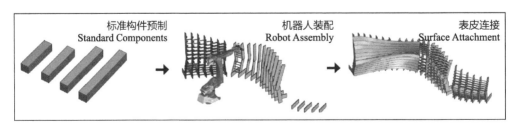

图5-9　上海"数字未来"& DADA"数字工厂"工作营"机器人木构建造"项目机器人辅助搭建流程
（图片来源：同济大学2015上海"数字未来"& DADA"数字工厂"工作营）

其简化为有限数量的标准板块，在柱板块之间采用稳定件将柱子相连接。稳定件的方向垂直于表皮，同时由于柱子之间间距一致，因此稳定件全部是标准构件。连接件是表皮与支撑结构之间的连接体，从支撑结构伸到表皮所在位置，用于填补结构体（柱）与特异表皮形式之间存在的不均匀的间距。连接件是设计体系的核心所在——机器人通过将连接件放置在正确的位置上来最终限定表面的三维形状。

机器人抓手是机器人自动化生产中应用最广泛的工具端之一。抓手具有夹持和释放两种状态，机器人通过夹紧带来的摩擦力来夹持、搬运，通过抓手的释放实现摆放。抓手的状态控制由机器人语言输出给抓手。固定的取物台既用来放置构件，也用于定义构件的起始位置坐标。取物台结合机器人抓手加持构件所需空间和加持方式进行设计。机器人工具路径由一系列定义构件拾取位置和构件放置位置的平面组成。对于每一个位置点，操作者需要改变夹具的状态来定义夹具是打开还是夹紧。机器人运动可以在Rhino中进行运算模拟，设计人员可以直观地检查导出的代码是否会导致机器人限位和冲突。

组装过程包括两个主要阶段：支撑结构单元的机器人组装过程和表面的手工安装过程。这种划分方式能够最大限度地利用机器人的建造能力而不受其最大工作范围的限制。在支撑结构单元的建造过程中，气动抓手被安装在一台Kuka KR150 Quantec Extra R2700机器人上作为工具端，抓取构件并摆放到准确的位置和方向。构件之间的连接采用气钉枪完成。加工程序由Grasshopper直接导出给机器人，而操作人员的主要工作是确认抓手的打开或关闭。机器人组装每块结构体的时间大约为2小时，每块结构体表面积约2m²，这意味着机器人可以每小时建造1m²的特异墙体，而整个过程只需要两个操作人员。

结构体单元之间的精确定位和连接采用CNC加工的梯形木块辅助完成。由于表皮和连接件都有预钻孔，一旦所有单元在场地中定位完成，表皮板条的安装就可以快速而精确地完成。

该过程中劳动最密集的部分是运输和现场组装。由于结构体与表皮对应方式的唯一性，现场组装过程甚至不需要专业人士进行操作，在数个小时的时间内就完成所有单元的定位和表皮安装。

设计在Rhino-Grasshopper环境中实现，整合了设计过程的五个步骤：表皮设计、支撑结构生成、机器人加工路径生成、机器人控制代码生成，以及机器人运动模拟。研究将自由曲面作为设计输入，并直接输出机器人控制代码，所有几何和代码信息都集成在一个整合式的设计环境中。在这一设计环境中，设计师可以控制许多参数来影响生成的结构以及表面特征，并实时调整机器人加工路径。设计在使用CNC铣削加工的特异形式的表皮构件和可以使用普通木工工具快速生产的标准矩形构件之间做出了明确的划分。尽管所有结构构件都是矩形元素，但是连接件的位置变化精确定义了双曲面形式（图5-10）。

格马奇奥与科勒教授将机器人辅助建造这种增材建造工艺用于大尺度的木结构建筑建造中[169]。他们通过系统编程技术，使机器人抓取、操作（例如，与固定的台锯配合完成锯切操作），并最终定位木构件，先后完成了序列屋架结构（The Sequential Roof）、序列墙体结构（The Sequential Wall）、序列结构（The Sequential Structure等大尺度建造原型）。"序列结构"系列项目是很好的例子，此系列从"序列墙体结构"开始，后续的项目陆续地实验了很多不同的结构原型，后来实验的成果发展成为 ETH 建筑技术实验室厂房（Arch-Tec-Lab）里不规则形体的"序列屋架结构（The Sequential Roof）"[170]。在这个项目中，一榀榀的木杆两两错位相连，堆叠出自由的形态。

相对于砖块，木材的物理属性使得其可以在建造的流程中被轻易地进一步加工。机器人通过很简单的操作，即可按照所需以任意角度和特定长度切割木杆，并同时将它安装在准确的位置。这一优势同样体现在"复杂木构（Complex Timber Structures）"项目中（图5-11）。普通的木杆作为标准化的工业材料经过加工，转变为特定的建筑构件。这一过程中，材料按构造需要进行切割定制。相对于直接制作整体不可分的特殊部件，使用标准化元件去制作特殊部件，本身在构造上就获得了更大的自由度，同时也释放出了材料内在的潜力。因为自由度的增加，不只信息化程度得到提升，而且也使更加精巧的结构可以得到实现。

5.2.4　机器人木缝纫

机器人木缝纫工艺是一种探索新型薄木板结构的连接方式的尝试，通过整合机器人建造技术与工业缝纫技术，采用缝合的方式连接薄木板。木缝纫作为一种新的木结构节点，相对于木胶和螺栓来说具有更加稳定的性能。通过将二维薄板弯曲并缝合，木缝纫工艺创造了一种建造三维弹性结构系统的新方法。

机器人木缝纫工艺由德国斯图加特大学ICD研究所开发，在ICD/ITKE 2015～2016年研究展亭中进行了综合应用和展示[171]。该展亭是首个将机器人缝纫技术运用于木材建造的建筑尺度的项目。该研究展亭运用自下而上的设计理念，从对沙钱（Clypeasteroida）的结构形态分析出发，开发出一种基于双层弹性弯曲椴木

图5-10　上海"数字未来"＆DADA"数字工厂"工作营"机器人木构建造"项目
（图片来源：同济大学2015上海"数字未来"＆DADA"数字工厂"工作营）

图5-11　苏黎世联邦理工学院机器人木构建造作品"复杂木构"
（图片来源：Gramazio Kohler Research, ETH Zurich）

胶合板的结构系统，并通过将机器人缝纫技术引入建造过程，创造出轻质且高性能的空间木壳结构。

　　为了实现该研究，项目组建了一支由建筑师、结构工程师、生物学家组成的跨学科研究团队。基于沙钱的结构机理以及材料特性，研究团队发展出一种类似沙钱次级生长机能的双层结构，用作该装置的结构体系。结构单元由极薄的木板制成。利用木材的非均质特性，这些木板经过特定的组合，使得木纹的方向及厚度符合结构需要，满足一定半径范围内的变形需求。此后，平面木条被柔韧地弯曲成预设的特殊形状。弯曲就位后，构件的形状最终通过机器人缝纫加以固定。151个几

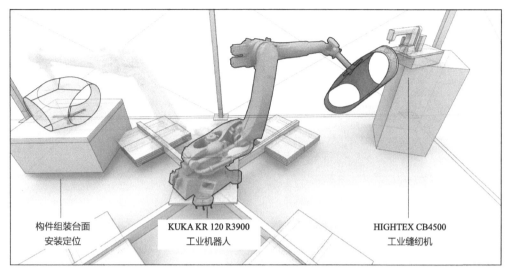

构件组装台面
安装定位

KUKA KR 120 R3900
工业机器人

HIGHTEX CB4500
工业缝纫机

图5-12　斯图加特大学ICD/ITKE 2015~2016研究展亭木缝纫工艺图解
（图片来源：ICD/ITKE University of Stuttgart）

图5-13　斯图加特大学"2015~2016 ICD/ITKE研究展亭"
（图片来源：ICD/ITKE University of Stuttgart）

图5-14　斯图加特大学ICD & 同济大学数字设计研究中心中德合作"机器人木缝纫展亭"
（图片来源：ICD/ITKE University of Stuttgart，同济大学数字设计研究中心）

何各异的构件正是通过这种方式生产出来，最终组合成一个坚固的双弧面壳形结构（图5-12）。

一般来说，为了避免胶合板受外力产生弯矩，单元间的接合处需要只传递平面内轴向力与剪力。剪力的传递由单元块边缘上的齿状接口实现，轴向力的传递则由构件间独特的系带式连接实现，这种单元之间受力转化的方式正是借鉴了沙钱外壳的连接原理。

该项目中机器人木缝纫技术的研发既要考虑将弯曲后的胶合板木板进行连接固定，也要顾及潜在的板层分离的危险。单个单元模块的组装都由一台工业机器人协助完成，然后机器人夹持模块通过一台固定的工业缝纫机，将预制好的模块固定并缝纫成形。机器人和缝纫机实现协同一体化，均通过一个特定的编程软件控制，避免穿针过程中出现滑移现象。

该展亭共由151个机器人缝纫预制的单元模块组成，每一个模块直径范围在0.5～1m之间，单元的形状与材料组成均对应于该单元位置特定的结构需要。整个装置重780kg，占地85m²，跨度9.3m，平均的材料厚度／跨度比例约为1/1000，结构重量仅为7.85kg/m²（图5-13）。

2017年斯图加特大学ICD与同济大学数字设计研究中心合作完成的"机器人木缝纫展亭"进一步将机器人及其传感机制与工业缝纫技术相结合，采用传统缝制工艺探索一种木结构定制建造的新方法[178]（图5-14）。项目首先探索的是一种新型的木结构支撑方式，项目采用3mm的薄木板，这种木板本身很难有结构作用，但是利用木板本身的弹性和韧性，将木板弯折到合适的形态并相互连接，能够形成一个兼具结构强度和美观的结构体系。

该项目对传统服装造型和连接技术进行了深入研究，并在一个新的材料背景下对其进行重新诠释。服装设计中的织物被胶合薄板所代替，胶合薄板兼具柔韧性和刚性，这种特殊性能将承载能力引入这种新型材料系统中。在服装设计中缝纫作为接缝方式，能够将平面的织物连接成包裹身体的三维曲面。在新型结构系统中，缝纫起着类似的作用。在建筑尺度上，接缝就是将弯曲的木板连接成形的节点，通过平面材料的弯曲和连接产生结构承载能力，并包裹空间。

一种自适应的机器人建造工艺是将传统缝纫工艺放大到建筑尺度，以及处理设计几何与材料性能之间的复杂关系的关键因素。在机械地重复建造过程中，自动化建造依靠反复执行预先被明确设定的建造工序。在这里，实时传感系统被用来辅助建造，从而实现材料计算与机器人建造之间的实时反馈。在工作流程中，定制化的板材形状会被反复扫描，木板上的临时连接同时也是机器人能够识别的标记信息，机器人能够实时追踪这些标记以生成机器人建造路径。在建造过程中，木片被依次安装定位，并通过机器人缝纫工具进行永久连接。项目采用定制化的数字设计工具生成了一个由三层板材组成的多孔、起伏状的木结构，设计过程充分考虑并整合了材料性能、建造约束和装配顺序等因素。木缝纫展亭就在材料性与物质化之间的错综复杂的交互之中产生，成为延伸木结构特性的新型结构体系，展现了独特的空间肌理与构造特征。

5.3 建筑机器人砖构工艺

砖作为人类最古老的建筑材料之一，它的建构文化属性在当代建筑实践中依然受到很多建筑师的青睐[172]。传统砖砌筑中一丁一顺、多顺一丁、梅花丁、十字式等横平竖直的砌筑逻辑，在设计工具与建造机器的帮助下，扩展出微差、错缝、旋转等新的建构形式[173]；同时随着结构有限元技术的发展，精准结构性能模拟技术的提升[174]，对砖缝砂浆以及配筋的设计可以让砌筑逻辑更加精准地得以实现。数字设计方法和工具对传统的"丁顺"砌法加以调整，结合非线性逻辑重构，从而能够建立超越平行与垂直的逻辑系统[175]。

传统的砌筑设计与砌筑流程是一个费时费力的过程。因为结构和功能因素的限制，砌筑的设计过程要求建筑师必须逐层对每块砖的位置进行绘制。砖单元的长、宽、高、砖缝大小等参数的变化将直接影响最终生成的建筑形态[176]。因此，对具有复杂集合形态的砖构建筑进行施工图绘制与更改是非常困难且耗时的。而另一方面，传统的砖构施工需要一群能够熟练掌握测量、切割、放线、造型、砌筑工艺的工匠来根据图纸进行施工。同时因为测量、放线的工作非常耗时，并且从图纸到实际建造的信息传递存在障碍，传统的砌筑过程是十分低效的。例如1960年由艾拉迪欧·迪斯特（Eladio Dieste）设计的埃拉迪欧工人基督教堂（图5-15）是曲墙系统的知名代表，在建造时使用了复杂的脚手架框架体系，结合底面定位线与屋顶定位线通过分段连线的方式来定义曲墙的几何形态，耗费了大量的人力、物力与时间成本才最终建造完成[177]。

通过使用数字设计与机器人建造技术，可以极大地改善传统的砖石砌筑过程。对于砌体的设计过程而言，参数化的模型将替代二维图纸。每一个砖单元的参数都可以被独立控制，并在之后的施工过程中作为精准的几何数据转化为相应的建造路

图5-15　埃拉迪欧工人基督教堂的建造过程

[图片来源：Dieste Archive published in Remo Pedreschi's The Engineer's Contribution to Contemporary Architecture（左），https://d2w9rnfcy7mm78.cloudfront.net/1781458/large_9a206a219d199638f5eee19c5bc04e08.jpg?1519039283（右）]

径。同时，对于砌体的建造过程，机器人作为可以进行高速连续工作的设备，非常适合砖构砌筑所需的取砖、抹灰、砌筑的重复动作。通过编程，建筑师将参数化模型中的几何信息转译为工业机器人可以识别的代码，从而精确地完成所需的复杂砖构形态。机器人对于复杂形态的精确建造能力推动了热工、风、噪声等性能化参数在设计初期的应用，从而进一步拓展了砌体结构设计的可能性[178]。

5.3.1　标准砌块建造工艺

20世纪60年代开始，自动设备的控制语言逐渐完善，推动了关于建造自动化与机器人建造研究与应用的发展（表5-1）。20世纪70年代，日本工业机器人协会（Japan Industrial Robot Association，JIRA）对建造机器人的可行性进行了研究[179]，此后关于自动化砌筑设备的研究层出不穷；20世纪80年代，由德国工程师设计了一种移动的砖砌筑设备[180]。1994年，丹尼斯·阿兰·张伯伦（Denis Alan Chamberlain）[181]、阿布拉罕·华沙斯基（Abraham Warszawski）等各自独立建造了不同构型的砌筑机器人。这些研究以抬举大荷载砌块与提高砌筑效率为主要目标[182]，很少关注建筑形式的发展。计算机嵌入的机器人建造系统（ROCCO）[183]和在场机器人砌体放置系统（BRONCO）[184]两个项目达到了这一类型研究的最高水准。近年来，美国建造机器人公司[185]和澳大利亚快砖机器人公司[186]两家公司将此类砌筑工具商业化，分别基于机械臂激光定位与大型悬臂激光定位系统开发了标准砖、砂加气混凝土砌块的砌体结构在场建造设备（图5-16、图5-17）。

在经历了十年的CAD和CAM技术发展之后，工业机器人开始和建筑数字化建造相结合推动复杂砌体结构的设计与建造方法研究，发展出了新的机器人砖构装备。ETH的格马奇奥与科勒教授从2005年开始使用工业机器人来砌筑复杂砖构形

砌筑机器人重要的产品与研发单位（作者自绘）　　　　　　　　表5-1

机器人砌筑装备及技术	研究者
在场砌体放置系统：固体材料安装系统 （Solid Material Assembly System, SMAS）	日本研究所木灵教授（Kodama）
在场机器人砌体放置系统（BRONCO）	斯图加特大学控制与机械系统学院
计算机嵌入的机器人建造系统（ROCCO）	德国利玛机械（Lissmac），卡尔斯鲁厄大学
在场砌筑系列建造机器人	迈克尔·西尔弗（Mike Silver）
砌筑机器人概念方案	多伦多大学
Hadrian砌筑机器人	澳大利亚快砖机器人公司
半自动化砌筑系统	美国建造机器人公司

图5-16　澳大利亚快砖机器人公司大型标准砌筑装备
（图片来源：Fastbrick Robotics，https://www.fbr.com.au/）

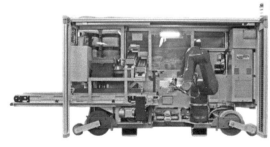

图5-17　美国建造机器人公司SAM100标准砌筑装备
（图片来源：Construction-Robotics，https://www.construction-robotics.com/sam100/）

态和立面纹理。甘滕拜因（Gantenbein）酒厂的砖构立面便是机器人预制建造的结果。项目共使用了超过20000块标准砖来建造。这20000块砖被拆分为1.48m高、3.3～4.8m宽的72个预制单元，砖块被混凝土边框所包裹，预制完成后运输到施工现场完成立面组装。

2006年，在ETH进一步开展了对砖块进行形态变形与重新定义的研究。"穿孔墙"（Perforated Wall）项目尝试在混凝土模块上进行开孔，通过设定位置、偏角、旋转角度、开孔大小四个参数制造了传统工艺无法实现的砌筑模块。格雷格·林恩（Greg Lynn）设计的泡状墙（Blob Wall），采用一系列标准化的高分子聚合模块，设计了一种全新的模块墙体。这些聚合物模块虽然形状一致，但是其相互结合的空间位置各不相同，需要采用多自由度的（DOF）的铣削工艺来进行制造。

近年来，这些预制建造工艺的日渐成熟，使人们开始研究与讨论砖构机械臂在场建造技术的可能性。对于复杂砖构的在场建造，仍处于科研阶段：ETH于2008年开发了基于集装箱运输的在场预制设备R–O–B[187]，并于2012年完成了小型移动底盘的机器人在场建造设备，实现了对木砖复杂形态的自动化现场建造[188]。

从2009年开始，同济大学袁烽教授团队开展了一系列砖构建筑建造研究与实践。最初的实践采用参数化建模、手工建造的模式，逐渐发展为参数化建模、机器人辅助建造，并最终演进为当前的数字设计与现场机器人建造一体化的建造模式。从早期的手工"模板尺"到真正运用机器人现场建造历时六年时间，经历了多层面的深入探索。

从2009年上海军工路厂房改造、2010年成都兰溪亭、2014年松江名企产业园，到2016年上海西岸池社艺术馆，非线性墙体的设计代表了袁烽团队在砖的美学性能方面的不断尝试与思考，同时也记录了其在砖的数字化建造方法与装备方面的演进过程（图5-18）。军工路厂房外墙通过砌筑单元的旋转将丝绸意象赋予了砖墙。在施工时，连续变化的旋转角度被拟合为12个角度，通过模板手工进行每块砖的定位。兰溪亭在总结军工路办公室建造经验的基础上，在设计中便对错缝尺寸进行预处理，优化拟合为5种模板。三角空心砌块的引入解决了钢筋的埋布问题，提高了砖墙整体的结构性能。而松江名企产业园传承传统砖构中的一丁一顺砌法，对墙面外侧的顺砖以渐变微差的方式缓慢推出，利用砖自身的连续肌理创造出渐变的阴影效果。通过在层间悬绳控制肌理边界，使用简单卡尺工具确定顺砖的出挑尺寸，保证了肌理的精美呈现。上海西岸池舍艺术馆则首次使用机器人现场装备辅以人工勾缝实现了机器人在场砌筑。顺砖出挑的微差设计无须通过优化拟合，六轴机器人为复杂墙体的建造提供了足够的自由度（DOF）[189]，亚毫

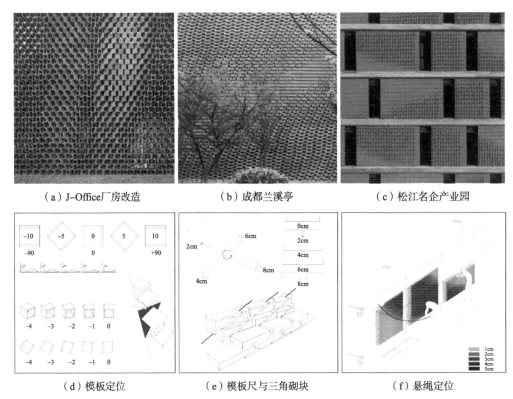

（a）J-Office厂房改造　　　　（b）成都兰溪亭　　　　（c）松江名企产业园

（d）模板定位　　　　（e）模板尺与三角砌块　　　　（f）悬绳定位

图5-18　袁烽团队数字砖构手工建造的发展
（图片来源：上海一造科技）

米级的施工精度保证了砖构曲面的连续平滑。砖的数字化建构经历了模板、工具辅助、人机协同现场砌筑等转变，施工效率、设计完成度与建造精确性的提高为实现复杂性设计提供了保障。

在应用实践的背后是一个长期的技术研发过程。上海池社中应用的机器人现场建造技术整合了多年来机器人砖构设计、设备与工艺的技术成果。从2014年上海数字未来采用机器人建造第一面曲面木砖墙到第十一届上海国际建筑工程设计与城市规划展"同济设计"展区的机器人预制砖墙，复杂曲面砖墙的实现都以一种人机协作的半自动方式完成。在此后的数年间，同济大学袁烽教授团队在研发与实践的交叉推动下，完成了对在场砖构设备的系统性开发，并于2016年在上海西岸池社项目中实现了全球首次机器人现场砖墙建造。

5.3.2　非标准砌块建造工艺

作为一种古老的建筑材料，砌体结构的建造方式在历史发展的长河中已经经历了数次革新。砖块制造工艺也从手工发展为如今的机器模具生产（图5-19）。然而，

砌块的生产逻辑在过去并未发生显著的
变化，砌块的形态也没有较大改变。除
去檐口、转角及其他装饰性构件，砖砌
体基本保留了平行六面体的形式。砖砌
体的生产工艺因此长期依赖于使用模具
或挤出工艺来大批量生产标准砌块。关
于机器人砌体建造的研究也因此长期关
注于标准砌块的砌筑[190]。

图5-19 蒸汽标准制砖机[191]

非标准砌块砌筑系统，通过与数字建造工艺的融合，打破传统砌块形态与砌筑
工艺，实现了美学与热工等性能的突破。传统砖墙一般采用抹灰等材料作为外饰
面，非标准砖块的出现形成了一种更现代的设计语言，外立面装饰与结构分离得以
统一[192]。同时砖块的非标准化设计使砌块形态可以对应于建筑本体对周边环境性
能的响应，使建筑具有更好的热工性能，为可持续设计做出贡献。GSD与肯特州立
大学（Kent State University）的两项研究实践，代表了非标准砌块的两种生产逻辑：
通过对现有的砌块生产工艺进行改造；创新砌块生产工艺。

1. 机器人线切割标准砌块工艺

用标准砌块拟合异形曲面的数字建造方式主要是将复杂曲面细分为平面，然后
使用标准砌块进行镶面。而GSD基于相同的细分逻辑研发了一系列基于直纹面的参
数化砌块族，能够更好地对原有曲面进行更小误差的拟合。砌块通过在传统的砌块
生产工艺中植入机器人线切割工具来进行参数化生产，以这一砌块族为载体，GSD
开发了一套从参数化设计、机器人生产到数字化建造的砖构建造流程。

2013年，GSD的马丁·贝克霍尔德（Martin Bechthold）和斯蒂法诺·安德烈
（Stefano Andreani）对陶土砖自遮阳外墙的大规模定制方法进行了研究。该方法实
现了新颖的装饰效果，同时这种自遮阳外墙具有绿色可持续的成本效益。

一台机器人线切割工具被整合在传统的砌体生产流水线上[193]，无需颠覆性地
改动现有流水线，而仅仅增加一个环节，便可连续批量化地生产出形态各异的直纹
曲面非标准砌块。机器人线切割工艺是另一种陶土的减材制造方式，通过机器人工
具端锋利的切割丝的运动对陶土块进行切割造型。该工艺通常用于直纹曲面形态的
构件的制造，可切割构件尺寸受到切割丝尺度的限制（图5-20、图5-21）。

陶土长砖胚在传动带上传输运动过程时，机器人搭载线切割工具端进行砖胚线
切割，将标准砌块长胚加工成为可以互相拼合的两个直纹曲面砌块。因为在前期

处理后成胚的黏土已经足够干燥，所以在接下来的烘干与烧制过程中，这两半并不会再次粘合。之后通过标准化的砖块网格切割可以得到独立的砌块。这样一切为二的直纹面砖，因为只在一个面上有变形，所以可以像普通的砌块一样堆垛，同时可以使用标准的砌块烧制方法烧制与后处理，因此可以保证在获得一种新颖砌块形式的同时，最小化地对现有标准砌块生产流水线与生产工艺产生影响，保证生产效率与产品质量[195]。

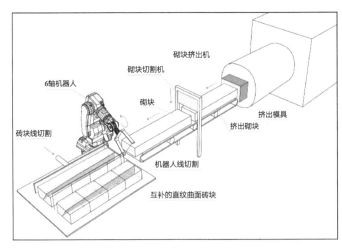

图5-20　线切割非标砖制造系统[194]

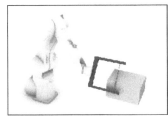 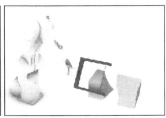

（a）标准砌块单元　　　　　（b）单元砌块切割

（c）单元砌块编号　　（d）砌块干燥与烧结　　（e）砌筑成形

图5-21　工艺流程图解[194]

对砌体工业生产流程（图5-21）进行观察可以发现，在干燥与烧制的过程中，有一定比例的砌块会开裂或损坏。如果每一块砌筑的砖块都各不相同，将会造成大量编号与管理工作[196]，同时也会因为开裂和损坏，造成非常复杂的对个别砖块的重新加工工作。因此同样可以运用在板片数字优化领域非常成熟的方法，将设计所需的所有砖块形态，进行K聚类优化为所需要的K种数量，再进行批量生产。同时，使用砖生产工艺中常用的印字滚筒进行压制编号[197]。只需要知道每一类的砖块在最终建造呈现的曲面上的位置，参照砌块上的编号，即可使用传统的砌筑逻辑进行现场砌筑（图5-22）。

这种工艺可以被用来塑造具有不同曲率的陶土砖曲面结构。研究者将线切割工具与机械手臂相关联，在电脑中模拟并导出每个单体的切割路径。研究者需要对机器人切割路径进行准确的逻辑分析：如何成组切割提高效率；如何将切割方式与材料特性相匹配，其中包括切割速度的测试；如何模拟切割路径，确保热线在移动过程中保持顺畅。该工艺的设计灵感来自传统的陶土砖加工工艺，随着陶泥段的不断挤出，机器人陶土线切割工具端不断对陶泥砌块进行切割成形，经过陶土的风干、烧制成形后再对砌块单元进行搭建（图5-23、图5-24）。该工艺流程的研发可将定制陶瓷单元的制造工艺推广至系统化的大规模定制产业链。

在该项目中，数字设计方法和机器人建造技术被整合到传统的砌体生产和建造方法中，通过在砖块生产过程中加入可编程的机器人干预，使重新设计的砖单元成为可能（图5-25）。陶砖自遮阳墙面原型设计及建造成果证实了该工艺在生产中的可行性以及自遮阳砖外墙的热效应优势。

2. 机器人三维打印非标准砌块工艺

不同于GSD的改进标准砌块生产线的策略，Building Byte项目期望通过三维打印技术来摆脱砌块生产模具，从而能够批量生产形态各异的砌块，建造复杂的建筑形式（图5-26）。

实现无模具制造非标准砌块的首要工作是建立陶土三维打印设备：利用x-y-z三轴轨道平台，配备气压驱动的陶土挤出工具，可以得到符合打印要求的机器原型。在机器以外，找到适合的黏土制砖材料并使其能够满足三维打印的流动性与承载力要求，是完成这一数字化制造途径的重要内容，该过程需要通过大量的材料试验来优化材料黏性、干燥时间和收缩程度。最终的打印材料改良于一种用于粉浆浇铸的陶土，并被储藏在一个可重复使用的塑料圆柱缸中。陶土打印材料在加压空气

图5-22　直纹面非标准砖K聚类标号与最终建造呈现[194]

图5-23　机器人砖胚切割工具图解[194]

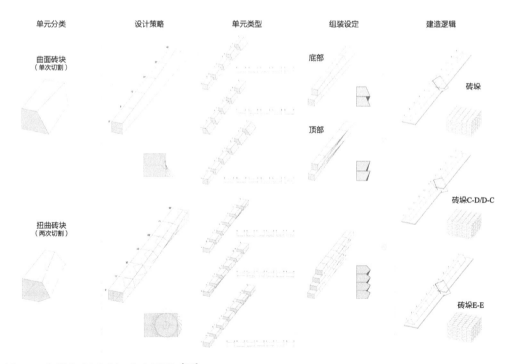

图5-24　机器人砖胚切割工艺流程图解[194]

图5-25　切割砖立面[194]

图5-26　Building Byte非标准砌块原型
（图片来源：Brian Peters, Building Bytes LLC）

图5-27　Building Byte非标准砌块打印机及打印过程
（图片来源：Brian Peters, Building Bytes LLC）

的作用下从塑料缸前端的喷头中挤出，挤出速度受气压控制。每一个砌体的打印过程都是一个材料的连续堆叠过程（FDM），所以要求打印的路径始终保持连续，这一特性保证了砌体的结构稳定性与制造过程的时间经济性。每一个砖块平均需要15～20min来打印，并需要24h的时间来干燥，最终在砖窑中以1100℃的高温烧制12h（图5-27）。

　　与传统标准砌块的数字化设计一样，非标砌块的设计过程使用了Grasshopper作为参数化设计软件。通过将整体曲面的几何信息输入程序之中，可以细分得到一系列可以被三维打印机制造的非标准模块。模块的设计可以通过许多参数来控制，例如外壁厚度、内壁厚度、内部结构形式及相互之间的链接形式等。最终，单元砌块的几何参数信息通过程序转换为三维打印所需的机器代码，传输给陶土打印机完成打印。

不难发现，上述设计过程与传统标准砌块的数字设计几乎是相同的，该定制化的非标准砌块建造方式的核心内容是砌筑模块的设计。砌块需要满足一系列需求。砌块在打印过程中，必须能够承受自身的重量并保持稳定。这一要求使砌块平面的设计呈现出内壁复杂、外壁波浪化的特点。同时因为悬挑粘合力的问题，经过测试，打印上下层间最大的角度在10°左右。基于上述的材料测试与对应的设计逻辑，Building Bytes 提供了精巧且具有适应性的砌体结构设计可能性，例如砌体之间可以实现互锁连接。砖块内部可以铺设电器管线，也可以使每块砖根据在墙体中受力

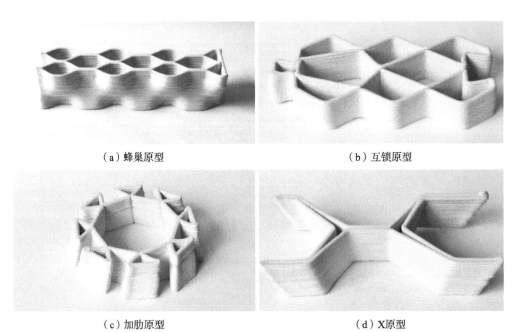

（a）蜂巢原型　　　　　　　　　　　　　（b）互锁原型

（c）加肋原型　　　　　　　　　　　　　（d）X原型

图5-28　Building Byte非标准砌块原型
（图片来源：Brain Peters, Building Bytes LLC）

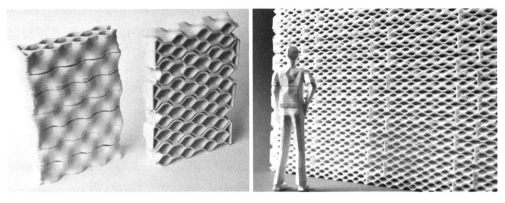

图5-29　Building Byte非标准砌块的不同组合形式
（图片来源：Brain Peters, Building Bytes LLC）

大小的不同来改变强度。研究人员提出了四种设计原型并进行了测试。为了验证其作为建筑外立面或内部填充墙体的可能性，研究人员对每一个原型都进行了足尺建造，并采用15~30个单元进行了实际建造测试（图5-28）。

原型之一——蜂巢原型在三个方向上都可以互锁堆砌，提供了较强的灵活性。该原型在单元本体的打印制造与砌筑建造过程中都具有良好的稳定性。由于其曲折的内部结构，这一原型还可以作为内外空间的分割或者用于遮阳。互锁原型则尝试使用互锁结构来处理砌筑过程中的节点连接问题，同时其表面可以直接作为外墙装饰，或与其他的外立面材料相结合运用。加肋原型则为柱体的应用而设计，其显著的外部肋同时起到了结构与装饰作用，并且肋的形态可以随柱曲面的样式形成变化。X原型则可以提高墙体的透光率与视觉穿透率，同时这也是单位体积最省时最省材料的砌体原型。

Building Byte期望通过将机器人技术整合入砖块的制造过程，突破长久以来砖块砌体的标准化原型形态，同时保留大规模生产的高效率（图5-29）。由此带来的大规模定制化的砖块为砖砌体结构带来了全新的设计可能性。

标准砖的高效率高复杂度砌筑、非标准砖的性能整合，一方面推动了砖构建筑设计与建造方法的发展，另一方面也推动了传统的砖构建筑系统的数字化革新，逐渐向定制化、性能化、产业化建造体系靠拢。效率、精度、美学与复杂性并行，机器人砖构工艺正在推动砖构建筑产业的创新发展。

5.4 建筑机器人石材建造工艺

石材作为坚硬、易获取的天然材料，很早就被作为建筑材料运用在工程领域中。但是由于其加工过程漫长且需要石匠精巧的工艺，石材往往被用在等级较高的建筑上。随着技术水平的进步，传统依靠人力的金刚砂线锯开料、高碳钢刻刀雕琢的石材工艺流程（图5-30）也正逐渐被建筑机器人取代。

在建筑工程领域，石材的加工可分为线性轮廓加工和拓扑铣削加工。以金刚砂线锯为代表的线性工艺在机械臂出现之前是最被广泛运用的，它基于多次复杂轮廓路径加工石料，其缺点是造型能力仍受制于轮廓轨道，对形体的操作力有限。金属刻刀是拓扑铣削加工的代表，其缺点就是在手工艺中，无法生产多块一模一样的石料，它更像是雕塑艺术，而非工业生产。在机械臂出现后，拓扑加工石材工艺获得长足进步。

在机械臂出现之前，人们不善于在石料上进行拓扑作业。为了将石料运用在建筑构件批量生产上，人们必须发明石料加工流程。最初的设备是线锯和轨道的结合，用于直纹线性加工；之后出现了曲纹轮廓与线性轨道结合的切割设备，再后来人们通过对曲纹轮廓自转与线性轨道结合的工具端获得了石材上更自由的造型。此后很多石匠将复杂的轮廓技术进行组合，获得了看似复杂的石构件轮廓。但这一切都解决不了石料拓扑加工的难题，直到多轴机械臂出现。

机器人加工石材一般将开采的石料先用单轴石锯切割成长方体石板。目前常用的最大CNC切割台长80英尺（24.4m），可用于一次性加工50t的石料。开料结束后就可以使用五轴或七轴机械臂配合铣削头对石料进行研刻（图5-31）。目前石材切割市场上普遍采用的Kuka kr480型机械臂工作精度为+/-0.08mm，机械臂在最大负载下工作可以2.5m/s的速度在石料上推进并进行铣削[198]。

机器人石材铣削的前段工具端是由铣削头和喷水冷却端构成的，其路径设计原理与木材铣削一致，这一路径会以G-code代码形式控制机械臂运动轨迹以及前端工具端的开关。通过调整加工路径间距和铣削头长度，机械臂可以在石材上获得不同的肌理（图5-32、图5-33）。

5.4.1 机器人石材切割工艺

拱券结构是西方古典建筑经典，用于拱券结构加工的切石法蕴含着西方古典建筑师对几何学的研究，不仅包括纯粹的"点、线、面"形态生成关系，还包含几何学与静力学的结合。当这些因素汇集到建筑上时，古罗马斗兽场等经典建筑便涌现出来。在现代，当重新思考一个石材砌筑的建筑时，力学与切割工艺依旧是两大核心因素[199]。

机械臂可以辅助加工超大规模的石材，保证单元之间的精确拼接；同时在力学生形软件的帮助下，设计师可以创造出更有机而精确的造型，优化材料使用效率（图5-34）。机器人石材切割工艺一方面需要考虑整体结构性能与机器人加工能力，对建筑形体进行合理划分；另一方面需要设计合理的切割路径，生成路径代码指导机器人建造。

麻省理工学院肖恩·科利尔纪念碑是力学软件辅助生形和机械臂精确切割相结合的典型案例，它以数字化技术使用石材，演绎出充满纪念仪式感的构筑物。在此项目中，高速旋转的锯片在三轴机械车床上接触石块表面进行负形加工。这类加工的主要优点为加工范围大，而且可以借助切割片的半径将石材垂直切断，劣势是切

图5-30 石材工艺的工具端
（图片来源：Quarra Stone）

（a）单轴石锯 （b）CNC铣削工具端

图5-31 石料研刻
（图片来源：Quarra Stone）

图5-32 铣削端与机械臂组合作业形成加工肌理
（图片来源：Quarra Stone）

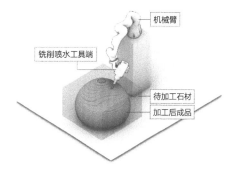

图5-33 机械臂铣削石材图示
（作者自绘）

割端只能一次加工石材的一个面。在切割小尺度石材时可以采用机械臂，其优点是一次可以对石材的多个面进行加工，其缺点是加工半径受机械臂范围限制，需要加装履带等外部移动装备允许机械臂在更大范围内移动（图5-35）。

肖恩·科利尔纪念碑位于科利尔军官于2013年4月中枪身亡之地。纪念碑采用当代砌体结构，成为项目基地的标志性建筑。纪念碑采用五向平板石穹顶，穹顶采用五面细长的径向壁支撑，将前沿的数字建造技术、结构分析软件和计算技术同古老的纯受压穹顶技术相融合。石拱结构是最高效的石材建造方式，它充分利用了石材抗压的受力特点，将力流在石块中逐一传递。在历史上，由于石材加工难度大，石拱结构后来逐渐被砖拱结构所取代。但是石材耐风化、耐保存的特点尤其适用于纪念性建筑，石材依旧是本项目的首选材料。通过将结构性能化设计与数字建造技术相结合，本项目集中体现了当前石材设计与加工技术的最高水平。

石材是抗压性能极好的天然材料，该特征在该项目中得到了充分认识和利用。项目中组成施工的石块单元彼此搭接，不配钢筋，搭接的节点都是机器在石材表面加工出类似榫卯的刻槽，这样的节点设计降低了加工与建造的难度。不配钢筋的设计要求整个纪念碑的受力必须严格遵循纯受压力学体系。肖恩·科利尔纪念碑对现场搭建过程中不同石块的安装顺序也有严格规定，每个方向的拱都要同步施工，这与传统石拱的建造方式也很相似（图5-36）。

科利尔纪念碑的设计借鉴了历史上经典的悬链线找形方法。安东尼·高迪曾将悬链物理模型运用于砌体的几何找形中，弗雷·奥托则将物理模型运用于慕尼黑的奥林匹克体育馆等建筑设计中。这些技术采用物理模型"推演"拱顶或薄膜的几何造型，检测结构承担自重和活荷载作用的能力[200]。本设计由Ochsendorf, DeJong & Block（ODB）砌块顾问公司用Rhinovault插件模拟出五向受力空间拱券的形态，生成不同方向的拱券高度、跨度及其相对位置关系，因此每块石料彼此相交的角度各不相同，需要机械臂精准加工以保证重力荷载下穹顶的整体稳定性[200]。这种结构找形与计算方式代表了当代数字化建筑生形的一种综合方法（图5-37）。

在完成穹顶力学生形与分块后，需要对凹槽节点进行重点设计，石材间的接缝线必须与自重条件下的石块运动轨迹线垂直，这样的凹口的节点才能最有效地阻碍石材的相对滑动，以确保每块石材都在周围石块的合力作用下得到牢固支撑。该过程多次利用计算脚本根据石块的自重和位置关系迭代运算出石块的切缝方向，从而生成凹口（图5-38、图5-39）。

肖恩·科利尔纪念碑先将开采的石材由单轴机器将石锯切割成平行的石材板

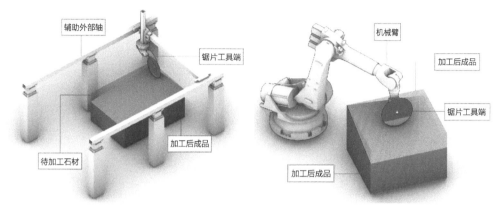

图5-34　大尺度石材切割设备
（作者自绘）

图5-35　小尺度石材切割设备
（作者自绘）

图5-36　麻省理工学院"肖恩·科利尔纪念碑项目"建成实景与建造现场
（图片来源：Höweler + Yoon Architecture）

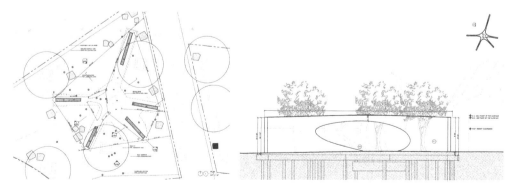

图5-37　平面图与立面图
（图片来源：Höweler + Yoon Architecture）

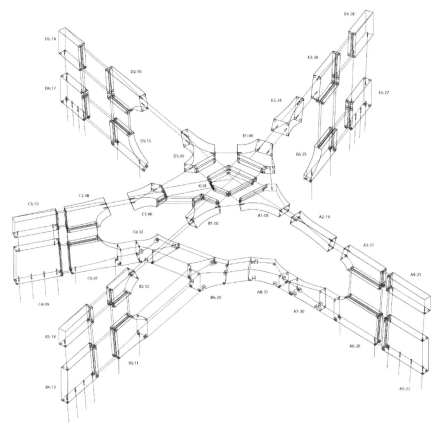

图5-38 砌块轴侧
（图片来源：Höweler + Yoon Architecture）

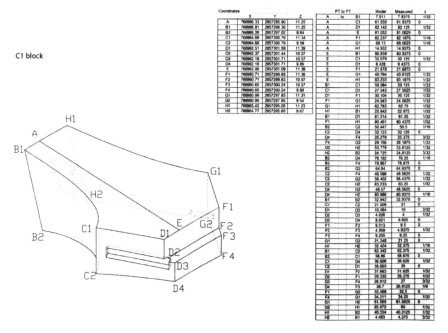

图5-39 砌块加工的数字参数
（图片来源：Höweler + Yoon Architecture）

图5-40　单轴机器石锯首先将开采的石材切割成平行的石板

（图片来源：Höweler + Yoon Architecture）

图5-41　KUKA kr500机器人再转台上对大石块进行切割

（图片来源：Höweler + Yoon Architecture）

（图5-40）。粗加工的石锯锯片长3.5m,重达81kg，一般由龙门吊装备控制其运动路径，或者将石块安置在可移动平台上进行切割。此类石锯由于其自重较大等原因，一般只能用于平面加工。

对于体积较大的石料，由于其难以放入机械臂操作范围内，需要用大尺度切割机进行切割。不同方向的切割都需要砌筑工人对石砌块进行空间再定位。体积相对较小的石块可放入数控机器的作业空间，由数控铣床进行加工，而较大的石块必须由KUKA kr500机器人进行切割（图5-41）。KUKA机器人被固定在轨道上进行 XY 平面上的移动。由于切割时会出现大量粉尘，机械臂前端配备有喷水设备。机器人可承受544kg的压力，并以2.5m/s的速度在石块上作业。

为满足个别石块的复杂几何加工要求，这些机器甚至需要连续工作几个星期，最早批次的石块甚至需要连续14天、每天24h地进行作业。纪念碑设计需要33块石块的精确组合，一旦接触面的误差超过了6.35mm，石块的传力方向就可能与接触面方向不垂直，这将导致石块相对滑动与设计凹口偏离，整个装置都可能受力失效，因此只有机器人精准切割才能完成这一工程。机器人切割开始前，工匠将用于不同块面的石材进行编号，与Rhino数字模型一一对应。工人将这些石块固定在传送带上，逐一送到机械臂加工范围内进行切割。机器人根据 G-code完成空间运动，运动过程中机械臂前部工具端对石块进行铣削切割作业，切割至完成面的2～3mm，再由工人进行打磨，烧灼等表面工艺，在此过程中石块表面也会被进一步打薄，最终完成石块的表面实际容差在0.5mm以内。在切割过程中，体量如此巨大的石块还要将误差控制在0.5mm以内是相当困难的，因此需要3D激光定位器进行时时校准。此外，由于石块内部构成不一定均匀，在切割时偶尔也会遇到杂质出现不光滑的现象，因此也需要及时做出调整，机械臂作业速度也必须放缓。同时也由于石材坚硬，切割过程中砂轮也会磨损，影响切割精准度，因此每切割一段时间必须更换砂轮。事实上，机器人加工在此解决的是加工精准度的问题，而不是效率。

从方法论上来说，肖恩·科利尔纪念碑的设计过程是数字模型模拟和实体模型实验的往复推演过程。实体模型可以对设计进行物理测试，同时能够预演其安装程序。利用实体模型，可事先进行震动模拟及稳定性试验，数字模型可用于分析、优化设计，以减少材料消耗，并确保设计的合规性[200]。而建筑机器人的精准操作保证了设计得以实现，将最原始的材料以最高的精度、最合适的力学特性进行加工建造。

5.4.2　机器人石材铣削工艺

在1989年之前，所有的石材在开料完成后都是石匠用锯子在现场加工的，工匠凭借手工测量、细致雕刻完成石材建筑构件。但是再精确的人工测量获得的也是近似值，不可能获得精确值。因此人们逐渐希望利用机械将加工误差控制在合理范围内，同时提升加工效率。历史中石匠的工艺操作是刻刀与石料实体间的布尔运算。对于某些对精度要求很高的复杂几何形体，手工雕刻的不足就更加显露无遗。机械臂铣削工艺利用机械臂的自由度操纵铣刀加工石材，显著提高了复杂石材构件加工精度与效率。

圣家族教堂建造过程见证了建造机器人石材加工技术的长足进步。最早工程师需要批量建造某种特定柱式时，需要在图板上精确描出铣刀操作点的坐标，此时图板上的联动装置会给机械一个位置信号，录入计算机中。此后，机械臂将重复这个位置信号组成的命令，从而往复在不同石料上作业。这种建造方式后来被计算机自动生成的坐标和程序取代。

高迪根据不同毛石的承重能力，将其分布在建筑的不同位置，以适应建筑不同的荷载。因此石材建筑工艺流程的第一步——选料非常重要，因为石料是自然产物，难以人工合成。以大殿中心的四根主柱为例，它们作为主塔主支撑，建成高度将达到172.5m，需用石斑岩制造，表面呈暗红色。支撑天花板拱顶的四根60m以上高的柱子，由深灰色玄武岩制成。用以界定走道空间的高柱以纯灰色花岗岩为石料，柱列中用以支撑侧中殿拱顶最短的柱以当地的象牙粉红色蒙砂为石料。圣家族教堂中所有柱的长细比都几乎是1∶10，所有的柱子的轮廓都是基于多边形的顶点相交的结果，并且将外露的直角利用各自的余切凸、凹抛物线转变成余弦函数起伏

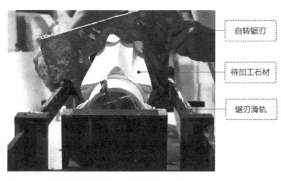

图5-42　滑轨式自转锯刃石材轮廓工艺　　　　　图5-43　圣家族教堂所建的中殿圆柱
（图片来源：http://v.youku.com/v_show/id_XNjY0Mzc3MTYw.　（图片来源：Mark Burry）
html，作者自绘）

的截面轮廓，以此形成圆滑连续曲面。

　　工程师将物体的运动分为平移运动和绕轴转动。高迪的圣家族教堂上很多渐消面组成的柱子样式就是两次轮廓曲线在同轴平移时反向旋转获得的轮廓交集。因此可以看到两种轮廓的渐变。柱子的轮廓由两个全等多边形轮廓在柱脚部位重叠，随着高度的增加发生相反的旋转；一个顺时针，另一个逆时针地旋转同样的角度。柱子在任何标高的截面轮廓都是反交叉旋转线的组合，因此立柱表面形成了向上渐变的效果，柱子从地面升起，随着高度的增加最终形成类似多立克柱凹槽的肌理[201]。工程师将轮廓做成锯头，在旋转锯头的同时让其沿滑轨前进。初代2.5轴切割机械由此产生。这是一款兼具旋转与平移路径的机械臂，类似人在向前伸出手臂的同时旋转手腕，而且此设备可以连续旋转，而人的手腕最多只能旋转180°（图5-42、图5-43）。

　　让计算机获取锯头运动的G-code并不难，工程师只需要将柱子的长度切分为小段，让锯头以通过距离为参照来控制其旋转角度。这样可以用数学公式来归纳的代码获得方式也第一次让石材加工可以精确化，再不必通过1∶1的联动图板给电脑输入模拟值。

　　但是锯刃在石料上推进的速度缓慢，工艺流程因此产生了三种改进方向。第一种还是相对原始地凭经验去除多余的石料，让锯刃的工作量降低；第二种是将数控锯刃的运动通过传动装置控制其他锯刃同时作业，一次加工多块料。前两种都是以机械思维解决问题，第三种方法对后来的机械臂有更多的借鉴意义。当锯刃第一次切割石料时，锯刃每条边都会完全接触石料，因此速度缓慢且不可改变，但是当锯刃反向旋转第二次接触石料时，在不同高度上，锯刃与第一次加工出的石料轮廓接触面不同，在轮廓重叠时甚至不产生任何阻力。因此能否根据接触周长的反比关系

图5-44　机械臂切割石材与最终八边形柱子
（图片来源：Mark Burry）

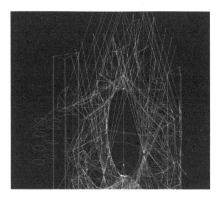

图5-45　设计在受难门之间的玫瑰窗
（图片来源：Mark Burry）

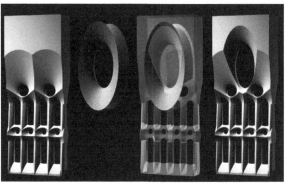

图5-46　用布尔运算（左向右）对玫瑰窗口进行雕刻模拟
（图片来源：Mark Burry）

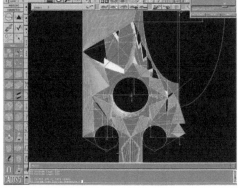

图5-47　直接从一个Excel电子表格生成的CADDS5™参数化玫瑰窗模型，再生产全尺寸的模板
（图片来源：Mark Burry）

干预锯头推进速率以节省加工时间成为工程师思考的问题。由于当时计算机技术在建筑领域应用不成熟，工程师尚不能直接干预代码，因此这种工艺改进思路并未实现，但是给了未来工程师启发。如何用锯刃相对位置关系来描绘其运动路径，并干预其运动速率成了摆在建筑师和石匠面前的新问题。在这种工作流面前，原本通过几何逻辑生成的轮廓再由石匠微分模拟雕刻的思路就很落后了。石材加工在此节点上获得了连续性[201]（图5–44）。

圣家族教堂西立面上的受难门上的玫瑰窗石刻工艺也遇到了相似的问题（图5–45）。它是由交叉双曲抛物面和双曲回转面共同切割而成。高迪为获得建筑元素的复杂性，往往不会仅用一种曲线描绘，而是用不同曲线以不同路径交汇而成。经过组合后的数学公式描绘的曲线对建造提出了很高的要求。此类问题有两种解决方式：一是找到两组公式曲线的交点位置，根据不同的UV方向进行锯线切割；第二种是将此几何体单位化成空间上的一组轮廓线集合，再将轮廓线拟合成多段线，将多段线顶点坐标提取出来让机械臂铣头沿此连续路径运动。在当时并无多轴机械臂的条件下，工程师常采用第一种方法，根据高迪应用的公式将锯线拟合成圆滑连续的公式形状，并将此曲线运动路径同样拟合成轨道，形成曲纹曲面来切割石材。相比于现在人们常用的机械臂找空间坐标拟合的分层加工路径，这种2.5维的建造方式更符合设计原则。玫瑰窗内部高18m，宽8m，外部高25m，玫瑰窗上还包括18组由切石法竖锯加工成的几何形。要拟合这个窗口的双曲面几何形构成是非常困难的，而且这种构成设计也已经被高迪用于他所有其他建筑设计的局部上（图5–46）。

这一时期设计师与工程师刚刚将快速成形技术引入建筑工作室中。技术组为采石场提供超过780件1∶1大小的聚苯乙烯模板。模板的应用降低了切石的难度，工匠专门负责切割坚硬的石料，而工程师将铁丝加工成控制曲线，切割聚苯乙烯，形成泡沫模板。最终确定最合适的模板交给现场工匠，工匠据此加工石材（图5–47）。

在生产方面，这是首次大量地将高迪的交叉双曲抛物面和双曲回转面在这个尺寸下以石材进行生产，所以传统石匠也需要创新（图5–48、图5–49）；以前这些结构石材的生产制造模具大多仰仗人力制造。传统石匠凿石的第一步主要是通过爆破，使一块从采石场开采出的石头尽可能接近最终形态。然后他们将石头用金刚钻做成的锯丝来回在两个轮子间拉的方式切割到距离完成面1～2cm的表面[201]。而现在通过G–code路径引导机器加工，工程师可以借助机械臂和热熔丝快速做出石料模板，这也得益于材料技术的发展，工程师可以快速直观地获得1∶1最终造型。

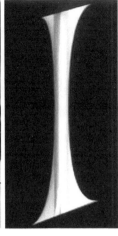

图5-48 高迪的原始草图
及工匠早期努力摸索手工
建模的技术，和之后初始
参数数字模型
（图片来源：Mark Burry）

图5-49 参数数字模型
优化
（图片来源：Mark Burry）

（a）早期蜡质原型草模　　（b）最终的设　　（c）最终整体设计模型
　　　　　　　　　　　　　　计数字模型

　　采石场逐渐采纳了这种混合数字模拟的实验。但是这种加工方式也还是半数字化半手工的加工方式，工程师只是通过数位加工的方式获得了石材模板，而要用弯曲的锯条来切割石料几乎是不可能的，锯条与石料接触的长度过长导致切割阻力巨大，而且锯条也很容易发生形变，切割难度巨大。人们急需全集成数字制造方式来对抗石材。七轴机械臂模拟石匠雕刻石材的技术应运而生。

　　在此之后，圣家族教堂构件加工几乎完全使用机器人而非石匠手工定位石块进行空间切割（图5-50）。尽管后来要处理的建筑构件比玫瑰窗多，但是采用七轴机器人进行切割修整还是大幅提升了效率。高迪设计的圣家族教堂中存在有大量各不相同的建筑构件，机械臂铣削石料的优势在项目中得到进一步的加强。如果依旧采用模板技术，会导致极大的浪费，其浪费程度几乎就是用泡沫将圣家族教堂未完成的构件都1∶1做一次。因此，多轴机械臂被应用到教堂建造中也降低了材料浪费。

项目证明了外观要求精确到毫米的雕塑构造的复杂程度是可以用技术与创造力克服的（图5-51、图5-52）。

随着项目一步步推进，机器人加工石材的技术也一步步变得成熟。从一开始用直线路径和自转轮廓曲线加工石柱开始，"设计原理直接作用于生产原理"的先进思维就被重视，在这种方法论下，尽管精准操作得以实现，这种工作流还是会大量浪费时间。为快速获得轮廓，人们借助材料技术革新，用热熔丝切割聚苯乙烯获取模板，辅助加工石块，但是在面对大量不重复的构件时，这又导致大量材料浪费。为此，工程师重新模拟手工工艺，将几何体降维成连续的点组，将点坐标转化为

图5-50　石材加工过程
（图片来源：Mark Burry）

图5-51　正在施工的三个1：1原型柱子以及用于测试视觉效果的图像
（图片来源：Mark Burry）

图5-52　受难门立面柱三段组合
（图片来源：Mark Burry）

G-code交给机械臂，由机械臂与铣削工具端共同进行空间加工。这与3D打印技术类似，只是3D打印技术是增材加工法，而机械臂铣削是减材加工法。铣削加工在理论上依旧是无限逼近最终形态的拟合法，但是在处理大量不同石材构件时，不会造成时间与材料的浪费，是目前最经济高效的石材加工手段之一[201]。

显然，圣家族教堂是高迪为石匠和制造业出的一个难题，作为一个异形建筑，圣家族教堂的形态设计思路得以传承是因为它大多由数学公式描绘的曲线定义出空间中的造型。如果不借助建造机器人，纯以人力手工加工石材并运用到建筑中，其加工周期和劳动力需求是当代社会难以满足的。工程师和石匠从最初的手工拟合到参数模拟切割，再到当前的机械臂铣削，实为对石材加工工艺的持续探索。

5.4.3　机器人石材扫描与砌筑工艺

工匠们对待石材的一种常见思路是将其加工成可装配的模数化形态进行砌筑建造。然而在一些技术落后的地区，人们则凭借经验将原石以垒堆的方式形成坚固的整体。这样的操作凭借的是经验，源自于人们对于石块形态的观察以及掂在手心里对于它的重心位置的感知。然而人脑对于一个几何体描述的形象记忆是模糊而有限的，同时对于一些物理因素的判断也会有偏差，更谈不上将所有的石材都掂量一遍然后分析出最优解，这些存储与精确分析的功能都是人类脑力与感知器官的局限性所决定的。

然而随着计算机扫描与分析技术的发展，原本人类无法精确完成的最优垒堆方案正在逐步被实现。ETH的一项研究课题——不规则几何的毛石累加堆集正是针对石材的不同几何力学特征进行的资源优化重组研究。

在"碎石块的堆垒"项目中，碎石组装机器人随机选择一块毛石。由于碎石块的形状差别很大，所以研究人员开发了一种自定义扫描程序来识别被拾取毛石的几何特征（图5-53）。研究目标是机器人能够在抓住一块碎石的同时根据扫描所获得的三维信息精确地处理

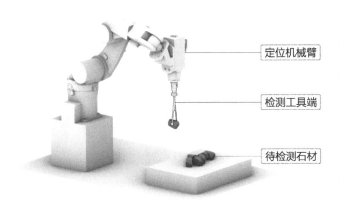

定位机械臂

检测工具端

待检测石材

图5-53　机械臂扫描石块图示
（作者自绘）

它。一个特殊夹持器能够准确地抓住每一块碎石的重心[202]。在可行性研究中，机器人根据每块碎石的几何形状调整其装配策略。通过计算几何分析，可以在已经建立的石块堆砌结构上找到适合下一块碎石的位置（图5-54、图5-55）。

图5-54 机械臂将任意抓取的碎石块经扫描后堆砌起来
（图片来源：Gramazio Kohler Research, ETH Zurich）

图5-55 通过扫描将碎石块以三角形网格描述的几何体
（图片来源：Gramazio Kohler Research, ETH Zurich）

该项目研究将机器人辅助建造技术与传统手工砌筑建造方式相结合，不仅是对机器人标准砌块砌筑建造方式的延伸，也是对传统工匠手工艺的重新演绎。与标准砌块砌筑相比，机器人不再是一个简单地服从代码完成建造的被动技术，而成为了具有感知和判断能力的智能系统，展现了机器人智能建造工艺的巨大潜力（图5-56）。

石材在建筑上的应用已经有很长的历史，最初人们是由于难以获得坚硬的材质来保证建筑的耐久性，因此选用石材作为建筑材料，它往往用于被冠以"永恒"精神属性的建

图5-56 扫描处理后正在为所选取石块寻找最合适位置的机器人
（图片来源：Gramazio Kohler Research, ETH Zurich）

筑，投入的人力、耗费的时间都不计成本。然而当代社会快节奏的发展一般不允许如此低效的建造方式，如何获取石材坚硬的属性，同时对石材进行更自由的加工是建筑师要克服的问题。石材作为一种自然中的材料，在选材时就要做好准备，不同石材抗压、受热属性都不同。在建筑机器人出现之前，人们的操作还是轨道式线性加工，但是机械臂出现之后就意味着"轨道"与"工具端"的分离，这给了机械臂极大的工作自由度，甚至可以模拟人的手进行铣削工艺。研究者对石块几何的不确定性也有更多探索，这样的研究仰仗于日渐成熟的计算机扫描测算技术，也是在计算机大数据环境下才有的加工思路的革新。在未来，对石块内部的物理特性、几何特性的研究也将逐渐被重视。

5.5 建筑机器人混凝土建造工艺

虽然混凝土的发展只有不到200年的历史，但是由于混凝土材料的经济性和其优良的结构性能，混凝土已经成为当今社会上用量最大，范围最广的建筑工程材料，为人类社会的发展和前进做出了重要的贡献[203]。在建筑机器人智能建造技术蓬勃发展的趋势下，其必定会对传统的混凝土建造工艺产生冲击。

就目前的研究和实践来看，建筑机器人混凝土建造的工艺主要分为两大类：一类是建筑机器人建造模板、模具成形工艺，即通过建筑机器人建造的模板、模具来浇筑混凝土；另外一类是机器人混凝土打印，机器人的精确定位配合机器人混凝土打印的末端执行器来实现混凝土的三维打印成型。两种模式都为混凝土建造带去了传统建造模式所不具备的造型自由度和自动化工艺流程。在非标准建筑构件的大批量定制时代，建筑机器人混凝土的建造工艺有着巨大的应用前景[204]。

5.5.1 混凝土模板、模具成型工艺

在建筑混凝土的建造中，由于混凝土的施工特性，混凝土模板、模具一直扮演着非常重要的角色。混凝土模板、模具指浇筑混凝土成型的模板、模具以及支承模板的一整套构造体系。模板的工艺直接影响到混凝土最后成型的质量。复杂混凝土结构模板制作常以数控铣削为主要方式。计算机数控铣削有着消耗时间巨大、材料浪费、成本高等缺陷。随着机器人被引入建筑建造领域，混凝土模板的形式和建造方式有了新的可能。在机器人的协助下，模板的制作方式、呈现形态可以通过计算和模拟得到精确的定义[205]。混凝土本身的形式可能也有了新的构造逻辑。

（1）织物混凝土制模工艺

传统的刚性模板对于混凝土浇筑复杂形状具有明显的缺点。在火星亭（Mars Pavilion）中所提出的机器人系统用更快、更精确和更经济的工作流程，实现复杂的混凝土结构。Mars Pavilion是由一系列三叉分支单元组成的混凝土空间结构体。鉴于数控铣削工艺与刚性模板的不足，Mars Pavilion项目着重于利用机器人创建三维空间混凝土组件的制造技术，探索机器人控制的柔性织物模板及其作为经济有效的混凝土生产方式的可能性[206]。

机器人手臂可以准确快速地定位机械臂工具，从而能够精确地处理设计所需的复杂物体。在该研究中，机器人用来确定展亭每个分支结构单元浇筑的初始形状。分支结构的一端在填充点处固定到固定模板上，另外两个分支通过两个同步工作的机械臂被拉伸到期望的几何形状（图5-57）。

项目将复杂的设计合理化为离散的单元，这些单元被采用机器人加工，组装成最终的展亭。数字设计被简化为离散元素用于结构性能分析，通过迭代计算进行优化。通过使用Grasshopper中的Karamba插件，设计师计算了系统中每个构件单元的受力情况，以便在建造之前充分了解构件单元的结构性能。随后，机器人建造所需的坐标值被发送给机器人控制端，机器人控制端控制工具端的运动，将模型中的欧几里得坐标转换为工具端的物理空间位置。

该织物混凝土模板受三个控制点约束，其中一个位置固定并用作混凝土填充点，而另外两个端点连接到机器人上。三个端点之间的模板形状会根据单元体积、重量、载荷路径和结构作用点进行自适应优化。设计过程需要对结构形态所需的各种参数进行编码控制，包括诸如边界尺寸、构件尺寸、浇筑材料特性等。由于织物

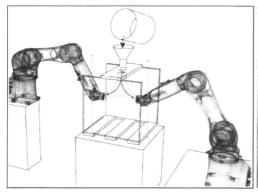

图5-57　机器人织物混凝土模板图解与照片
（图片来源：Joseph Sarafian ,Form Found Design）

图5-58　机器人织物混凝土模板浇筑
（图片来源：Form Found Design）

图5-59　混凝土空间结构体火星亭（Mars Pavilion）
（图片来源：Form Found Design）

模板的拉伸将决定每个部件的最终尺寸，设计系统还需要考虑原始织物模板的尺寸。这些参数约束被写入项目的编程文件中，作为生成设计的基础参数。设计师通过操纵由线段连接的节点阵列，形成了最能反映织物模板系统特征的形式设计。从模型中几何信息到物理实体的转换是通过BD Move软件和机器人工具实现的。每个分枝端点的空间坐标和倾斜角度由机器人工具端定义，其中端部节点的表面法线始终面向混凝土单元中心。拉伸就位后浇筑混凝土进行构件生产（图5-58）。

依据上述的流程，在Mars Pavilion建造中，这套机器人织物模板系统被合理地整合到施工过程中，利用机器人的精确实现了有机的织物结构形态（图5-59）。结构中没有两个组件是相同的，但工业机器人手臂操纵的织物套筒创建了一个可调节的模具，能够适应结构体中所有的构件形态变化。整体结构被设计为一个悬链形式，每个构件都只受压力作用。通过在材料中引入钢纤维代替钢筋，使得构件同时具有很高的抗压、抗拉和抗弯强度。

（2）机器人热线切割模板

Odico Formwork Robotics利用机器人热线切割（The Robotic Hotwire Cutting, RHWC）发泡聚苯乙烯（EPS）混凝土浇筑模板这一项技术，解决了异形混凝土构件大规模建造面临的挑战（图5-60）。在这项技术中，根据设计需要模板构件的单曲或者双曲程度，使用单机器人或多机器人完成发泡聚苯乙烯的热线切割工作（图5-61、图5-62）。通过程序设置，可以精确地控制机械臂上的末端执行器的位置和方向的连续变化，使刀片遵循程序设定表面的轮廓。机器人热线切割后的发泡聚苯乙烯用于异形的混凝土模块的浇筑模板使用[207]。

扎哈建筑事务所考虑了机器人热线切割在商业背景下的应用潜力，与Odico合作尝试针对特定设计开发建造流程，探索机器人热线切割在各种应用中的可能性。这项合作的初步成果是为伦敦科学博物馆的数学画廊设计的14个独特的长椅。长椅由35mm厚的混凝土外壳和轻质泡沫芯组成（图5-63）。该项目开发了新的模具系统和安装方式，使用机器人线切割的发泡聚苯乙烯作为泡沫芯进行混凝土浇筑和脱模，混凝土外壳的厚度由画廊地板的承载能力所决定。长椅可由三个混凝土组件在现场组装而成[208]。

（3）机器人动态滑模铸造工艺

智能动态铸造（Smart Dynamic Casting）是ETH格马奇奥&科勒研究所将传统的滑模铸造技术与数字化技术相结合的混凝土结构建造方式[209]。

智能动态铸造项目用到的滑模（Slipforming）是一种动态铸造工艺，最早由工程师查尔斯·黑格林（Charles F. Haglin）于1899年与弗兰克·百威（Frank Peavey）合作发明。在滑模工艺中，混凝土被连续地浇筑到分层模板中，该模板根据混凝土的水化速率设定速度进行垂直移动，使得材料在模板释放后自支撑（图5-64）。到目前为止，因为滑模技术使用很少的模板却可以实现较快的施工速度，滑模仍然是一种在实践中广泛使用的技术。然而，传统的滑模工艺在生产复杂混凝土几何形状时在自由度方面受到限制。此外，由于初始设置的高工作量和高成本，该技术通常限于在超过10m高的结构中使用。智能动态铸造项目（图5-65）不仅可以使滑模系统在10m以下的结构中经济可行，而且还将成型的自由度大大提高，并且不需要为每个生产的结构单独制造模板。这种方法为复杂的混凝土结构提供了几乎无废弃材料的施工技术。

在智能动态铸造中，滑模工艺中典型的液压千斤顶由6轴机器人代替。混凝土在机器人滑模中从软材料变为硬材料，从而允许结构通过机器人控制的滑模轨迹动态成型。机器人滑模在可成型性和规模方面具有巨大潜力，并且无须复杂承重构件就可以批量生产定制模板。

智能动态铸造对混凝土从软材料变为硬材料的性质进行了研究。为此，建筑与数字制造主席格马奇奥教授和科勒教授联合建筑材料物理化学主席罗伯特·弗拉特教授（Robert J. Flatt）开展了这项研究。初步研究表明，这一复杂混凝土结构的无废弃制造工艺具有很高的潜力。最初的实验旨在使用纤维增强自密实砂浆（SCM）

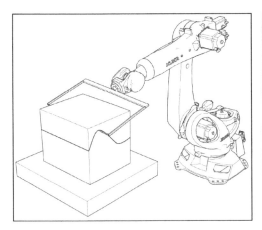

图5-60 机器人热线切割图解说明
（作者自绘）

图5-61 单机器人热线切割发泡聚苯乙烯
（图片来源：Odico Formwork Robotics）

图5-62 多机器人热线切割发泡聚苯乙烯
（图片来源：Odico Formwork Robotics）

图5-63 机器人热线切割制作混凝土模板生产的座椅
（图片来源：Odico Formwork Robotics）

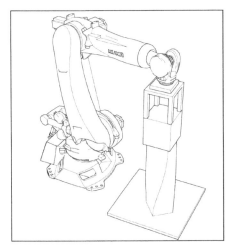

图5-64 机器人滑模图示
（作者自绘）

图5-65 智能动态浇筑项目
（图片来源：Gramazio Kohler Research, ETH Zurich）

图5-66　苏黎世联邦理工学院智能动态铸造滑模工艺

（图片来源：Gramazio Kohler Research, ETH Zurich）

生产一系列双曲线柱段。测试全部使用内部涂有润滑剂膜的刚性圆柱形模具。在机器人滑模之前，项目对纤维增强自密实砂浆进行一系列负载测试。这些测试用于确定其在给定时间内柱部分自支撑时的承载能力。单纯的材料试验无法提供关于混凝土随时间的成型性或最佳滑移速度的充分数据。为此，在机器人滑模实验中，通过在迭代过程中保持恒定的轨迹，改变滑动速率。最终得出结论：初始阶段的滑移速度过高会导致材料蠕变。滑动速度太低，在模具中发生水化并产生过高的摩擦，因此产生破损。在确定了最佳滑移速度之后，智能动态铸造系统允许在19min内滑动建造高度为65cm高的柱子（图5-66、图5-67）。为了进一步探索机器人滑移成型在生产复杂混凝土结构方面的巨大潜力，材料的滑移速度和可成型性仍旧是该项目关注的重点。

除了使用圆柱形固定模板，项目也在探索刚性和柔性模板等变体，从而可以帮助设计师打开设计的可能性，使智能动态铸造有着更好的项目适应性。同时，在反馈机制方面，在初始实验中，项目根据经验来确定滑移速度。在后续研究中，项目试图建立反馈系统，该系统能够实现机器人滑模和材料特性之间的连续通信。该设置将根据材料属性自动控制滑移速度和成形过程，将材料的动态特性与设计和数字制造相结合。

除此之外，项目近期还通过机器人滑模成型工艺生产了非标准几何形状的折叠薄板混凝土构件（图5-68）。通过将数字制造与传统的滑模和建筑材料科学相结合，

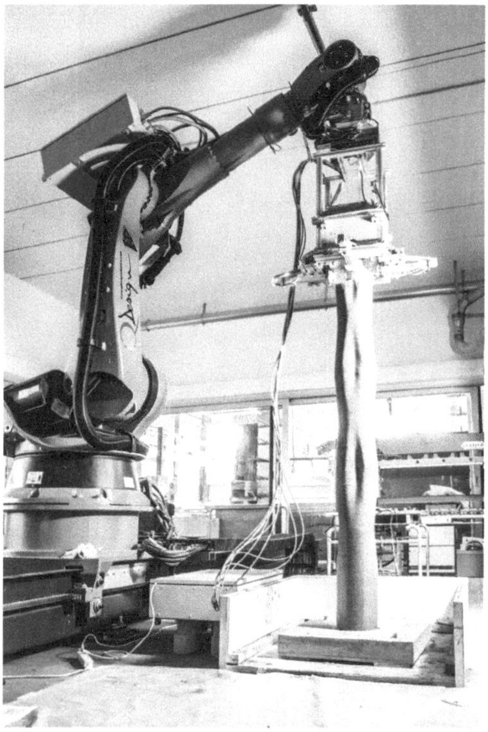

图5-67　苏黎世联邦理工学院智能动态浇筑柔性模板滑模

（图片来源：Gramazio Kohler Research, ETH Zurich）

图5-68　苏黎世联邦理工学院智能动态浇筑打印薄折叠混凝土构件
（图片来源：Gramazio Kohler Research, ETH Zurich）

智能动态铸造项目将混凝土成型的自由度大大提高，几乎不需要为每个生产的结构单独制造模板。

5.5.2　混凝土打印工艺

从19世纪开始，混凝土建筑的施工方法都是将水泥浇筑到设置好的钢木模板中。尽管塔吊、水泵、混凝土搅拌器、模板等施工机械和器具已经普及，但建筑施工仍然还得依靠专业工人对这些机械和器具进行手工操作和干预。

如今的施工技术相对于计算机设计技术来说已经落后了。全新的计算机辅助设计软件可以让建筑师轻易地对施工进行构思和设计，但当前的建造工艺却在复杂的设计面前显得捉襟见肘。现有建筑材料，如钢筋混凝土和砌体，价格高而且灵活性差。假如要建造一个复杂的曲面结构，可能需要预制昂贵的模板，复杂的脚手架和人工灌浆也会增加费用。而且，现有技术需要专业人员不停地阅读参照设计蓝图，这一费用也不容忽视[210]。

随着机器人混凝土打印工艺的优化和迭代，混凝土打印技术在相对低的预算条件下可以实现更高的自由度。现阶段，在机器人辅助下的混凝土打印工艺主要有轮廓打印工艺和立体混凝土打印工艺。

（1）轮廓打印工艺

轮廓工艺是通过从电脑控制的喷嘴中分层挤出混凝土材料的建造技术。喷嘴悬挂在吊臂或者龙门吊车上。龙门吊车可以架在两道平行的轨道上，能在一次运行中建造一栋或一群房子。将轮廓工艺机器以及用来运输和就位支承梁的机械臂组合起来，并配上其他的部件，就可以建造建筑了。较大的建筑，比如公寓、医院、学校和政府办公楼等，可以将龙门吊车平台延伸至结构的全宽度，然后使用轨道上的吊臂来定位喷嘴，以及将结构构件或设备吊装就位。

打印结构的外表面可以采用紧跟喷嘴的泥铲抹平。与传统手工工艺的操作方法类似，这些泥铲就像两个坚实的平面，可以使每层的外表面和上表面平整顺滑、形状精确。侧面的泥铲能够调节角度，从而形成非正交的表面。轮廓工艺是一种混合技术，还包括搭建打印龙门式钢架的过程，以及向打印结构内核中浇筑或灌注挤出材料的过程。打印结构一旦形成，内部空腔就可以立刻填充好[211]。

目前，最常用的挤出材料是用快硬水泥制成的混凝土。构筑外表面和填充内核可以使用更多不同的材料。陶土材料经过测试可以作为一种材料选择，使用其他复合材料也是很有可能的。有人曾建议可在地球外的建筑中采用月球的表层土壤，而且，还可以利用轮廓工艺的喷嘴将能够发生化学反应的多种材料混合，挤出后立刻反应固化。每种材料的相对用量可以通过电脑控制调整。这就可以使施工材料根据不同区域而变化。

既然轮廓工艺已经可以在建造的过程中实现自承重的结构形式，那么就不需要模板了。快硬水泥几乎能在浇筑后的瞬间达到自承重的能力，并在化学作用下随着时间的推移达到完全强度。然而，如果仍然需要另外的支撑，这些支撑构件也能够通过轮廓工艺制作。由于不需要模板，轮廓工艺同其他施工方法相比有着显著的优势。首先，免除了搭建模板所需的材料和人工开支，可以节省大量的造价。其次，对环境也大有益处，因为用来搭建模板的材料在使用后大多数是被废弃掉的。最后，可以明显地缩短施工时间，因为不仅无须花费时间来搭建模板，而且采用快硬水泥也能使施工速度大大加快。

这种方法很可能对先锋建筑师有强大的吸引力。它可以构建单曲面和双曲面，当然会对那些善于设计自由形体的建筑师具有极大吸引力，而且由于是电脑建模控制并直接投入建造，它更能保证施工的精确性。甚至，在每个施工单元中引入个体变化的潜力，可以开发出更多的形式。不过，这种方法的局限性可能在施工本身的构造逻辑上。从结构的角度来看，这种方法比较鼓励在构建过程中能够自承重的结构形式。这样一来就会导致：要么是"哥特式"的建造逻辑，比如依靠非常陡的尖顶同时避免使用较浅的拱；要么别出心裁地使用组合技术，将单元的形体进行组装。例如，传统的建筑施工方法在建造圆形砖拱时，会先设置一张与拟建拱的基座成一定角度的砖来形成表皮。未来的先进技术将能够采用附加式的临时支撑结构来为超大的悬臂提供可能，从而使几何灵活性几乎不受限制。

混凝土轮廓打印的操作方法最初是用来制作工业产品部件的模具的，不过现在已经发展到可用于建筑结构施工领域了。轮廓工艺有希望最终成为高速施工的操作方法，并在低造价住房领域展示其潜能。建造一栋单独的住宅可能只需要24h（图5-69）。

这种方法还能够用来建设灾难安置住房。很多自然灾害过后，受难者们可能常常要等上好几个月甚至几年才能住进永久性住房中，在此之前很多人都只能被迫住在简陋的帐篷内，甚至无限期地无家可归。轮廓工艺能够快速建造坚固得体的住房，而且还集成了供暖和供水系统。此外，它还有很强的适用性，能够使用场地原有的建筑材料，节省了材料的长距离运输，节约了时间和造价。由于轮廓工艺是一种自动化的操作过程，人工的使用降到了最低。比较下来，预制住房显得相对昂贵而且低效。一套50~60m²的预制住房造价超过3000美元，搬运起来费力费钱，而且建造质量常常很差，缺少基本的供暖和供水等便利设施。

这个操作方法的另一个潜在用途是在地球外的建设，而NASA已经建立基金用来测试并评价采用轮廓工艺在人类达到月球以前在其上建造住所、实验室以及其他设施的潜在可能。这些建筑包含集成的辐射隔离层、供水、供电以及传感器网络。随后，2011年，NASA赞助南加州大学的巴赫洛克·哈什纳维斯（Behrokh Khoshnevis）教授、尼尔·里奇（Neil Leach）教授、安德·卡尔森（Anders Carlson）教授和曼胡·泰格瓦鲁（Madhu Thangavelu）教授一项被称作"NASA创新理念"（NIAC）的研究项目。这个项目旨在探究在月球表面运用轮廓工艺建造的潜在可能性（图5-70）。在考虑了一系列关键因素后，轮廓工艺无需模板或其他支承系统就能够进行结构施工的能力，在地球外的操作环境中有很大吸引力。轮廓工艺施工系统经过开发已经能够开采并使用场地原有材料，例如以月球土壤作为建筑材料。而且，月球已经公认是一个太阳能发电的理想场所。一旦太阳能具备后，就可以采用轮廓工艺技术在月球或其他可以采用太阳能的地方，利用场地原有资源建造各种形式的基础设施，例如道路和房屋（图5-71）。

轮廓工艺是一种有可能会给施工行业带来革命的技术。与传统施工方法相比，它有巨大的优势，比如造价、安全和施工速度等方面。而且，现今可持续发展越来越在伦理道德上受到重视，在这样一个时代背景下，这种方法能使施工操作对环境变得友好。它在供应低造价住房、在地震或其他自然灾害地区快速建造应急安置

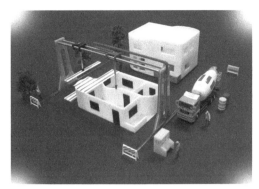

图5-69 轮廓工艺在住宅施工中的应用[210]

图5-70 NASA运用轮廓工艺机器人可在月球上建造储物空间[210]

图5-71 采用轮廓工艺的月球燃料飞船穹顶模型[210]

图5-72 D-Shape立体打印
（图片来源：Enrico Dini，D-Shape）

住所等方面发挥着重要的社会作用。此外，它还为地球外建造房屋带来了现实的可能。总之，轮廓工艺无疑将是一项对施工行业做出巨大贡献的技术，但其仍不断有潜力可挖。

（2）立体混凝土打印工艺

立体光刻，即3D分层成型或者3D打印技术，能够从CAD图纸中造出三维物体。这一技术已经用来制造小型物件。Z-Corp 3D打印机采用这种技术制作出了建筑的缩小比例模型。而要做出全尺寸的建筑，需要足够大尺寸的机器以及合适的胶粘剂。在立体光刻混凝土打印工艺的研发上，D-Shape的发明者恩里克·蒂尼（Enrico Dini），开发出了一套可以操作如此大尺寸的操作方法（图5-72）[212]。

立体打印混凝土的材料工艺以D-Shape的打印工艺为例。在研究之初，恩里克·迪尼（Enrico Dini）在一层砂上用喷嘴滴入环氧树脂，并在封闭的圆圈中固结。他根据这一操作建立了一个系统，并申请了专利。这个系统获得了很好的打印分辨率，不过最终的结果显示其造价昂贵，材料可燃，不环保，而且机械操作非常缓慢；为了搅拌两种组分的有机胶粘剂，喷嘴的维护费用也很高。聚氨酯树脂用作胶粘剂很合适，但无论是产品或其废料处置都不环保；这种胶粘剂会产生可燃物质，并释放有毒挥发气体。树脂还需要精确掌握胶粘剂和骨料的配比，这也将显著增加用来喷涂这些产品的喷头造价。此外，树脂材料需要精确、经常的维护和清洁，而且由于骨料和胶粘剂在搅拌过程中可能固结在喷头里，还需要定期更换喷头等配件。用树脂作胶粘剂的另外一个缺点是其固结产物的弹性模量太低，在结构的受力构件中容易产生过大的变形，比如受弯和受拉的变形性会比较大。

恩里克放弃了这种材料与系统，并开始寻找能匹配他心目中完美标准的胶粘剂材料：无机、廉价、环保、低黏度，就像普通墨水一样，并能为固化物提供结构强度。他在市场上找不到任何一种能够直接使用的材料，不过在人造石行业中找到了一些接近其需求的东西。在化学专家的帮助下，他研制了一种以氯化物为基底的低黏度、高表面张力的液体，在金属氧化物的催化下有极好的晶格化性质。这意味着能够开发出一种双组分的无机固体或液体胶粘剂，其中液体部分可由低维护成本的喷嘴挤出，固体部分在搅拌的过程中也不会发生化学变化。

催化剂是粉末状的固体，混合弥散在骨料中。特别是催化剂的粒径比上述骨料的粒径更小。这就增加了所得到的固化物的密实度，因为催化剂填补了骨料颗粒之间的部分空隙。液体组分的黏度较低，在 1×10^{-3} N·s/m 到 2×10^{-3} N·s/m 之间。另外，液体的表面张力很高，为 $0.07 \sim 2$ N/m。这使得移动组件的喷嘴能够更快地根据控制中心的输入信号进行开合。骨料，如毛石等，粒径范围可以控制在 $0.01 \sim 65$ mm。这样宽泛的粒径范围，材料很容易找到，而且这些材料还可以从石灰石矿渣或者毛石废料中取得。

催化剂含有金属氧化物。这样一来，骨料在催化反应时不呈惰性，而是具有化学活性并充分反应的。因此，这种方法得到的材料可不像普通的混凝土那样。普通混凝土的骨料间只有很弱的粘结，抗拉强度很差，而这种矿石一样的材料，由于其坚固的微结晶结构，能表现出很高的密实度和抗拉强度。另外，催化剂反应得很快，使固化物在很短的时间内就变硬，达到的抗拉强度与几小时后终凝时的抗拉强度差不多，这样结构的施工速度就加快了。有一个步骤是往上述骨料和催化剂的混合物中添加增强纤维，增强纤维由玻璃纤维、碳纤维和尼龙纤维等组成。这样一来，骨料的固化物就具有整体抗拉强度以及较高的刚度，弥补了低弹性模量的粘结材料所造成的抗拉强度较低的不利后果。这种操作能够将任意类型的砂、土或碎石重新还原成压紧的岩石状态。这种岩石的性质已经与大理石类似了。

从建筑师运用CAD 3D技术进行设计开始。电脑设计成果存储到一个STL文件

中，然后导入控制D-Shape打印机工具
头的电脑软件中。为了体现D-Shape在
建筑设计和施工之间起到的桥梁作用，
我们与来自伦敦的建筑师安德里亚·莫
根特（Andrea Morgante）进行了一次合
作，设计了第一个由D-Shape打印出来
的成果："放射虫"，一个小型露台。

　　在这套工艺下，建筑师就能够使用
施工机器人，采用CAD-CAE-CAM设
计技术将他们设计的建筑造出来。这将
带来前无古人的设计精确度和自由度，
而建筑师的视野将不再受施工与人力的
限制（图5-73）。

图5-73　D-Shape打印构件
（图片来源：Enrico Dini，D-Shape）

　　综上所述，3D打印混凝土技术是
将3D打印技术与商品混凝土领域的技
术相结合而产生的新型应用技术，其主要原理是将混凝土构件利用计算机进行3D
建模和切分三维信息，然后将配制好的混凝土拌合物通过挤出装置，按照设定好的
程序，通过机械控制，由喷嘴挤出进行打印，最后得到混凝土构件。3D打印混凝
土技术在实际施工打印过程中，由于其具有较高的可塑性，在成型过程中的无须支
撑，是一种新型的混凝土无模成型技术，具有以下两个优点：既有自密实混凝土的
无须振捣的优点，也有喷射混凝土便于制造繁杂构件的优点。

　　3D打印混凝土与传统模具建造的方式相比，具有形式自由、环保节能等优势，
但同时也存在着较多的挑战。如在材料方面，3D打印混凝土对原材料的流变性和可
塑性提出了较高的要求。在速度和精度方面，层积式的打印方式决定了在实际工程
中，这是一对较难平衡的矛盾体[213]。3D打印技术在未来将如何改变混凝土建造方
法，还需要更多的研究和实践。

5.6　建筑机器人陶土工艺

　　受到砖、瓦的建构文化属性影响，陶土在当代建筑实践中依然受到建筑师们的
青睐。陶土建材因其良好的材料性能，在建筑立面材料中受到广泛关注，但传统制

陶工艺用时长、人力成本高，因此建筑陶土工艺数千年来发展缓慢。建筑机器人的产生，重新为陶土这种传统材料注入了生机[214]。

机器人陶土打印工艺是一种利用数字设计手段与机器人数字建造技术来生产陶土的工艺。通过机器人热线切割、轮廓工艺、模具打印等增材、减材等制造方式，陶土材料得到了更多样的表现[215]。

根据打印形式的不同，机器人陶土工艺主要包括机器人陶土层叠制造工艺、机器人陶土雕刻工艺、机器人陶土模具打印工艺、机器人陶土编织工艺、机器人陶土线切割工艺等[216]。

5.6.1　机器人陶土轮廓制造工艺

陶土轮廓制造工艺是传统的陶土工艺技法之一，即陶土制作中的泥条盘筑工艺，具有悠久的历史。

机器人陶土轮廓工艺是基于传统陶土手工艺盘绕技法的制造工艺，通过使用数字设计与机器人建造技术，可以将泥条盘筑的过程转化为机器人的动作。机器人工具头沿着形体表皮连续移动，层层堆叠出陶土构件表皮的形状。由于这种工艺通常是对形体进行轮廓打印，因此也称轮廓加工工艺[217]。机器人陶土层叠轮廓制造工艺属于应用最广泛的机器人陶土制造工艺之一，在工艺品制造、建筑构件制造中具有广泛应用。

目前的机器人陶土层叠轮廓制造工艺流程主要包括计算机内的数据文件转换为打印路径数据，计算机根据路径数据控制带动陶泥打印挤出头运动的行走机构的运动，进而控制陶泥打印的进行。机器人陶土层叠轮廓制造工具端主要包括储料装置、送料装置和挤出装置三个主要部分，陶泥储存在储料装置中，通过送料装置运输到挤出装置，通过机械臂控制伺服电机带动挤出装置运动，进而挤出陶泥（图5-74、图5-75）。

2015年，同济大学袁烽教授团队运用陶土打印吸声立柱项目通过对声音可视化的研究辅助空间声学设计，探索了从建筑性能化设计到数字化建造的全过程。项目采用机器人陶土层叠轮廓制造技术对该装置进行了1：1数字建造（图5-76）。

同济大学CAUP，DDRC团队开发了机器人陶土层叠轮廓制造工具头，其设计分为挤出装置、储料简体及打印头。通过复杂的动力机械装置的运行，齿轮放大电机的力矩，将陶土从简体挤出（图5-77）。

同济大学CAUP，DDRC团队制作了针对陶土打印的路径导出工具包，对导入

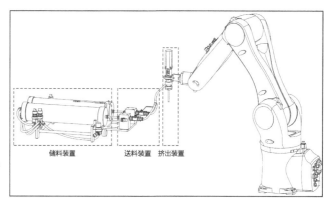

图5-74　Fab-Union陶土层叠制造工具
端图解
（作者自绘）

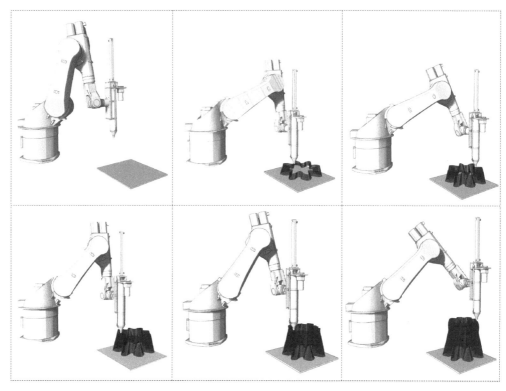

图5-75　陶土层叠轮廓制造工艺过程图解
（作者自绘）

图5-76　同济大学数字设计研究中心陶土打印声学立柱（2015年）
（作者自摄）

的任意形体，都可通过改变参数（如每层高度、每层圈数、断点连接、路径折曲弧度等）实现定制化的路径设计（图5-78）。工具包的建立可以为建筑定制化在设计自控的潜在原则方面打开更宽广的视野。使用传统的陶土条状盘绕工艺作为基础语言，多样的盘绕技术可以实现不同的编织和堆叠样式。

同时，为了系统性地量化材料参数，团队进行了大量陶土打印技术实验量化材料参数，以通过湿度控制寻找最适宜的陶土黏度比例。由于陶土材料的可塑性较强，可通过机器人点位的设定有效控制截面尺寸以及打印精确度。打印高度与厚度的极限比例，机器人悬垂打印的极限角度等问题也在考虑之中（图5-79）。

机器人陶土打印技术挑战了陶土材料的结构性能和表现形式，是在陶土材料特性与传统陶艺技法、建筑空间几何形态、机器人打印技术中追求平衡和高效的结果。

5.6.2 建筑机器人陶土雕刻工艺

雕刻是传统陶泥塑性工艺的一种，自古以来就被应用于陶土制品的加工过程中。机器人陶土雕刻工艺起源于传统的陶土雕刻工艺，通过在机器人末端安装类似传统陶土雕刻刀的工具端对陶泥体块进行雕刻，用以对陶土进行减材制造（图5-80）。

通过陶土雕刻工艺得到的机器人陶土制品通常是实心的，适用于进行表面平整光洁的构件的制造。陶土雕刻工艺通常分为三步：首先对陶泥进行配比，再对需要切割的陶泥进行压平压实，再根据需要雕刻的图案选择相应的工具端对陶泥进行精细的表面处理。机器人雕刻过程需要对陶泥的配比特性和刀具的切屑方向、回转方向、倾斜角度、刀具与工件稳定性等因素进行综合考虑（图5-81）。

2015年，来自新加坡理工大学的雷切尔·谭（Rachel Tan）和斯特里诺斯·德里萨斯（Stylianos Dritsas）完成了陶土雕刻工具头的开发，利用六轴机器人开展了陶土雕刻建造工艺实验。项目通过在Grasshopper中使用C#语言开发的算法过程实现建筑机器人雕刻的建模和仿真。

不同于传统的CNC铣削等在固体材料加工操作中将其粉碎的工艺，机器人陶土雕刻工艺采用雕刻技术，通过位移去除多余的黏土材料，实现自清洁路径优化，并整合到造型过程中，提高路径效率和产品质量，创造独特的机器人陶土减材制造形式（图5-82）。

经过三次工具迭代，团队完成了类似于车削中使用的带有斜切面和锥形端头的

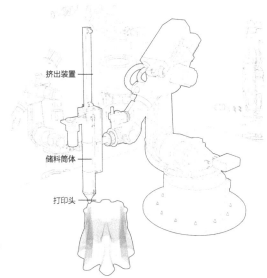

挤出装置

储料筒体

打印头

图5-77　同济大学数字设计研究中心陶土打印工
具图解
（作者自绘）

图5-78　同济大学数字设计研究中心陶土打印过程
（图片来源：同济大学数字设计研究中心）

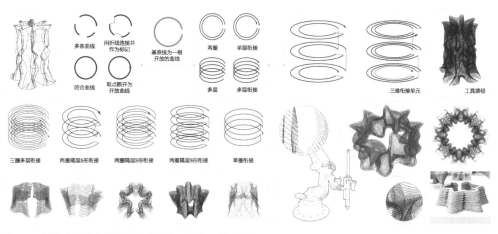

图5-79　同济大学数字设计研究中心陶土打印工艺流程
（作者自绘）

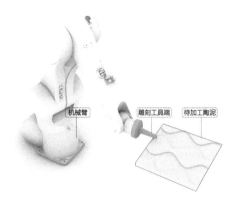

机械臂　雕刻工具端　待加工陶泥

图5-80　工具图解
（作者自绘）

工具头（图5-83）。该项目通过迪杰斯特拉（Dijkstra）路径查找算法寻找最短路径逻辑，进行路径设计，再进行陶土雕刻，雕刻后再进行余料的去除（图5-84、图5-85）。黏土雕刻的过程中要考虑到机器加速度、行驶速度、材料断裂的可能性和雕刻表面的光洁程度等相关因素[212]。

一些初步完成的作品显示，通过陶土雕刻工具端配合六轴机器人完成的陶土雕刻面板，可用于预制和定制有特殊需求的墙面材料。

5.6.3　建筑机器人陶土模具打印工艺

陶土具有可塑性强、可回收性强的特点。机器人陶土模具打印技术通常是基于机器人陶土层叠制造工艺等轮廓工艺的延伸工艺，其工具设计以及工艺流程与陶土轮廓制造工艺基本相同，在此不再赘述。层叠制造形成构件的外轮廓，再通过浇筑材料进行塑形，可实现从陶土模具到混凝土、沙子等其他建筑材料的转换，具有较高的实用性。

机器人黏土打印技术通过使用六轴工业机械手臂，结合现有混凝土铸造技术与叠层制造流程，提出了一个新的数字化建造系统。机器人黏土打印结合了流体挤压（叠层制造的一种形式），以及机器人技术的精度和自动化。使用黏土作为模具材料，进而模具可以被打印以及塑形成复杂的几何形体（图5-86）。

2014年，伦敦大学学院（University College London, UCL）巴特莱特建筑学院（The Bartlett）机器人黏土打印团队进行了使用黏土打印模具材料的研究。这项研究的目的是开发一个可行的混凝土筑造技术，以1∶1的比例进行，比传统的建造更加可持续且更有效。与传统混凝土浇筑技术相比，临时的模具通常是由木材、铝或塑料组成的，然而使用黏土的一个明显的优势就是，它不局限于任何形

（a）陶泥配置　　　　　　　　（b）陶泥平整　　　　　　　（c）雕刻与余料去除

图5-81　工艺流程图解
（作者自绘）

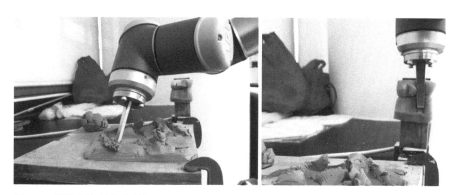

图5-82　机器人陶土雕刻过程
（图片来源：Rachel Tan & Stylianos Dritsas）

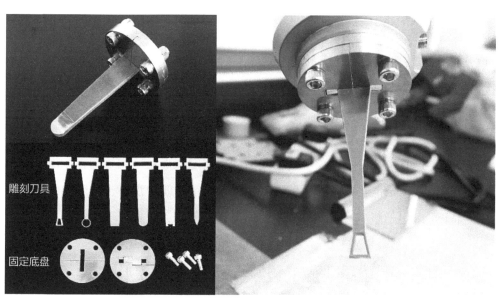

雕刻刀具

固定底盘

图5-83　陶土雕刻工具图解
（图片来源：Rachel Tan & Stylianos Dritsas）

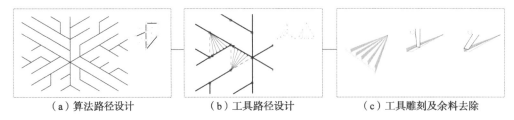

（a）算法路径设计　　　　　　　（b）工具路径设计　　　　　　（c）工具雕刻及余料去除

图5-84　工艺流程图解
（图片来源：Rachel Tan & Stylianos Dritsas，作者重绘）

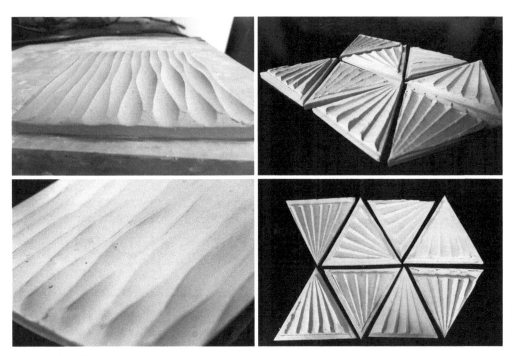

图5-85　陶土雕刻面板
（图片来源：Rachel Tan & Stylianos Dritsas）

式，我们能够使用黏土塑造任何有机的、不规律的几何形体。使用黏土作为模具材料，其黏度是决定模具强度、表面光洁度、高度和形状的主要因素。由于黏土模具在任何方向都能被溶解和去除，这解决了传统建筑中混凝土去膜的问题。相同的黏土可以用于塑模，也可以在浇筑之后重新使用，从而形成了材料使用的循环系统。

流体打印头是3D打印工具的一种类型，该工具可针对例如黏土这样的膏状材料，进行自动的分层堆叠打印。为了实现按照1：1的比例打印模具，并可以通过机械手臂进行精密控制的目的，该项目团队在容积式系统的基础上，针对

图5-86　陶土打印过程
（图片来源：孙佳爽，The Bartlett UCL）

高黏度的黏土开发了末端打印头。标准的容积式挤出头有两个主要组件构成：泵和挤出机。设置方法是以喷嘴为中心，拥有固定的喷口和可以遵循指定路径移动的底盘。同时结合一个螺杆泵，是打印大型黏土几何形体的最理想组合（图5-87）。

此外，与先前的设置方法相比，黏土黏度从低到高的提升对于流体挤压机来说是巨大的进步。作为测试以喷嘴为中心的设置方法能够建造的最大模型尺寸，团队打印了一个直径为300mm，高为500mm的圆柱状体。此模具壁厚为2cm，并留有一天时间自然风干，以便浇筑（图5-88）。以此，黏土模型证明了其强度本身足够坚硬来抵抗浇筑混凝土带来的静压力，并由于黏土的层层堆叠，最终得到了混凝土带纹理的表面效果[218]。

5.6.4　建筑机器人陶土编织工艺

机器人陶土编织工艺起源于传统的建筑装饰面板编织工艺，利用机器人工具头可均匀挤出陶土的优势，使用条状陶土进行编织。该工艺主要的特点是将平面打印基础转换为立体，因此可实现空间上的编织。该工艺通常用在建筑陶土装饰面板的制造中。

2013年，来自哈佛大学设计研究生院的贾瑞德·弗莱德曼（Jared Friedman）、赫敏·金（Heamin Kim）和奥尔加·麦莎（Olga Mesa）通过对陶土沉淀特性的实验，开发了建筑机器人编织陶土技术，作为制造编织建筑装饰面板的手段（图5-89）。

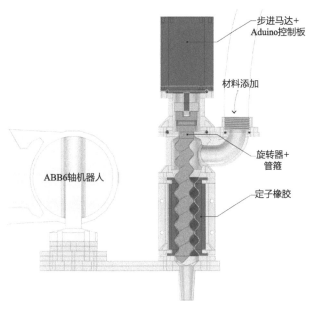

图5-87　工具图解
（图片来源：孙佳爽，The Bartlett UCL）

图5-88　翻模后最终形态
（图片来源：孙佳爽，The Bartlett UCL）

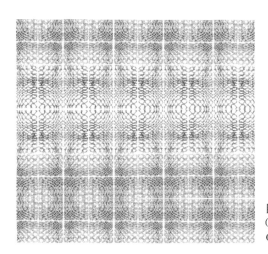

图5-89　陶土编织面板
（图片来源：Jared Friedman, Heamin Kim, Olga Mesa, Harvard Graduate School of Design）

区别于机器人陶土工艺常见的层叠建造方式，"编织陶土"项目从古代的盘泥条工艺中获得启示，通过机器人挤出陶土，将陶土进行编织。项目改变了打印基础的形态，使平面形态转化为立体的、有变化的形态[219]。同时，该项目使用Grasshopper及HAL机器人编程控制插件，实现模型的改变与机器人移动路径更新的同步化，极大加快了从设计到加工的工作流程。实验团队大量测试了材料与机器人动作及旋转速度的一致性[220]。该项目探索了机器人陶土沉淀工艺的新机遇，为陶土建筑立面材料提供了更多的可能。

黏土挤压末端执行器的开发采用了早先哈佛大学设计学研究生院设计机器人小组开发的工具，并作了微小改动。这些变动中最值得一提的是挤压机端头的开发，这个端头可挤压直径为3/8英寸的黏土卷（直径可根据所需分辨率及打印时的沉淀速度确定）。挤压机通过机械装置运行，设有齿轮电机将导螺杆驱动进入活塞，活塞将黏土推到定制喷嘴上（图5-90）。

打印工作流程（图5-91）首先开发用作打印基础的表面形态，紧接着就是将曲线转化为工具轨迹，并发送给机器人进行打印。本项研究的目标之一就是证明可以通过改变打印基础的形态达到立体效果，将平面形状改造为更具变化的形态。因此，打印流程的第一步就是形成可用于机器人黏土沉淀的基础模具的曲面。项目组利用正弦曲线设计了凸起的表面，以便强调深度上的变化。正弦曲线遵循间距不同的网格，以便表达各面板之间的密度变化梯度。Grasshopper的参数化工作环境方便轻松调整网格以及凸起的深度。面板的总体深度变化非常细微，但却证明了制作更加极端的几何曲线的可能性。项目利用Grasshopper绘制曲线，然后利用Grasshopper和HAL插件将这些曲线转化成刀具轨迹。虽然形成刀具轨迹的软件程序有多种选择，但HAL的优点在于允许数字工作流程保持在Rhino和Grasshopper的环境中。这意味着基础曲面或曲线设计的任何扭动都将自动更新刀具轨迹，并将编码迅速发送给机器人。该流程的优势在于从设计到加工流程极为迅速，便于迅速定制化面板。就商业生产规模而言，工作流程可方便设计师选择诸如面板透光率等，并紧接着自动形成几何形状和刀具轨迹的过程，避免直接调整输入的曲面和曲线，而是直接关注屏幕上的预期效果即可。

总体来说，建筑机器人陶土打印工艺是目前发展较为成熟的一种建筑制造工艺。由于陶土可塑性较强，可重复利用，属于较为优良的建造研究材料。机器人陶土工艺由于其精确性较高，适用于一些精细建筑构件、表皮面板的预制，在建筑构配件制造方面仍具有较为广阔的开发前景。

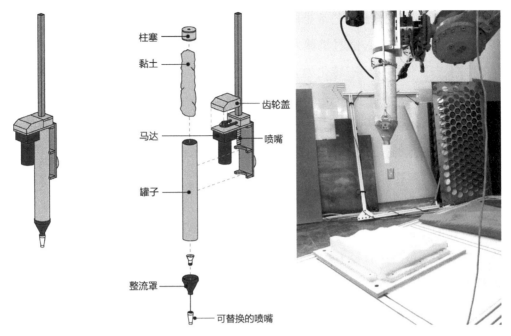

图5-90 黏土挤压末端执行器工具端图解

（图片来源：Jared Friedman, Heamin Kim, Olga Mesa, Harvard Graduate School of Design）

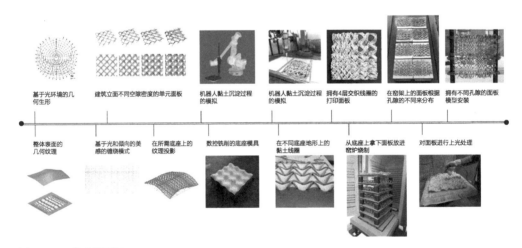

图5-91 工作流程图解

（图片来源：Jared Friedman, Heamin Kim, Olga Mesa, Harvard Graduate School of Design）

5.7 建筑机器人塑料打印工艺

3D打印技术发展至今已有30多年历史，最早在20世纪80年代的美国被提出并生产出世界上第一台3D打印机。在随后的几年里，Charles Hull在1986年提出了光固化工艺（Stereolithographic, SLA），Scott Crump同年发明了熔融沉积3D打印工艺（Fused Deposition Modeling, FDM），卡尔·德克（Carl R. Dechard）在1989提出了选择性激光烧结工艺（Selective Laser Sintering, SLS），麻省理工学院教授恩曼努尔·萨克斯（Emanuel Sachs）在1993年发明了三维印刷工艺，在碾磨成粉的金属、陶瓷等材料上喷射胶粘剂将材料逐片成型，烧结成最终的模型。

塑料作为一种成本相对低廉且可塑性极强的原材料，是最受欢迎的打印耗材。在众多打印工艺中，最合适塑料打印耗材的加工方式是FDM熔融沉积成型技术。该工艺所使用的材料一般为热塑性材料，其加工原理是将三维数字模型进行分层并由软件自动生成单元层的模型成型路径和支撑路径，材料被加热熔化并通过喷头挤出，迅速固化并与周围材料粘结，由层间路径堆积出最终的实际形态。FDM作为广大民用3D打印机运用最多的成型技术，一方面是因为打印耗材相对低廉；另一方面也是因为其成型方式原理简单、易实现。近年来，工业机器人系统开始与3D塑料打印技术相配合，主要的实现方法是通过在机器臂的端部安装一套塑料熔融挤出设备，通过精准的空间坐标定位以及不间断挤出的熔融材料，进行大尺度的构件加工，使3D打印不再被打印机的打印工作空间所限制。

工业机器人系统与3D塑料打印技术的结合可以被称为机器人塑料打印工艺，挣脱了传统打印尺寸的束缚，这种工艺被逐渐应用在相对大型的构件打印上，在建筑、建筑构件甚至是小规模的建筑物方面都出现了大胆的尝试，取得了相当震撼的成果。但直至目前，将塑料3D打印工艺用于建筑主体的实践还是非常罕见的，原因主要是现阶段的塑料材料性能水平很难突破，例如防火性能无法满足消防要求，结构性能也参差不齐。这些无法忽视的客观问题导致了塑料3D打印的建筑无法在现阶段实现大规模普及，但在国内与国际上的诸多院校及工作室均有相关的实验性项目，这些项目大多都以装置形式呈现，少部分则是以临时建筑物或小体量的永久建筑物出现在公众眼前。

在建筑领域中，两种主流的机器人塑料打印工艺分别是机器人层积打印工艺和机器人空间打印工艺，这两种工艺的成型逻辑都基于塑料熔融挤出过程。对于大尺度的机器人3D打印，这两种加工工艺所需的打印设备类似，所需设备系统根据建造过程分别属于三个阶段，包括了前期阶段的备料系统；中期阶段的塑料熔融挤出系统、机器人系统、冷却系统、供料系统、底盘系统、监测系统；后期阶段的后处理系统[221]。

以龙门式桁架机器人为例，打印阶段所需的设备系统图解如图5-92所示。备料系统是整套系统中的第一个环节，包括了配料、干燥、送料三部分，主要目的是准备打印原材料，机器人塑料打印耗材包括线材与颗粒两种，而塑料颗粒的成本又相对低廉，因此大型的打印项目还是倾向于使用颗粒材料。颗粒材料因包装密封问题

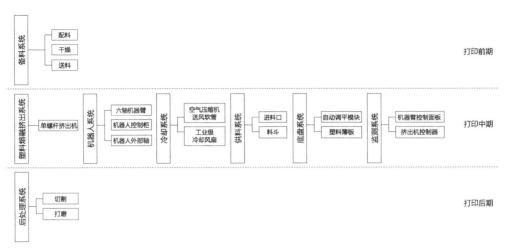

图5-92　机器人打印设备系统流程图
（作者自绘）

或储藏问题易出现受潮现象，为避免受潮颗粒打印过程中形成气泡，送料之前务必要对打印材料进行充分干燥。塑料颗粒随即被送入熔融挤出系统，颗粒材料需通过螺杆挤出机搅碎并高温加热，通过机头处以一定的几何截面及尺寸挤出成型。机器人系统中的六轴机器臂根据预先设定好的运动轨迹动作，被固定在机器臂末端的塑料熔融挤出机随机器臂一同运动，高温熔融塑料通过机头沿运动轨迹挤出，接触空气后冷却凝固变为固体。在打印过程中，同时还需要配有冷却系统、供料系统、底盘系统、监测系统等，主要作用是用于加速挤出塑料冷却降温、供给运输打印材料、固定打印底座、避免碰撞问题等。在打印完成后，还需要对打印物件进行后续处理，包括切割打磨等步骤（图5-93）。

机器人层积打印与空间打印在最终成品效果上呈现了不同的外观效果，这是由于不同的打印方式产生了独特的肌理脉络。打印构件的表面纹理走向是根据电脑中的模型文件控制的，换句话说，层积打印与空间打印工艺是根据机器人不同类型的运动轨迹所形成的。

5.7.1　机器人层积打印工艺

机器人层积打印工艺的成型原理与FDM3D打印机非常相近，高温熔融热塑性高分子材料由挤出头端头挤出，通过机器人定位系统的三维运动模式，熔融的线状物可以准确地勾勒出一条指定路径[222]。在建造领域中，机器人的层积打印技术通常用于大尺度构件的打印作业，而往往大尺度的建筑构件都伴随一定的承重要求。因此，机器人层积打印工艺对前期的模型设计有极高要求，对几何形态、结构逻

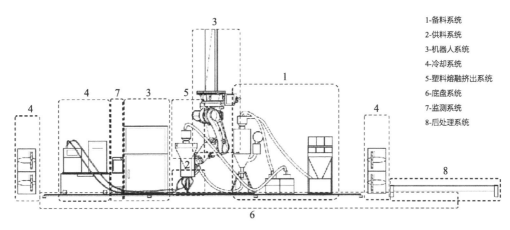

| 1-备料系统 |
| 2-供料系统 |
| 3-机器人系统 |
| 4-冷却系统 |
| 5-塑料熔融挤出系统 |
| 6-底盘系统 |
| 7-监测系统 |
| 8-后处理系统 |

图5-93　机器人打印设备系统图解
（作者自绘）

辑、建造合理性等多方面因素应综合考虑。另外，层积打印工艺的工具端研发使用也需要具备机械、电气、材料等跨学科知识。概况来讲，机器人打印工艺的核心包括两部分，分别是前期模型的路径设计和后期打印设备的调试及参数设置。

在机器人层积打印工艺中，打印头的运动轨迹是根据单元层打印构件的外轮廓线而形成的，并逐层移动上升。在开始打印作业前需要对打印构件的最终形态加以确定，并且模型的最终形态需要集合外观设计、结构性能、材料性能等诸多因素。2017年上海数字未来工作营在同济大学建筑城规学院展出了全球首座机器人改性塑料打印步行桥[223]，该桥就是由机器人层积打印工艺完成的（图5-94）。

该项目桥身截面是平面拓扑优化迭代的结果（图5-95），其原理是通过迭代计算对结构中利用率较低的材料进行删减，在设定的边界条件下（包括设计范围、受力状态、支座、材料性能等），通过运行结构拓扑优化算法，得到一种精简的结构形态。随后，提取该优化结果的外轮廓线作为打印路径。值得一提的是，由于层积打印过程中不允许出现暂停出料的情况，因此在设计的过程中打印路径还需遵守"一笔画"原则，具体内容在之后的打印路径设计中会详细解释。

由于其中一座桥的跨度达到14m，已超出了实验室机器人3D打印最大的成型空间，因此，两座桥采用了不同的建造方法：跨度较小的桥身采用了整体打印法；跨度较大的桥身被划分为7块，采用了分块打印、现场拼装的方法。一旦明确了打印构件的轮廓线，需要设计具体的机器人路径轨迹。除了外轮廓线外，对于有承重需求的大型构件，为了确保其结构稳定性、缩减打印变形，在轮廓线中还应填充三角形支撑路径。任何一种机器人3D打印工艺，在路径设计这一环节都尤为重要

图5-94 上海"数字未来"工作营3D打印改性塑料步行桥（2017年）
（图片来源：同济大学2017上海"数字未来"工作营）

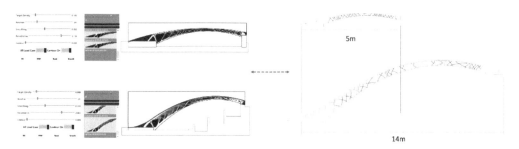

图5-95 桥身拓扑优化截面与打印轮廓线
（作者自绘）

（图5-96）。因为不同于3D打印机，打印喷头的运动轨迹可通过软件自动识别，机器人打印头需要根据设计者提供的编程语言进行指定运动，即根据所设计的桥身截面轮廓，编写Grasshopper程序，并将其转换为机器人可识别的输出程序文件。在这一环节中，为了达到最优的实际效果，往往需要进行反复多次路径测试。若打印路径设计不合理，可能会导致局部塌陷、过分挤压、连接缝隙过大等问题。在优化路径轨迹时需要综合考虑多方面因素，例如打印路径的材料黏性，折角处的材料堆积现象，以及相邻路径间的预留宽度等。

前文提过跨度较大的桥使用的是分块做法，因为造型的特殊性导致桥身的部分构件并非截面沿Z轴方向挤出，还会出现桥身截面沿Z轴高度升高而变化的情况。这也就产生了两种打印路径逻辑，一种被称为静态打印路径，指的是桥身截面路径在Z轴方向都保持一致；而另一种则是动态打印路径，通常意味着截面路径在Z轴方向持续变

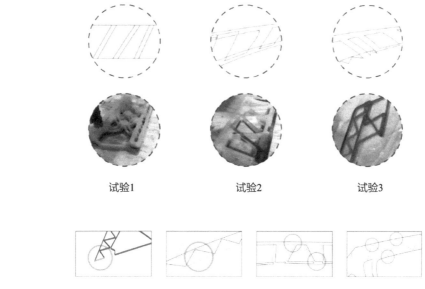

试验1　　　　　　　　　　试验2　　　　　　　　　　试验3

图5-96　打印路径设计过程
（作者自绘）

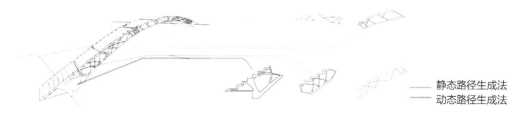

——静态路径生成法
——动态路径生成法

图5-97　机器人静态与动态打印路径设计
（作者自绘）

动，每一层的打印路径都有所不同，层层叠加出渐变的外观效果（图5-97）。

在轮廓线间隔较大的区域采用三角形桁架填充，由于每层截面的外轮廓线很难用"一笔画"的形式完美完成，每层的路径可以采用走两个"半圈"的形式来避免路径的重线问题。图5-98中所示的蓝色与紫色路径分别代表一层路径中的内外圈轮廓线，在机器人打印完成紫色路径后再打印蓝色路径，两个半圈的路径组合而成一层完整的路径。

在理清楚如何处理层积打印每层的路径关系后，在Grasshopper平台中编写并生成可被机器人识别的SRC文件输入机器人控制系统。

在正式开始打印前，打印设备的调试工作也是尤为重要。首先，在调试设备的步骤中，打印端头与机械臂端头螺栓位置对应并使用螺栓连接确保打印头稳固。配以空气压缩机并安装冷凝管于打印头端头，人工调节至合适位置，冷凝管的目的是使冷空气流

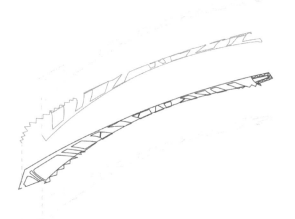

图5-98　单层路径打印过程图解
（作者自绘）

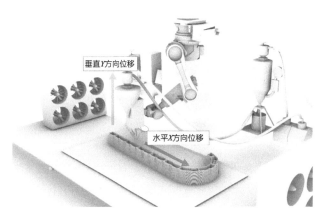

图5-99　机器人层积打印动作图解
（作者自绘）

图5-100　同济大学数字设计研究中心机器人层积打印加工过程
（作者自摄）

图5-101　桥身构件截面展示
（作者自摄）

喷射到打印头下方加速塑料固化成型，注意不可直接吹到打印头加热器与出料口防止影响正常液态挤出。安装自动送料管于输料口，层积打印工艺主要用料为纯PLA颗粒或以PLA为基底的改性塑料颗粒，塑料颗粒需通过送料管传输至储料斗并匀速流入螺杆挤出机。在正式打印之前，需要清洗输料口，一般使用清洗塑料从打印头做1min左右的出料动作，后换入打印用塑料测试能否正常挤出。

工作台面的准备工作包括铺设基底与设置外部环境两部分：工作台面一般采用不可移动的固定台面并铺设ABS塑料板，手动模拟运行最底层路径，确保路径范围始终在塑料板内，通过螺栓将塑料板固定于木板上（四个角）；在第一层路径出料口后，使用固定装置将底层打印物、塑料板与台面固定为一体，保证工作台面的稳定性，基底处所打印的底部路径作为上层主体物件的基座，主要承担了稳定、承托、预防变形的作用。打印完底部路径（通常不超过10cm）后，确保基底路径处于同一水平面上，且粗细均匀，同时按下机器人与出料机暂停键，停止文件，打印基底制作完成。接下来，将会采用自动模式运行正式打印文件，在打印完模型基底后，暂停机械臂运动，停止出料，开启冷却设备，包括大功率工业风扇、空气压缩机、冷凝管等；待输送料控制柜上显示打印头温度到达相应温度后，我们常见的层积打印塑料PLA的加热温度应设置为180℃，同时开始文件程序与材料挤出，出料的多少与机械臂的速度待打印视具体情况而定。从展示的打印动作中可以看出，打印头应与打印平面保持垂直关系，保证液态塑料挤出状态良好（图5-99）。

机器人层积打印工艺具备自动化程度高、加工速度快、成型精度高的特点，在打印准备工作与设备参数调试完毕后，一旦正式进入打印阶段，过程不再需要人为干预。在3D打印改性塑料步行桥的项目里，共两台机器臂同步作业，总计打印时间仅耗360h。图中所示为该项目中跨度5m的小桥桥身，为一体化整体打印，其中的截面路径清晰的展示了前文中所提到的路径设计要点，并在上下曲面之间增加了三角桁架填充路径。与传统制造业相比，机器人层积打印工艺节省了极大的人力成本，在极短的时间内完成了大尺度建筑构件的预制。待该技术完善和成熟后，未来3D打印领域在建筑行业将取得更加惊人的成果（图5-100、图5-101）。

5.7.2　机器人空间打印工艺

机器人空间打印工艺是近年来发展的一种新工艺，由于它在打印路径的设计上拥有更强的灵活性及创新性，愈发成为更多设计者们的选择。机器人空间打印工艺与层级打印在打印设备上差别不大，只是需要修改个别设备的参数设置。两种工艺的最大区别在于各自的路径画法是不同的，在空间打印工艺中，挤出的线状物不再像层积打印那样互相叠加在一起，而是依据空间定位系统连接当前点与下一个点，可以比喻成机器人在不断吐丝并编织一个网格系统的过程。机器人空间打印工艺可以挑战比层积打印更加复杂多变的造型，这也就意味着需要为打印路径的设计花费更多的精力。

不同于层积打印工艺的路径画法依靠截面切片的思路来处理，空间打印路径是一个三维空间的网格系统。这种三维路径的设计方法没有一个具体的标准答案，它可以是根据特定图案生成的纹理，也可以是通过算法逻辑生成的空间路径，总而言之，空间打印的路径生成往往伴随着一定的目的性。在2017年，英国伦敦大学巴特莱特建筑学院的设计计算实验室（Design Computation Lab, DCL）利用他们研发的一款新型算法工具设计出一把由复杂的空间曲线组成的三维像素化椅子[224]（图5-102）。通过把原始椅子体块进行三维像素化网格划分，细分成无数个小体量的立方体网格，而这些小的立方网格正是这些路径曲线的空间坐标位置。为了空间框架能够被实现，在路径设计的环节采用了两种设计方法：第一种方法将Octree（八叉树）理论运用到计算算法中。Octree是用于描述三维空间的树状数据结构，以此进行空间结构细分，通过提高密度增强薄弱点强度。第二种方法是提高曲线直径加强薄弱地方的强度，通过改变挤出物的粗细来控制结构强度。通过模拟，识别各个空间像素的强度需求，并制定一种计算机算法逻辑使曲线原型通过旋转组合在一起[225]。机械臂打印路径与这种算法逻辑相一致。

空间打印的路径设计是复杂而多变的，当建造目标的尺寸或形态改变后，路径的生成逻辑也需要随之变动。打印一把椅子和打印一座亭子除却尺寸有显著差别外，在建筑形式上也可以存在显著差异。以2017年同济大学协同创盟国际（Archi-Union Architects）&一造科技（Fab-Union）建造的3D打印结构性能化展亭"云亭"（Cloud Pavilion）为例[226]（图5-103），建筑的整体形态呈自由曲面，而上文中提到的椅子则是由空间网格组合而成的体块。如果仍使用均质的三维空间网格划分云亭是不切实际的，那样的话，若是想达到光滑平整的外立面则需要无穷小的立方体块，不仅加工难度大还会造成大量的耗材浪费及结构冗余效果。因此，面对大尺度的实际建筑物，在路径设计部分不只要解决路径的连续性、组合性、可打印性等，还要考量建筑的结构性能和实际施工建造时的各种约束限制。

通常机器人空间打印工艺对建筑的形态有一定要求，整体结构应避免出现明显折角，尽量以平滑的曲面为主。这一限制主要源于两个原因：一是为避免在打印作

图5-102　三维像素椅子设计及建造过程
（图片来源：Gilles Retsin，Design Computation Lab UCL）

图5-103　云亭透视图与现场拍摄照片
（作者自绘）

业阶段，因机器人工作空间的限制，而对整体模型过多分块；二是空间打印构件在受压状态下比受拉、受弯状态下拥有更高的结构稳定性[227]。所以说，一个良好的3D打印建筑项目应在设计初期就对其建筑形式进行仔细斟酌，针对现阶段已有技术水平选择合理的建筑造型。

"云亭"项目的独到之处在于对亭子的三维曲面进行结构拓扑优化，在设计初期就将建筑结构优化充分融入整体设计当中。这也是建筑机器人打印工艺的重要原则，因为3D打印建筑意味着设计、结构、建造的一体化过程，打印前期的设计过程不单单指形式设计而是一个综合各方因素的整体化设计。整体化设计可以从很多种角度切入，而此处提到的方法仅仅是其中之一，今后的设计思路也不应该受此局限。通过对亭子的曲面结构进行二维拓扑优化的迭代计算，分析出亭子的刚度分布结果。在图5-104中，白色区域代表对刚度需求较大，黑色区域则代表对刚度需求较弱，在实际的材料分布中应优先增强白色区域[228]。为了实现机器人空间打印工艺，首先对曲面进行离散化处理，"云亭"的原始曲面依据UV结构线的切分转换为上万个单元曲面，根据提取的刚度值以递增顺序把所有小单元依次划分为五大区域，同时还对亭子的收边及接缝区域进行视觉优化。空间打印路径所属的单元网格是根据全部单元曲面沿法线方向偏移10cm形成的异形立方网格。

与之前提到的层积打印工艺相比，机器人空间打印工艺需要考量的问题也更加广泛，会涉及多种跨学科问题。例如，冷却系统会极大地影响塑料熔融的冷却时间，从而决定了打印路径的最长挤出线段长度；机器人工具端的长短、粗细、形状直接影响了打印碰撞及成型效果；空间打印成型与打印耗材的材料性能有着密切关系；机器人的指令反应时间也使得单元路径需要进行节点的优化处理等。云亭项目中针对机器人空间打印中可能出现的各类问题，罗列出多种路径组合，包含了由疏至密的五种单元路径，根据机器人的可建造性及在组合单元中的力学性能选定一组结构简单、逻辑清晰的路径画法作为本设计的最终单元路径。通过程序把设计出的五种路径依次替换到不同区域，得出云亭的空间打印建成效果：密集且结构性强的路径主要用以承受自重荷载，稀疏且结构性较弱的路径主要起覆盖作用。

在设计空间打印路径时，为了提高路径的可打印性，还需要对所设计的路径进行优化处理：增加上提点、调整点距等，并对这4类点阵添加各自的机器人语句。空间打印过程是点到点之间的运动过程，而所有的点默认是水平的XY平面，默认挤出机喷嘴垂直于XY平面。为避免碰撞问题，需要在易碰撞点略微倾斜其XY平面，倾斜角度过

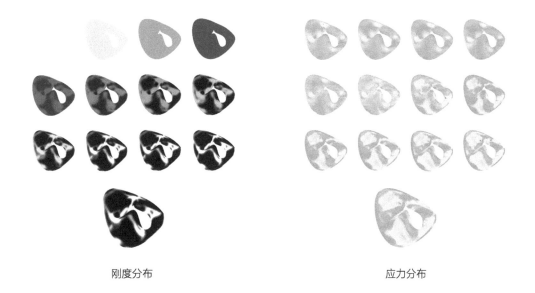

刚度分布　　　　　　　　　　　　　　　　　应力分布

图5-104　云亭拓扑优化结果及刚度区域划分
（作者自绘）

大会导致送料口无法正常进料。安全倾斜角度值应视具体打印头型号而定。

机器人空间打印的打印设备与层积打印相差无几，但其中的冷凝设备一般要求会更高，空间打印对挤出塑料在空气中凝固的速度有更严格的要求。一旦出现冷却不及时的现象，可能会出现打印瑕疵，轻则打印线条弯曲塌陷，重则节点无法相连，整体结构严重破坏。一般空间打印工艺所用的打印耗材为纯ABS颗粒或以ABS为基底的改性塑料颗粒，相比较层积打印中常用到的PLA，ABS的质量更轻、凝固速度快、韧性更强，更适用于空间打印的挤出要求。与层积打印相同，在开始新的打印任务前，打印头挤出机需要用PL材料进行彻底清洗，防止内壁有其他材料混入影响打印质量。铺设基底与设置外部环境的步骤相似，但需要注意不同的打印耗材需要设置不同的打印温度，机器臂的运动速度和材料挤出速度也要进行相应的调节，要根据具体机器型号及打印路径进行调整。

正式开始打印后，会发现由于空间打印对挤出头的出料速度要求比较苛刻，使得空间打印的单位速度远远低于层积打印。但这并不代表同样大小体块的模型，空

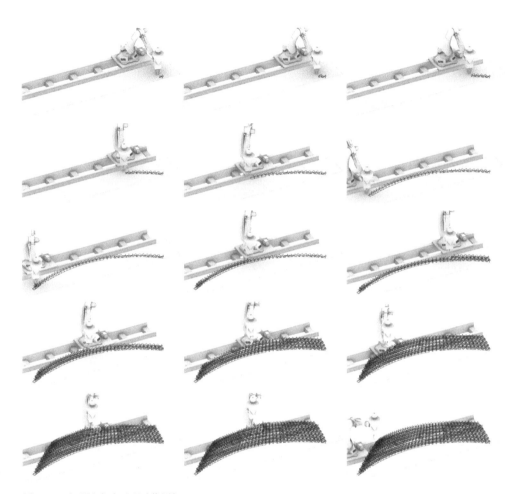

图5-105 机器人打印过程动作图解
（作者自绘）

图5-106 机器人打印过程拍摄
（作者自摄）

间打印比层积打印的加工方式要慢，因为机器人的打印时间与程序文件中点的数量成正比关系，而空间打印点的数量远远要低于层积打印程序中点的数量。云亭所有的分块模型是由两台KUKA六轴机器人通过空间打印工艺加工而成。如图5-105所示，机器人依次打印单位体块中的单元路径，一排完成后向上垂直位移并沿反方向进行打印作业，每排的路径底部节点分别于下方的路径顶部节点相交并热熔凝固，打印轨迹以"S"形逐层上升（图5-106）。

机器人空间打印工艺赋予了空间结构新的定义，实体通过三维网格化的转变后，用类网格的空间桁架系统代替了实体打印，可以极大地减轻自重、优化自身结构性能，在设计思路的选择上也更加灵活多变。愈来愈多的前沿建筑开始采用空间打印的形式去实现节能、高效、轻质的建造目标，国内外的机器人打印工艺也不断地在完善与突破，在不久的将来会有更多的空间打印项目被人们所熟知。

5.8 建筑机器人金属工艺

直到18世纪末，钢材才成为一种重要的建筑材料在建筑中大量应用，如今，钢材及其与混凝土复合的钢筋混凝土，已成为现代建筑结构的主体材料。金属轻质高强，具有良好的韧性，为建筑结构大跨重载的实现奠定了基础；此外，金属作为建筑装饰材料，也可以具有轻盈、力量感等独特的表现力。

金属具有良好的可加工性能，利用其良好的延展性能，可实现冷弯、冷拉、冷拔或冷轧等冷加工；利用其塑性变形和再结晶，可实现铸造、锻造、焊接等热加工；数控加工机可对金属进行切削、折弯、张拉、冲压、铸造、焊接等操作，结合金属表面处理工艺，可满足建筑结构和表皮的加工需求。在数字技术的影响下，金属的使用逐渐呈现非线性、表皮化的变化，机器人的空间运动能力为金属的复杂形体加工提供了自由度；机器臂与多样化的工具端相结合，相比功能单一的数控加工机床，更具有灵活性和适应性。目前，工业机器人在金属成形领域主要有折弯、焊接、打印、渐进成形等几个方面。金属材料的使用可能性从创新性的机器人金属工艺探索中得到了扩展。

5.8.1 机器人金属弯折工艺

金属弯折工艺利用金属的塑性变形实现工件加工，目前，金属折弯作业主要使用数控折弯机，数控折弯机的轴数已发展到12轴，可满足大多数工程应用的需要。

将待加工的工件放置在弯板机上，工件滑动到适当的位置，然后将制动蹄片降低到要成型的工件上，通过对弯板机上的弯曲杠杆施力而实现金属的弯曲成型。同时，折弯机器人已经发展为钣金折弯工序的重要设备，折弯机器人与数控折弯机建立实时通信，工业机器人配合真空吸盘式抓手，可准确对应多种规格的金属产品进行折弯作业。

自动折弯机器人集成应用主要有两种形式：一是以折弯机为中心，机器人配置真空吸盘、磁力分张上料架、定位台、下料台、翻转架等形成的折弯单元系统；二是自动折弯机器人与激光设备或数控转台冲床、工业机器人行走轴、板料传输线、定位台、真空吸盘抓手形成的板材柔性加工线（图5-107）。

金属的曲线弯折是金属弯折领域的最新探索，由于复杂的空间几何关系和建造难度，大规模金属曲线弯折由普通数控机实现有难度，随着数字设计和机器人建造技术的发展，更多基于金属曲线弯折的探索成为可能。RoboFold致力于将曲线折叠转化为工业过程，开发了基于Rhino+Grasshopper的数字设计平台上运行的三个插件：King Kong用于折叠模拟和立面设计，Godzilla用于机器人仿真，Unicorn用于三轴和六轴加工的计算机辅助制造。

为探索以机器人曲线折弯为基础实现建筑表皮的可能性，RoboFold进行了系列机器人金属弯折的探索，机器人网格褶皱（Robotic Lattice Smock，RLS）项目是其中的典型代表。RLS项目以网格褶皱作为形式的基础，其形式受到可展表面规则的约束，项目使用集成于Grasshopper平台的插件King Kong，King Kong在数字环境中准确模拟平面材料到最终折叠形式的变形过程，物理模型的曲线折痕和扭转规则被定义为数字模型中的弹簧和铰接力（图5-108）。当建立了折叠和弯曲行为的数字模拟之后，软件追踪每个面的运动位置，用于进一步编排两个六轴机器人的运动。两个六轴ABB IRB6400工业机器臂以塑料吸盘为末端效应器实现面板抓取，通过机器臂准确地将刚性平面钣金弯折到设计状态（图5-109、图5-110）。项目成功将柔韧的折纸技术转移到建筑应用中[229]。

基于金属优良的力学性能，RoboFold还探索了金属板曲线弯折作为自支撑结构体的可能。扎哈建筑事务所与RoboFold合作设计建造了2012年威尼斯双年展"海芋"装置（Arum Installation，图5-111），Arum继承了弗雷·奥托关于轻型壳体的研究，并将单纯的材料模拟发展为整合了环境、结构逻辑的计算模拟，实现了一个自支撑的金属弯折壳体，RoboFold为Arum提供了设计初期的几何咨询、数字建造模拟和加工建造。基于六轴机器人金属弯折工艺，RoboFold完成了488块

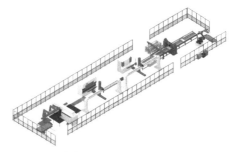

（a）机器人+折弯机的折弯单元系统　　　　　　　（b）金属板材柔性加工线

图5-107　自动折弯机器集成应用
（图片来源：上海乐佳数控机床有限公司http://www.shlejia.com/CN/products.asp?/7.html）

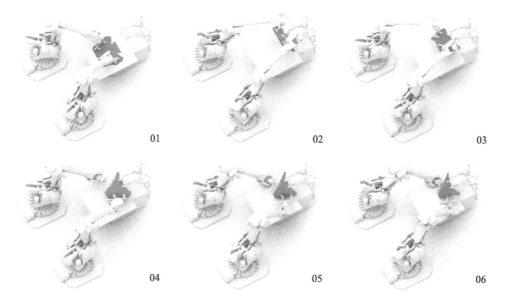

01　　　　　　　　　　02　　　　　　　　　　03

04　　　　　　　　　　05　　　　　　　　　　06

图5-108　RoboFold以KingKong实现数字环境中对折叠过程的模拟
（图片来源：Gregory Epps & RoboFold Ltd, http://www.robofold.com/make/consultancy/projects/andrew-saunders）

图5-109　RoboFold "机器人网格褶皱" 项目两个六轴ABB机器人和一个固定端均配合塑料吸盘的末端效应器
实现金属板弯折
（图片来源：Gregory Epps & RoboFold Ltd, http://www.robofold.com/make/consultancy/projects/andrew-saunders）

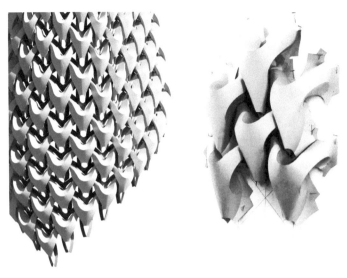

图5-110　RoboFold "机器人网格褶皱" 项目效果呈现
（图片来源：Andrew Saunders with Gregory Epps, University of Pennsylvania, PennDesign with RoboFold Ltd）

图5-111　扎哈事务所2012年威尼斯双年展 "海芋" 装置
（图片来源：Zaha Hadid Architects/ZH CODE, with Buro Happold and Robofold, Venice Biennale 2012）

各不相同的金属单元的曲线折叠。此外，同济大学袁烽教授团队在2017年第三届
DADA国际工作营中也通过可展金属板材的曲线弯折，用1.5mm厚的铝板实现了
8m×6m×2.4m轻质金属拱的建造（图5-112）。建造中探索了使用两台KUKA机
器人进行金属的曲线弯折（图5-113）。项目采用类似King Kong的动力学模拟方
式，通过Kangaroo等插件在金属板弯折的空间位置与机器臂弯折的运动路径之间
建立了直接关联[230]。

图5-112 DADA工作营袁烽团队"轻质金属拱"（2017年）
（作者自摄）

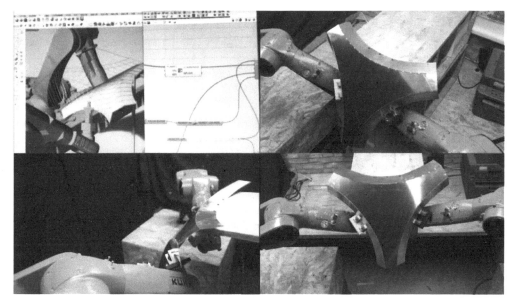

图5-113 DADA工作营袁烽团队"轻质金属拱"的机械臂弯折
（作者自摄）

钢筋混凝土是目前应用最为普遍的一种结构形式。钢筋混凝土结构中的钢筋一般以人工绑扎的方式实现。ETH正在进行的Mesh Mould Metal项目，开发研究了一种用3mm钢丝制造钢筋网格的机器人自动弯曲和自动焊接系统，具有几何复杂度的钢筋网格在用作结构系统的同时也作为混凝土模板系统，从而实现现场零废物建造（图5-114）。Mesh Mould项目工具头集成了弯折系统和焊接系统，弯折系统夹取钢丝并致动弯折，焊接系统通过电脉冲实现焊接（图5-115）。机器人弯折与焊接的半

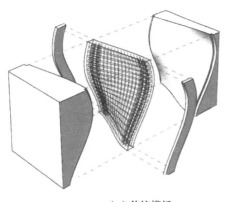

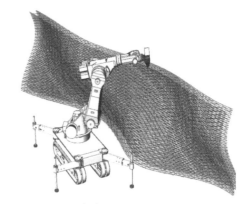

（a）传统模板 （b）Mesh Mould

图5-114 模板系统[231]

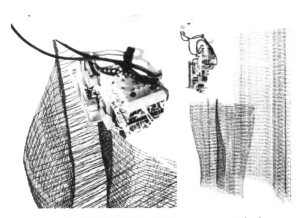

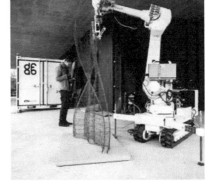

图5-115 瑞士苏黎世联邦理工学院Mesh Mould项目[231]

自动的工作流程如下：首先，金属丝的上部由两个夹具夹紧，线性的制动器延伸到计算的长度，将金属丝弯曲为"V"形；上端金属丝接触下端金属丝时，电脉冲放电，将两根金属丝接触点焊接在一起；接着夹具松开，沿着避免碰撞的规划路径移动到下一个位置，重复该程序（图5-116）。目前，金属丝弯曲焊接的过程中，还需要解决通过视觉反馈系统调整金属材料的回弹产生的误差、避免碰撞的运动路径规划、增大加工尺寸、避免焊接对结构的影响等问题[231]。

除了金属板材外，金属杆件弯折同样是建筑机器人建造研究的重要领域之一。在2015年上海"数字未来"＆DADA工作营中，Kokkugia创始人罗兰·斯努克斯使用机器人协同技术，建造完成了基于集群智能策略设计的金属杆件结构网络（图5-117）。项目开发了空间自组织的多代理算法策略，拓扑表面在这种策略下涌现，多样的集群策略将智能体自组织为连贯、连续的表面和复杂的空间分隔，每个智能体都有一

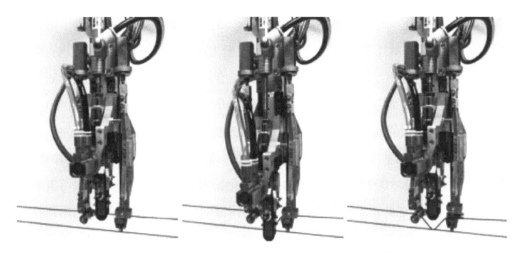

图5-116　瑞士苏黎世联邦理工（ETH）Mesh Mould项目机器人金属弯曲和焊接[231]

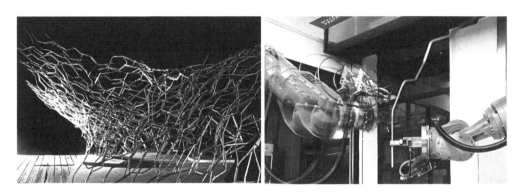

图5-117　上海"数字未来"＆DADA"数字工厂"工作营 Roland Snock黄铜群及其机器人协同金属弯折建造（2015年）
（作者自摄）

个能够与周围智能体相互作用并连接的形式，智能体相互作用产生了复杂的装饰和结构网络。项目使用KUKA|prc进行机器人交互编程，KUKA RoboTeam同步连接主机器人和从机器人，开发出两台机器人协同弯折的方法。项目中机器臂通过精确旋转杆件实现金属杆件在任何平面上的弯曲。借助机器人弯折技术，所有320根形态各异的金属杆件在一天内全部弯折完成。

5.8.2　机器人金属打印工艺

金属3D打印又称金属快速成型，属于数字热加工的一项技术。金属的3D打印技术始于2002年，目前全球市场主要有激光和电子束两大类金属快速成型技术。与传统的金属成型工艺相比，金属3D打印技术可以减轻构件重量，制作高度复杂的零件，金属3D打印技术在工业领域有着非常广泛而强烈的需求，正快速发展成为可行的建筑结构技术。然而，效率与成本是金属3D打印大规模应用的两大限制要素[232]。不同于金属3D打印机的成型原理，机器人金属打印工艺接近于机器人塑料打印的挤出成型方式，使用金属挤出并焊接结合的方法，实现层积式或空间式建造。对于建筑建造而言，焊接式机器人金属打印的最大优势体现在机器人的空间运动能力带来的大尺度复杂结构建造上，这是普通的金属3D打印机无法实现的。

金属3D打印技术可以不受物体形态的限制，被广泛用来实现复杂几何体建造。在建筑领域，金属3D打印技术为结构拓扑优化技术、智能集群设计方法等复杂算法设计提供了实现的新思路。根据建筑金属构件的荷载和边界条件，利用拓扑优化算法优化结构形态，能够有效提高结构效率，降低材料使用量。但传统的模具铸造对于拓扑优化产生的复杂形态毫无优势，奥雅纳、Simpson Gumpertz & Heger（SGH）团队在实际项目中尝试了拓扑优化的金属节点的3D打印建造。乔瑞斯·拉瑞曼（Joris Laarman）实验室设计的铝梯度椅，基于拓扑优化设计方法，以范式等效应力（Von Mises Stress）作为主要设计参数得到不同密度单元的微结构，并采用铝的激光烧结3D打印技术实现。2015年罗兰·斯努克斯和斯科特·梅森（Scott Mayson）博士合作设计了RMIT权杖，RMIT权杖通过多智能体集群算法进行设计，利用钛选择性激光熔化（SLM）三维打印技术的工艺特点建造。尽管3D打印金属在性能方面比其他打印材料都更加稳定，但高成本、低效率的特性仍旧严重制约着金属3D打印的大范围应用。

与直接打印金属构件相比，采用其他材料进行金属模具3D打印在技术、时间、经济上具有更高的可行性。Arup探索了将3D打印砂模和金属铸造混合的工艺，与金属3D打印机打印节点相比，混合方法交货时间更快，耗材更少、成本更低，更加符合建筑可持续建造的要求（图5-118、图5-119）[233]。

面对金属3D打印机在尺寸、速度、成本方面的限制，MX3D的焊接式机器人金属3D打印技术独树一帜，为大规模的、自由形式的金属构筑物实现提供了可能。MX3D同欧特克（Autodesk）股份有限公司、荷兰建筑工程公司Heijmans、ABB机器人、联想、代尔夫特理工大学（Technische Universiteit Delft）等最具创新性的硬软件、建筑和焊接公司及机构合作研究焊接式金属3D打印技术，将数字技术、机器人技术和传统工业生产结合在一起。2014年MX3D使用内部开发的金属打印机创建了第一个雕塑作品"龙台"（The Dragon Bench）；之后，MX3D针对不同的尺寸、几何和材料进行了雕塑屏打印尝试，实现了蝴蝶屏（Butterfly Screen）和梯度屏（Gradient Screen）建造（图5-120）；2015年MX3D启动了轰动

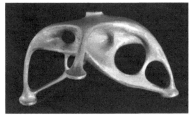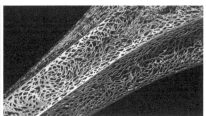

（a）SGH团队不锈钢3D打印节点　（b）乔瑞斯·拉瑞曼　（c）墨尔本皇家理工学院权杖
　　　　　　　　　　　　　　实验室铝梯度椅

图5-118　金属3D打印[234]
（图片来源：http://www.jorislaarman.com/work/, http://kokkugia.com/RMIT-Mace）

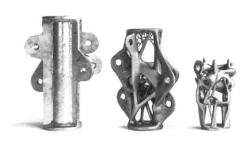

（a）使用不同的制造工艺得到的建筑节点　　　（b）3D打印砂模和由砂模铸造的金属节点

图5-119　多种类制造工艺得到的金属节点
（图片来源：Arup, https://3dprint.com/188263/3dealise-arup-hybrid-3d-printing/）

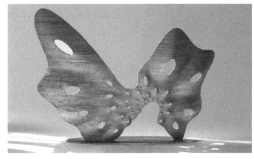

（a）蝴蝶屏（Butterfly Screen）　　　　　（b）梯度屏（Gradient Screen）

图5-120　雕塑屏打印
（图片来源：MX3D, Joris Laarman LAB）

一时的MX3D桥项目（图5-121）。为实现MX3D桥，MX3D研发了相应的机器人建造工艺、工具，并开发软件实现控制。MX3D Bridge由乔瑞斯·拉瑞曼设计，桥梁初始设计理念侧重于拓扑优化应用，以欧特克的捕梦者（Dreamcatcher）软件实现拓扑优化设计，设计优化过程中，欧特克根据Heijmans的专业工程技术，开发了新的拓扑优化软件，新的软件考虑了更多的参数和约束，通过参数整合，使整个优化过程更加有效[235]。

图5-121 MX3D Bridge最终优化设计
（图片来源：MX3D, Joris Laarman LAB）

图5-122 MX3D的机器人金属3D打印工具端
（图片来源：MX3D B.V）

  MX3D的金属3D打印机集成了机器臂和焊接机，经过改进后的焊接工具端能够更好地适应机器人金属打印（图5-122）。工作时，金属被加热到特定温度并挤出滴物，并与原金属焊接在一起实现金属镀层。MX3D桥使用的材料是代尔夫特大学新研制的新型复合钢材，经过焊接打印的金属可以达到正常生产钢原强度的90%以上。MX3D与ABB合作研发项目中用到的六轴机器人技术，机器人打印出可以支撑它移动的轨道并在轨道上向前打印，结合定位技术、机器人实时通信和反馈，MX3D实现了六轴机器人轨道移动式打印的方法（图5-123）。同时，MX3D也专注于软件开发，将CAD模型转化为焊接逻辑，然后将其转化为ABB机器人的移动路径。软件考虑的因素是多方面的，如：垂直、水平或螺旋线需要不同的机器设置，脉冲时间、暂停时间、层高度或工具头方向等信息都需要被纳入软件编程过程[231]。

图5-123　MX3D Bridge机器人金属3D打印过程
（图片来源：Adriaan de Groot）

（a）机器人金属3D打印椅子　　　（b）机器人金属3D打印桥　　　　　　（c）金属桥打印过程

图5-124　机器人金属3D打印实践
（作者自摄）

　　除了MX3D团队的探索，同济大学袁烽教授团队在2018年上海数字未来中通过机器人金属焊接式打印实现了跨度约11m的拱桥。桥以受压的拱形作为整体形式实现了轻盈坚固的建造。在桥的建造之前，团队以椅子为原型开展了机器人金属3D打印实验，发现机器人金属堆焊容易在层与层之间形成微小的滑移与错位（图5-124）。改进打印工艺的同时，团队选择以空间网架结构来减少误差对结构的影响。桥体首先使用Kangaroo找到桥体的整体拱形，然后采用拓扑优化技术进行整体体量找形，之后根据优化形态的应力密度分布确定杆件疏密（图5-125）。通过遗传算法优化，最后生成的模型是在同等荷载作用下，杆件长度最小的结果。

　　2019年同济大学袁烽教授团队继续了堆焊式金属三维打印拓扑结构的研究，希望能进一步挖掘金属打印在拓扑结构方面的应用潜力。进一步研究中还是以椅子为原型，经过拓扑优化的椅子支撑结构使用了少量的材料即完成了椅子的支撑结构。另外，在水平层积式三维打印的基础上开发了多向层积式三维打印，实现了更大自由度的拓扑结构塑形（图5-126）。

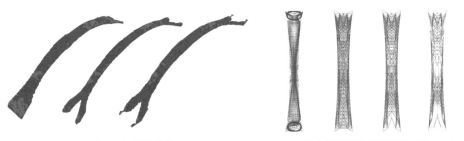

（a）Ameba拓扑优化　　　　　　（b）根据应力线密度分布以grasshopper
算法确定杆件位置

图5-125　桥体结构生形
（作者自绘）

（a）机器人金属3D打印椅子　　　　　　　　　　（b）椅子打印过程

图5-126　电弧熔融层积式三维打印
（作者自摄）

5.8.3　机器人金属焊接工艺

　　焊接机器人在整个机器人应用中占比40%以上，焊接机器人的发展基本上同步于整个机器人行业的发展。随着建筑焊接结构朝向大型化、重型化、精密化方向发展，手工焊接的低效、不稳定无法适应建筑钢结构工程发展要求，建筑钢结构采用机器人自动焊接是大势所趋。建筑钢结构焊接机器人适用于预制及现场全位置焊接，可沿着固定轨道往复运行，辅以跟踪和控制系统，实现稳定高效的建筑钢结构焊接。

　　焊接机器人系统包括机器人本体、机器人控制柜、焊机系统及送丝单元、变位机、工装夹具等基本组成部件，建筑钢结构现场施工作业主要采用移动式轨道焊接机器人。轨道式全位置机器人包括GDC-1、GDC-2、GDC-3、GDC-4、GTC-2、TIG等多种机型，其中GDC-1轨道式全位置机器人专为大厚板、长焊缝、多焊位的钢结构自动焊接而设计，已成功运用在国家体育场"鸟巢"的钢结构焊接、大连期货大楼钢结构焊接等现场轨道焊接中。除了刚性轨道外，柔性焊接的轨道的出

图5-127　上海世博会阳光谷三角形网格

现提高了复杂曲线焊缝的焊接质量，柔性轨道由磁性吸附，其柔性好且装卸方便，RHC-2和RHC-3焊接机器人均建立在柔性导轨之上。

　　焊缝跟踪技术保证了机器人在运动的焊接环境中的焊接质量，其技术研究以传感器技术和控制理论方法为主。电弧传感器和光学传感器在弧焊机器人传感技术研究中占突出地位。此外，超声波触觉传感器、静电电容式距离传感器、基于光纤陀螺惯性测量的三维运动传感器，以及具有焊接工件检测、识别和定位功能的视觉系统等传感系统也不断发展。近年来，随着模糊数学和神经网络的发展，焊缝跟踪理论很好地实现了智能化，可以根据模糊的源数据输入以机器学习的方式实现焊缝跟踪。

　　建筑钢结构形式复杂多样、焊接接头形式多样、零部件装配控制精度高，对实现机器人自动焊接提出更高的要求。2010年上海世博会的阳光谷是整体扭转的单层网架空间结构（图5-127）。要做到无缝对接，每个节点单元的尺寸误差需要小于0.5mm，角度偏差小于0.25°，该焊接精度在当时具有世界级难度。通过研发配套机器人焊接技术，改善焊缝过程中的定位、焊接变形和焊接应力问题，阳光谷的建设以低于德方要价的三分之一的造价完成，这一套机器人施工技术也在之后被纳入国家863计划。

　　上海中心大厦钢结构工程中钢结构焊接存在的结构形式复杂、构件尺寸大、焊接难度高等问题，几乎囊括了所有超高层建筑典型特点。上海中心大厦立柱断面大，外形尺寸为4.1m×2.6m，单一截面焊缝累计长约18m，焊丝消耗量约200kg，现有的常规焊接方法难以满足现场焊接质量及进度需要，以项目需求为契机，上海中心有效带动了焊接机器人施工装备的研制，以多台柔性轨道全位置焊接机器人同时作业的方法完成了建造（图5-128）。上海市机械施工有限公司根据项目特点，从设计理论、定位及装配、焊接工艺技术等方面推动了自动化、智能化焊接技术装备的发展，开发了新的全位置焊接机器人装备，实现了焊枪姿态在线可调、焊接参数存储记忆、焊缝轨迹在线示教及焊接电源联动控制等功能，可解决厚壁、长焊缝、多种焊接位置的钢结构现场自

图5-128　上海中心大厦巨柱焊接机器人布置[253]

动化焊接问题。上海中心大厦的8道桁架层存在几百条大厚板、长焊缝的焊接难题，是工程焊接的难点和重点，按照《钢结构焊接规范》GB 50661—2011，其属于难度最大的D级焊接难度。现场通过焊接机器人示教功能实现焊接参数的优化组合，在保证熔池中心与焊缝中心一致的条件下实现了桁架层的连续焊接[236]。

随着焊接过程向高度自动化及完全智能化的方向发展，多智能体机器人等先进机器人技术的研究与发展将很快应用于焊接机器人领域。多智能机器人系统基于自治主体间的相互协调、合作的分布式制造模式，最有希望为建筑焊接技术带来创造性革新，推动机器人焊接技术的智能化发展。

5.8.4　金属渐进成型板材工艺

金属板材渐进成型的数控技术是20世纪90年代由日本学者松原茂夫（Shigeo Matsubara）提出的新型薄板加工工艺，通过金属材料局部塑形变形，在局部加工出常规手段无法加工的复杂曲面造型。与传统的充压成型不同，其在成型过程中不需要专用模具，灵活性高，设备能耗低，无噪声无污染，属于绿色加工的范畴。传统金属板材的渐进成型一般采用三轴数控铣床和渐进成型机完成，通过简单的滚珠形工具头，渐进成型的方法可以以较高精度直接加工薄板类工件。其缺点在于成型时间长，零件形状精度难以保证等。近年来，工业机器人越来越多地被应用于数控渐进成型技术中，实现了渐进成型的柔性化与自动化。薄板金属表皮在当代建筑中应用广泛，机器人金属渐进成型薄板为建筑金属表皮设计提供了更多选择。

数控渐进成型根据成型时的接触点可分为TPIF、SPIF、DPIF等多种类型（图5-129）。在TPIF中，薄板和工具头、支撑板同时接触，SPIF以单点工具头接触板材，DPIF以双点工具头接触板材（图5-130）。SPIF和TPIF可与至少3轴的机器一起使用，DPIF需要两个至少具有3个轴的同步机器。ABB机器人的MultiMove协同技术、KUKA机器人的RoboTeam技术能够实现多机器人同步运动，能够满足上述

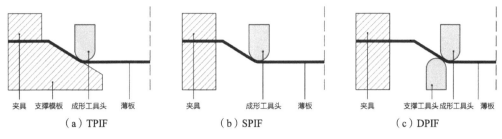

| （a）TPIF | （b）SPIF | （c）DPIF |

图5-129　数控渐进成型
（作者自绘）

（a）单点渐进成型　　　　（b）通过KUKA RoboTeam技术进行双点渐进成型

图5-130　SPIF与DPIF[238]

所有类型的渐进成形加工。

在工具头和板材接触的附近区域，不必要的塑性变形和回弹会影响构件的几何精度。针对金属回弹，最直接的改善方法是重新运行部分或整体的原始刀具路径，但这会造成加工时间翻倍；也可以基于传感器进行偏差检测，这不仅会增加加工时间，还需要复杂的机器识别和路径偏移方法；还可以通过基于模型的技术改善，将材料有限元模型和柔性机器人模型耦合，通过有限元模型计算由力得到的路径偏差，但这种方法不能准确代表实际制造情况。此外，研究者提出一系列办法改善回弹变形，如：利用激光进行局部动态加热，从而减小成型区的材料屈服强度；将工具头与金属板材通电，从而产生热量以提高成型区附近的金属板材延展性。丹麦皇家美术学院（The Royal Danish Academy of Fine Arts）的遥远的桥（A Bridge Too Far），是一个由51个各不相同的双点渐进成形面板组成的不对称桥（图5-131）。其探索了将基于机器学习的离线预测和基于传感的在线适应相结合改善金属薄板回弹的技术（图5-132），通过在制造过程前和制造过程中介入，机器学习在设计模型和制造过程之间进行协商，负载传感器连接到成型工具以在制造过程中记录工具端

图5-131　A Bridge too Far[239]

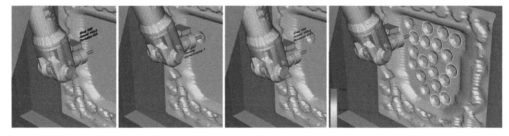

图5-132　安装在机器臂的单点测距传感器[239]

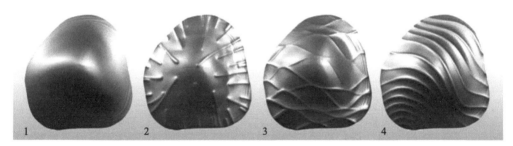

注：薄板1最大误差73mm；薄板2最大误差25mm；薄板3最大误差15mm；薄板4最大误差18mm

图5-133　通过结构肋改善回弹[239]

上的力的变化，根据传感器的数据在制造过程中参数化地改变设计，机器学习为提高金属渐进成型的几何精度提供了新的思路。密歇根大学探索了通过结构肋改善回弹，通过在设计中引入结构肋，不仅可以增加美学表现，同时对于改善渐进板材成型的结构回弹有明显作用。在引入结构纹理之后，偏差量相比无纹理面板明显下降（图5-133）[237]。

　　合理的刀具路径规划可以控制加工质量，避免金属板材在成型过程中发生破裂，减少加工时间，以应力蒙皮（Stressed Skins）的刀具路径设计为例，刀具沿简单轮廓进行运动不能得到理想结果（图5-134）。该项目开发了一种基于刀具的螺旋下降的路径算法，算法整合了刀具路径长度、加工速度对壁角的影响等因素，根

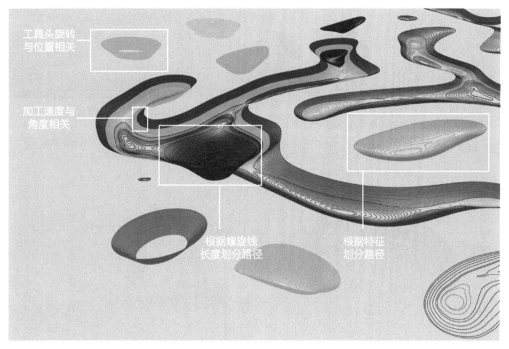

图5-134　不同刀具路径的提取和规划组织[240]
（图片来源：Paul Nicholas, CITA. Diagram: Esben Clausen Nørgaard）

（a）自支撑的多孔表皮系统　　　　　　　　　（b）脱水面板表皮系统

图5-135　金属渐进成型[241]
（图片来源：Ammar Kalo and Michael Jake Newsum）

据塑性变形薄板在不同位置的几何特征进行工具端位置、运动速度、运动路径等规划[239]。

对于金属建筑表皮系统的不同可能性，密歇根大学进行了自支撑的多孔表皮系统、肋状图案表皮系统、脱水面板表皮系统等的金属渐进成型尝试（图5-135）。贾里德·弗莱德曼（Jared Friedman）等人进行的机器人轧凸缘（Robotic Bead Rolling）项目探索了以主应力线生成薄板肋结构的可能，在特定荷载参数和边界条件下利用Millipede得到金属薄板的主应力线，将主应力向量转化为刀具路径对薄板进行加工，该项目因将金属渐进成型工艺与结构问题相结合而具有变革性（图5-136）。

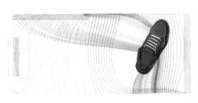

（a）特定荷载参数和边界条件下以
Millipede得到金属薄板的主应力线

（b）以主应力线增强的金属肋薄板

图5-136　机器人轧凸缘项目[242]

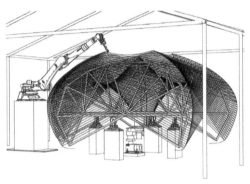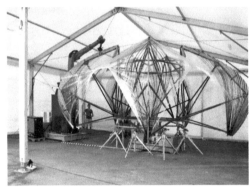

图5-137　斯图加特大学"ICD/ITKE 2012年研究展亭"机器人碳纤维编织过程
（图片来源：ICD/ITKE University of Stuttgart）

5.9　建筑机器人碳纤维编织工艺

在建筑领域，纤维水泥、玻璃纤维、碳纤维等纤维增强复合材料是最具革命性的建筑材料类型。其中，碳纤维以其轻质高强的特性早在20世纪60年代就开始崭露头角。近年来，以碳纤维为材料的第一辆大规模生产的汽车宝马i3，以及波音787梦想客机的问世使碳纤维备受瞩目。然而，新型材料在建筑中的潜力仍然在很大程度上未被探索。在建筑生产中，物料自重对于较大的跨距结构而言是至关重要的，轻质纤维复合材料提供了无与伦比的性能。

然而，目前缺乏足够的纤维复合材料制造工艺来生产建筑。传统的制造方法需要全尺寸的表面模具，并且往往需要以序列化生产方式制造相同的构件。机器人碳纤维编织工艺利用特定的机器人技术对碳纤维材料进行定制化缠绕，不需要表面模具或昂贵的模板，有助于充分开发以碳纤维作为主体结构进行空间建造的潜力。这些新颖的制造工艺已被用于创建高度差异化的空间结构、功能集成的建筑系统和大型元素构件，在未来的建筑行业中具有广阔前景。

建筑机器人碳纤维编织工艺的核心是将纤维材料按照预设顺序缠绕在模板上。

编织结构可以采用两种方式进行建造：一方面碳纤维结构可以采用模块化生产的方式，即首先在工厂中预制模块单元，然后采用特定的节点构造拼装成一个整体；另一方面，得益于纤维材料的轻质性，编制结构也可以采用整体建造的方式，通过设计合理的大尺度建造机器人装备将碳纤维结构整体建造缠绕成型。从工艺流程上看，单元化和整体式碳纤维结构的编织工艺并没有显著差异，都是首先将浸入过树脂的纤维材料缠绕在固定结构上（模板框架、固定支撑点等），然后通过固化处理使材料产生结构性能。碳纤维编织的工艺流程主要由建造装备所决定，早期的碳纤维编织结构采用固定的工业机器人进行建造，受到机器人加工范围的限制，结构体多采用单元化拼装的方式进行建造。随着机械臂编织工艺的成熟，各种更加灵活的机器人系统被引入编织过程，将碳纤维编织技术推广到更大尺度的结构体、更多的应用场景中去。按照建造装备的类型，本文将碳纤维编织工艺划分为经典的机械臂碳纤维编织工艺和移动机器人编程编织工艺。

5.9.1 机械臂碳纤维编织工艺

机械臂碳纤维编织工艺是指以工业机器人单元为主体，结合其他配套设施（常常采用旋转外部轴为辅助设备），讲碳纤维及其他纤维材料按照一定规则缠绕在模板框架上的技术与方法。在机械臂编制中，机械臂和外部轴都可以承载可观的重量，因此可以采用巨大的框架为模板。2012年，斯图加特大学ICD/ITKE年度展亭第一次采用碳纤维编织工艺进行大尺度结构建筑。从2012年起，ICD/ITKE先后对碳纤维整体编织、双机器人协同编织、机器人现场自适应编织等技术展开研究，取得了令人瞩目的研究成果。碳纤维和玻璃纤维的组合不仅展现出结构性能上的强大优势，而且具有震撼的视觉美感。

2012年度研究展亭的设计建立在对节肢动物骨骼（美洲龙虾）的结构仿生研究的基础上（图5-137、图5-138）。通过对仿生结构中纤维材料的各向异性进行分析，通过数字设计技术将其转化为碳纤维与玻璃纤维材料的分布方式，结合机器人编织工艺的建造能力，形成了新的构造可能。整个项目共使用了约60km长的碳纤维和玻璃纤维复合材料。纤维材料壳体的厚度仅为4mm，但跨度却达到了8m。展亭的主要材料是混合环氧树脂和玻璃纤维，约占纤维长度的70%，其余为碳纤维。由于碳纤维强度较高，适宜作为核心结构，起到传递荷载和支撑的功能。该展亭首次探讨了仿生设计、纤维材料与新兴机器人建造的相互关系，为后续研究奠定了重要基础[243]。

图5-138　斯图加特大学"ICD/ITKE 2012年研究展亭"
（图片来源：ICD/ITKE University of Stuttgart）

图5-139　斯图加特大学"ICD/ITKE 2013~2014研究展亭"双机器人模块编织过程
（图片来源：ICD/ITKE University of Stuttgart）

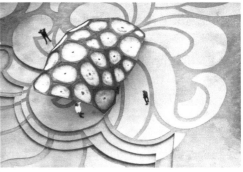

图5-140　斯图加特大学"ICD/ITKE 2013~2014年度研究展亭"
（图片来源：ICD/ITKE University of Stuttgart）

图5-141　维多利亚和阿尔伯特博物馆中斯图加特大学ICD/ITKE丝翅展亭
（图片来源：ICD/ITKE University of Stuttgart）

2013～2014年度的ICD/ITKE展亭进一步探索了单元结构的碳纤维编织工艺（图5-139、图5-140）[244]。在该项目中，ICD团队运用自下而上的仿生学设计策略，通过与生物学家合作研究甲壳虫鞘翅的结构，发展出了创新性的壳体结构系统。分析甲虫壳的微观结构发现，壳的双层结构间由柱状结构元件——骨梁连接，梁内纤维的高度差异化排布形成上下突出的结构。项目团队通过多种飞行甲虫的比较研究，将这一结构原则诠释为一种新型结构形态的设计原则。

通过借鉴鞘翅的结构，团队设计了一个由碳纤维与玻璃纤维编织而成的双层结构单元，其中碳纤维和玻璃纤维的方向和密度对应于展亭的结构要求。为了实现单元建造，项目引入了两个系统的6轴KUKA机器人，同时研发了可调节的编织工具端，使一套工具通过调节能够适应所有单元的编织需求。通过先后铺设碳纤维和玻璃纤维，上、下层纤维紧密连接，形成了非常坚固的网状结构。这种建造方式是对模块化碳纤维结构的探索，这种双层纤维复合结构可以在维持最大限度的几何自由度的同时将所需模板的数量减少到最小，创造了轻量化高强度的预制穹顶。

在丝翅展亭（Elytra Filament Pavilion）项目中，机器人碳纤维编织工艺被进一步优化（图5-141）[245]。在2013~2014年度ICD/ITKE研究展亭中两台机器人协作完成的任务被交由一台机器人与一个旋转外部轴完成，简化了编程与操作流程。该项目是一座凝结了建筑、结构工程和仿生科学的装置作品，由ICD与ITKE协作完成。项目延续了2013～2014年度ICD/ITKE研究展亭的仿生学设计成果，将甲壳虫鞘翅的轻质生物纤维结构转译为建筑结构系统，打造了这一占地约200m²的全新展亭。

丝翅展亭模数化的结构单元体全部由斯图加特大学的机器人编织预制（图5-142），然后运到维多利亚和阿尔伯特博物馆（Victoria and Albert Museum，V&A）花园中庭完成组装。组成Elytra的结构单元包括40个重约45kg的六边形结构单元体以及7个支撑柱体结构，机器人建造过程历经4个月，平均每个单元耗时3h完成。机器人编织技术利用碳纤维和玻璃纤维的材料特性，以编织的手法将其转化为强韧的结构单元体。以玻璃玻璃和碳纤维为原料的单元体经过缠绕和硬化后，形成了纤维分布各异的结构单元。结构单元体的形态和纤维分布是经过ITKE结构模拟实验测试后确定下来的。最终，该轻质结构总重约2.5t，即每平方米仅9kg。

建造技术的发展同时也会推动设计方法的进步，而V&A博物馆展亭正是最好的例证。设计、工程和产品的完美结合带来了具有独特空间特征和美学体验的展厅。研究团队以生物结构为起点，逐步推进，并最终创造出由玻璃纤维和碳纤维复合而成的、层次丰富却又极致轻盈的建筑结构。无论是自下而上的仿生学设计策

图5-142　丝翅展亭模块的机器人碳纤维编织过程
（图片来源：ICD/ITKE University of Stuttgart）

略，还是自动化的机器人编织过程都展示着新兴技术对设计和工程的深远影响。丝翅展亭为参观者了解和体现新兴技术对未来建筑行业的变革提供了一个窗口。

在2014～2015年度ICD/ITKE 研究展亭中，ICD与ITKE进一步将机器人自适应建造技术结合到碳纤维编织中来（图5-143～图5-145）。该展亭灵感来自于生活在水下并居住在水泡中的水蜘蛛的建巢方式。通过对水蜘蛛的建巢方式进行模拟，研究团队在一层柔软的薄膜内部用机器人铺设碳纤维来增强结构，从而形成了这一轻型纤维材料壳体结构[246]。

研究团队研究了水蜘蛛的水下生活模式，水蜘蛛在水下建造出坚固水泡并生活在其中，作为水泡支撑结构的蜘蛛丝能让水泡在遭遇水流变化时承受应力，保证水泡内的安全和稳定。模拟水蜘蛛的水泡，研究团队选择柔性膜结构作为一个功能性的建筑表皮，使用碳纤维作为结构内部加固材料，形成一个高效复合结构系统。整个外壳的形状和碳纤维的铺设位置、方向都参照水蜘蛛的水泡结构，并进行了结构计算与优化，最终成就了一个高性能的综合建筑结构。在建造过程中，柔性薄膜会产生波动，对于这一挑战，研究团队在机器人上植入了嵌入式传感器并实时反馈，创造性地应用了建筑机器人自适应建造技术。

在设计和建造过程开始前，研究团队开发了一个计算设计方法，用于调整纤维的布局。设计过程中各种设计参数相互关联，设计人员通过操控设计参数，将这些参数设计整合成各种表述纤维方向和密度的行为。与水蜘蛛类似，壳体的纤维分布充分适用于结构需求与机器人建造工具的限制。

与计算设计策略相一致，为了在柔性膜内部铺设碳纤维，研究团队开发了一个

图5-143 斯图加特大学ICD/ITKE 2014～2015研究展亭机器人现场碳纤维编织模拟
（图片来源：ICD/ITKE University of Stuttgart）

图5-144 斯图加特大学ICD/ITKE 2014～2015研究展亭机器人现场编织过程
（图片来源：ICD/ITKE University of Stuttgart）

图5-145 斯图加特大学ICD/ITKE 2014～2015研究展亭
（图片来源：ICD/ITKE University of Stuttgart）

典型的机器人建造流程。柔性膜的刚度变化，以及在纤维铺设过程中膜结构的变形所产生的波动给机器人建造系统提出了一个特殊挑战。为了在生产过程中适应这些波动，机器人工具端的当前位置和触点力通过嵌入式传感器系统被记录并实时集成到机器人监控系统中。这种信息物理系统的应用可以不断地得到实际生产条件和机器人建造代码之间的反馈。这不仅代表了机器人碳纤维编织工艺的一个重要发展，更为自适应的机器人建造过程提供了新的机遇。

研究团队根据建造需求预先开发了一个定制的机器人工具端，这使得基于传感器数据的碳纤维铺设过程能够成为建筑设计过程的一个组成部分。这个过程也对材料系统提出了特殊的挑战。ETFE被选定为柔性膜的恰当材料，不仅是一个具有耐久性的表皮材料，其力学性能也能够将纤维置放过程中的塑性变形最小化。

在生产过程中，复合胶粘剂在ETFE膜和碳纤维之间提供了一个适当的连接，铺设过程以0.6m/min的平均速度进行。这种建造方式不仅允许以应力为导向的纤维复合材料的铺设，而且也最大限度地减少了与传统建造过程相关的建筑废物。

2014～2015年度ICD/ITKE研究展亭占地面积40m^2，体积130m^3，最大跨度7.5m，最高处4.5m，总重量却仅有260kg，也就是说每平方米的重量仅6.5kg。项目整合了先进的计算机设计、仿真以及机器人建造技术，展示了跨学科研究和教学的创新潜力。

5.9.2 移动集群编织工艺

利用定制化的建筑机器人来增强或替换现有的工业机器人制造工艺，能够使建筑数字建造超出当前技术的限制，有效拓展设计空间。对上述建筑机器人碳纤维建造工艺而言，碳纤维结构或单元体量的尺度明显受制于机器人建造范围，从而对纤维材料的应用造成阻碍。轻量化/定制化的移动机器人为拓展机器人建造空间提供了新的可能。一方面，无人机、导轨机器人、履带机器人等移动机器人具备出色的运动灵活性，可以配合地面机器人进行精细建造，大幅扩展机器人纤维编织建造的空间尺度以及建筑应用范围。同时，根据建造需求定制化的小型碳纤维编织机器人单元可以通过多机器人协同完成一个共同的建造目标，实现更加灵活多样的编织结构。

2016～2017年度ICD/ITKE研究展亭的建造过程结合了低负载的远程机器——无人驾驶飞行器。无人机具有强大、精确的特点，但工业应用能力有限，飞行器与工业机器人的协作能够实现大跨度的复合结构建造[247]。

项目研究目标是在更大的跨度上开发建筑机器人缠绕技术，从而将所需的模板最小化。该项目的研究重点包括平行的两部分：用于大跨度纤维复合结构的自下而上的仿生学设计策略，以及相应的大范围机器人碳纤维建造工艺（图5-146）。

ICD与ITKE合作对自然轻型结构的功能原理和建造逻辑进行了分析与抽象，选定了两种叶片蛾的建造行为作为仿生原型。其在弯曲的叶片的连接点之间建造的幼虫的"吊床"被认为具有转译为大跨度纤维结构形态和建造方式的潜力。研究团队从生物学模型中抽象出几个概念，并转移到建造和结构概念中，包括：以弯曲结构与无芯碳纤维增强结构组合而成的纤维缠绕框架、大跨度结构的纤维方向和层次关系、三维几何形式的多阶段纤维铺设过程。

为了实现超出标准工业制造设备的工作空间的大跨度结构的建筑，项目研发了一个协作系统，其中多个机器人系统可以完成接口和通信，创建多机器无缝纤维铺设过程。纤维可以在多个机器之间通过，以确保材料的连续性。建造过程基于加工范围有限的精确的固定式机器与精度有限的移动式远程机器之间的协作。在具体的建造过程中，两个固定式工业机器人手臂具有纤维缠绕工作所需的强度和精度，被放置在结构体的末端，而不太精确的定制的无人机被用作纤维运输系统，将纤维从一台机器人自主传递给另一端的机器人。无人机的体量使其能够牵引纤维通过小尺度空间，将无人机的自由度和适应性与工业机器人结合，有效提高了纤维铺设的自由度和可能性，实现单独依靠机器人或无人机无法实现的材料布置和结构性能。

项目开发了机器人自适应控制和通信系统，以允许多个工业机器人和无人机在整个纤维缠绕和铺设过程中相互协同。利用机器人和无人机之间的信息物理连接，无人机在整个缠绕过程中来回传递纤维。集成传感器接口使机器人和无人机能够根据建造过程中的变化条件作出实时调整。无人机可以自主飞行，不需要人为操控，无人机和机器人的行为以及缠绕过程中纤维的张力都被积极感知并自适应地控制。

图5-146　斯图加特大学"ICD/ITKE 2016~2017研究展亭"机器人与无人机协同建造过程
（图片来源：ICD/ITKE University of Stuttgart）

项目中应用的一系列自适应建造技术和集成传感器为多机器人大尺度纤维结构生产奠定了基础。

该研究展亭共消耗了184km的树脂浸渍的玻璃纤维和碳纤维，利用轻质材料系统创造了一个跨度为12m的单个长悬臂结构，以这种极端的结构情况证明了该建造系统潜力。项目占地面积约40m²，重约1000kg。展亭结构是在机器人实验室预制完成的，结构尺寸被限制在运输车辆的允许范围内。如果将该技术用于现场或就地建造，可以用于更大的跨度和尺寸的纤维复合结构。

展亭的总体几何形式展示了可以利用纤维缠绕建造的结构形态的可能性，通过集成的复合框架减少了不必要的模板，并通过集成机器人和无人机建造工艺增大了建造的尺寸和跨度。项目探讨了未来的建设如何演变成分布式、协作式和适应性系统的情景。项目通过将结构性能、材料行为、建造逻辑、生物学原理和场地约束等因素纳入到计算设计和机器人建造中，展示了计算设计和建造的巨大潜力。该原型展馆是适用于建筑应用的大跨度纤维复合结构建造工艺的概念证明（图5-147）。

德国斯图加特大学ICD的博士候选人玛利亚·亚博洛尼亚（Maria Yablonina）开发了"移动机器人建造生态系统"（Mobile Robotic Fabrication Eco-System），采用定制化的小型移动机器人提供了一种更加精巧的纤维材料建造方式（图5-148）[248]。不同于工业机器人，这些移动机器人是专门为碳纤维编织而开发的，有效荷载较低，但是具有更大的活动空间。该研究旨在创建一个集成了控制软件、运动系统和不同工具的机器人库，可以根据场地和项目需求向库中定制化地增加新的机器人。这个新系统背后的设计理念就是"集群建造"——类似于自然界中蚂蚁等群居动物的协同工作场景。

最初的研究开发了一种墙面移动机器人（图5-149），机器人内部有一个风扇系统，可以产生极强的吸力，使它们吸附在物体的表面，使它们十分轻松地爬上垂直的墙面甚至是天花板。墙上预先钉好了定位的卷轴状的桩子，两个小机器人随即把碳纤维材料圈绕在卷轴上，由控制软件控制二者的系统。研究利用两台墙面移动机器人，分别部署在一个墙角的两个墙面上，一台机器人将纤维缠绕在固定到螺杆上，然后将材料传递给另一台机器人，完成另一墙面上的缠绕作业（图5-150）。碳纤维结构被设计为一个由多层纤维材料叠加而成的双曲面，通过设计缠绕次序有效规避编制过程中发生缠绕。在编织过程中，为了实现自主导航，每个机器人都增加了一个外部摄像头和一个连接到机器人上的ReacTIVision标记。该感知系统可以在给定的二维表面上以5~10mm的精度连续接收机器人当前位置和方向的信息，并校

图5-147 斯图加特大学"ICD/ITKE 2016～2017研究展亭"
（图片来源：ICD/ITKE University of Stuttgart）

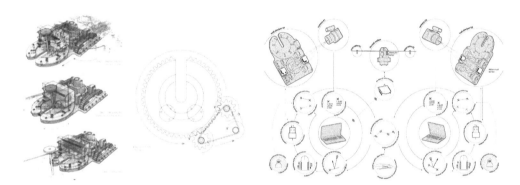

图5-148 移动机器人装备与建造系统

正运动系统的车轮滑移。机器人从定制开发的控制工具接收到的路径规划程序被分解为一系列目标点和动作标记。机器人一次接收一个目标点或动作标记。一旦来自摄像机的信息确认机器人到达了物理空间中的该点或执行了例程，机器人就开始处理序列中的下一项，并触发新的目标点。

机器人程序设计由3个步骤组成：第一，基于设计几何和现场可活动空间等因素计算最佳锚固点的位置；第二，生成编织语法；第三，基于特定路径规划算法生成机器人路径。机器人控制系统允许自主和手动两种操作模式，自主模式完全由软件控制，依靠感知系统进行反馈，用户在建造过程中可随时触发手动模式进行故障排除或任务调整。

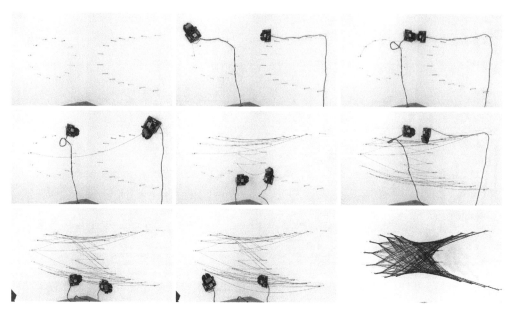

图5-149　爬墙机器人建造过程
（图片来源：ICD/ITKE University of Stuttgart）

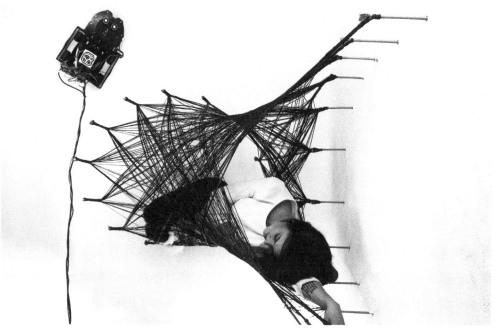

图5-150　两台爬墙机器人协同建造的碳纤维结构
（图片来源：ICD/ITKE University of Stuttgart）

在整个制造过程中，爬墙机器人在半自动模式下成功地执行了交互和编织程序。建造结果是一个长2.5m、宽0.5m的双曲中空纤维结构，能够支撑一个人的重量。结构由35层纤维组成，锚固在26个锚点上。机器人进行了455次纤维传递，使用纤维800m，绕组过程大约消耗了50h。

该研究验证了定制爬壁机器人单元现场建造纤维结构的可行性，为进一步将多机器人系统扩展到更加复杂的建造任务中提供了基础。此后，玛利亚继续扩充"移动机器人建造生态系统"（Mobile Robotic Fabrication Eco-system）。为了在两个平行墙面上编织，她开发了一种新的机器人——纤维传递机器人（Thread Walker）。纤维传递机器人可以沿着横跨两个墙面的绳索移动，来回传递材料（图5-151）。纤维传递机器人从其中一个墙面上的爬墙机器人接过"弹药夹"，然后穿越墙与墙之间的距离，将"弹药夹"传递给另一个墙面上的机器人，循环往复。研究展示了使用异构机器人系统在不同建造场景中实现复杂任务的潜力。

5.10 建筑机器人涂料喷涂工艺

建筑墙体喷涂是一项量大面广的工作，长久以来都是以人工为主，作业平台也以施工吊篮和施工爬架为多。建筑外墙人工喷涂作业，尤其是高层建筑外墙人工喷涂作业具有有毒有害、质量不稳定、危险性高等特点。反观在汽车、电子产品、家装等行业中，自动化机器人喷涂已得到广泛应用，以喷涂机器人为重要代表的新型

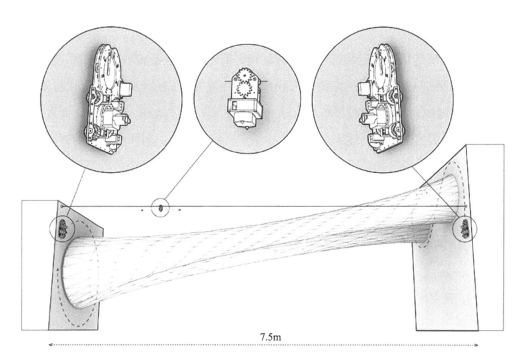

7.5m

图5-151　平行墙面多机器人碳纤维编织系统图解
（图片来源：ICD/ITKE University of Stuttgart）

喷涂设备与新涂料、新工艺相互促进、相互发展，喷涂质量和喷涂效率相较于建筑墙体喷涂都具有明显优势。建筑墙体喷涂受限于喷涂尺寸和成本的控制，虽然难以达到汽车或其他标准化工业产品的喷涂质量，但其自动化升级改造对于降低工人劳动强度，提高喷涂质量和效率，依然是非常具有实际意义的一件事。

建筑墙体喷涂本身并不是一种太复杂的工艺，如今的机器人喷涂技术完全可以满足建筑墙体喷涂的质量需求，而将机器人用于实际外墙喷涂作业工程中的最大难点在于工作范围和工位定位。喷涂机器人作为一款机械设备，其本身在位置固定的情况下工作范围是有限的，因此，为了实现大面积的喷涂，针对施工现场的移动机器人方案与机器人定位方案是建筑机器人喷涂的重要技术保障。根据工作环境的不同，建筑喷涂机器人可以分为外墙喷涂机器人和室内墙体喷涂机器人两种。

5.10.1 建筑机器人外墙喷涂工艺

建筑机器人外墙喷涂主要需要解决的问题有如下几点：首先是室外沿墙面的机器人工作平台，保证机器人可以在工作平台上进行安全稳定的喷涂工作。目前来说，类似于吊篮的机器人工作平台是较为成熟可靠的解决方案。吊篮技术本身较为成熟，由于喷涂机器人所需负载不大，本身自重也较轻，因此目前的主流吊篮设备完全可以满足设备所需。而需改进的方面主要在于吊篮的稳定性，由于机器人进行作业时对于工作平台的稳定性要求较高，这样才能保证高质量、无差错地完成作业，因此传统的吊篮稳定装置已无法满足稳定需求，改进稳定装置是必不可少的。其次是识别喷涂面，针对喷涂面情况和预设程序对喷涂路径进行自动优化与调整。建筑外墙喷涂虽然对精度的要求没有达到汽车喷涂的精度级别，但其喷涂面大、各种转角较多的情况也是其他工业喷涂行业所少有的。因此，对于喷涂面的智能识别和基于喷涂面的喷涂路径规划成为建筑外墙机器人喷涂所需解决的重要问题。目前较为成熟的解决方案为采用机器视觉设备，对喷涂面进行扫描识别，然后再通过路径规划算法来进行路径生成。

OutoBot是一款建筑外墙喷涂机器人系统，由南洋理工大学（Nanyang Technological University，NTU）和亿立科技（ELID Technology）共同研发完成（图5-152）。其主体包括一个可以数控升降的吊篮系统，一套可以与外墙真空吸附的吊篮稳定系统，一个轻型六轴机器臂，一个安装于机械臂前端的工业视觉相机和一套喷涂设备。设备整体不到500kg。在进行工作前，首先将工作区域划分为若干个工作工位，然后由数控吊篮系统将设备整体送至工位处，由四个真空吸盘将设备吸附固定于工位

图5-152　OntoBot喷涂机器人
（图片来源：新加坡南洋理工大学）

上，使机器人与喷涂面的相对位置保持稳定。接着机器臂携带工业相机对喷涂工作面进行扫描，识别喷涂面和回避面，如窗户等，然后进行路径规划。路径规划完成后首先进行外墙清洁工作，可以通过喷水和风干系统将外墙迅速清理干净，然后再开始喷涂作业，保证一个高质量的喷涂面。该系统比传统人工喷涂工作效率高30%，喷涂面的质量也大大提升，而且自动化流程可以显著减少涂料用量，约比传统人工喷涂节省20%的喷涂材料。同时部署多个喷涂系统可以极大地提升喷涂效率。这个研发项目的初衷是为了面对新加坡加速的人口老龄化的情况，该系统减少了喷涂工作至少50%的人力需求，而且即使是上了一定年纪的施工人员依然可以安全地操作该设备进行喷涂工作，大大减少了工作的危险性，降低了对喷涂施工人员的要求[249]。

5.10.2　建筑机器人室内墙体喷涂工艺

建筑机器人室内喷涂主要需要解决的问题有如下几点：首先依然是机器人喷涂作业的工作平台，与外墙喷涂不同，室内喷涂不会使用吊篮系统作为机器人工作平台，而是选择以自动导引运输车（Automated Guided Vehicle，AGV）为基础的机器人移动平台，使其可以在较大平面范围的室内环境中进行定位工作。主流AGV系统不仅可以实现平面范围的定位，还可以方向移动，十分便于进行精细的位置调节。然而由于施工现场地面的不确定性较大，往往AGV平台无法做到精准定位，因此在机器人工作平台到达工作位置时往往还是需要机器视觉或三维扫描等辅助定位设备进行精准位置调节。除了平面移动，室内同样需要在高度方向上有较高的工作覆盖范围，以应对不同室内层高情况的喷涂工作。大多数情况下，由于运输和自重等限制，不能使用臂展过大的机器臂或其他自动化设备，一个臂展适中的轻型机器人配合一个垂直外部轴系统是合适的选择。

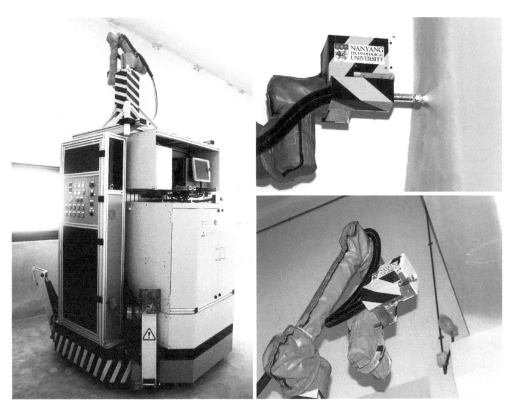

图5-153 PictoBot喷涂机器人
（图片来源：新加坡南洋理工大学）

PictoBot是一款面向室内墙体喷涂作业的喷涂机器人，由NTU、裕健集团（JTC）和美国Aitech公司共同研发完成（图5-153）。其主体包括一个舵轮式AGV移动底盘，一个轻型六轴机器臂，一套垂直外部轴升降系统，一个安装于机械臂前端的工业视觉相机和激光扫描系统和一套喷涂设备。在作业时，激光扫描系统会对工作环境进行三维建图，得到作业空间的三维数据，然后返回到计算机中进行喷涂面的定义和计算喷涂路径，最终指导机器人进行喷涂作业。该设备所配备的垂直外部轴系统可以使喷涂作业高度达到最高10m。该设备仅需一人操作，且在程序设定完成后可以不需要另外的配置即可实现24h的无人值守自动化喷涂。其喷涂效率比正常人工喷涂也高出25%[250]。

5.11 建筑机器人幕墙安装工艺

建筑幕墙安装目前属于劳动密集型和高危型工作，并且随着建筑设计复杂性的发展，高层建筑外墙的安装难度也越来越高，因此可以替代人力操作的建筑幕墙安装机器人有着重要的意义。

建筑机器人幕墙安装工艺需要解决的关键问题在于两点：首先是机器人幕墙安装施工工作面的问题，一般玻璃幕墙墙板自重较大，对于常规多自由度机器人来说，对其工作负载有较大的要求，而高负载多自由度自动化机器人往往设备体积和设备自重都较大，在目前的常规建筑施工现场很难有较好的工作面；其次是现在的幕墙安装工艺是为人工安装所设计的，包括相关节点连接、构造和施工工序等，而机器人的安装动作有其特定特征，机器人幕墙安装工艺需要对施工工法进行重新设计。针对上述两个问题，目前有两种解决方案：一种是高度自动化的安装方案，从幕墙定制、幕墙运输到现场装配全部采用定制化的自动化设备，重新设计和搭建机器人幕墙安装的现场工作面；二是人机协作型安装方案，使用半自动化设备进行幕墙现场粗定位，然后由施工人员完成幕墙安装。

5.11.1 全自动化建筑机器人幕墙安装工艺

全自动化建筑机器人幕墙安装工艺需要从幕墙生产、运输、安装、维护的整体流程来设计自动化解决方案，从流程的各个方面来解决上述的两个主要问题。针对大型自动化设备，尽量采取化整为零的方式，将自动化流程拆解成多个小型自动化设备，并针对特定的幕墙安装动作定制特种自动化设备，从而实现减少设备自重和体积，便于安装作业。针对幕墙板本身，优化设计节点固定方式，使其能够方便地使用自动化设备进行安装。

幕墙安装系统Brunkeberg遵循精益建造和过程自动化原则，针对从运输到安装再到后期维护的全流程制定了自动化解决方案。该解决方案的核心在于建立一套定制轨道系统和与轨道系统配套的安装构造和工法。定制轨道系统和与之配套的安装构造和工法很好地解决了重型幕墙墙板的自动化安装问题，避免了使用重型机器臂会带来的缺少工作面的问题[251]。该解决方案较为完善，经工程验证可以减少一半的幕墙安装时间，减少三分之二的人工用量，减少三分之二的幕墙板运输时间。该系统包括四个主要部分：传输系统、垂直轨道系统、抬升设备、运输。

传输系统是一套附着在建筑框架上的临时传送设备，设备可以从侧面固定住幕墙板，然后在轨道系统上移动，该系统针对施工现场的各种拖延和破坏等风险进行了规避，幕墙损坏和维修成本降到了最低。

幕墙板通过垂直外部轨道系统进行纵向运输，不需要塔吊，不需要工人到室外进行幕墙安装，所有工作都在室内侧进行，即使天气情况不好也同样可以进行幕墙安

图5-154　Brunkeberg系统的外侧轨道
（图片来源：Brunkeberg System）

装。而这种特制的外部轨道不仅用于运输，这种轨道可以换为龙骨永久留存下来，成为进一步立面附件安装的安装面，如遮阳立面、幕墙清洁设备（图5-154）。

抬升设备的主要作用是将幕墙板垂直运输到安装层，其是一种具有一定柔性的紧凑型轮式吊机，在非操作模式下，它可以人工移动到不同的幕墙安装区，在操作模式下，它会固定在楼板上。

Brunkeberg系统拥有定制的运输支架，从工厂预制结束后，所有的幕墙板在全流程中都保持垂直放置，这使得幕墙的制作尺寸可以是以前的四倍，这可以显著减少对运输资源和包装资源的消耗，同时运输支架和幕墙传输系统紧密配合，使得传输系统可以直接从车上抓取幕墙板，而不需要卸车和二次运输带来的搬运成本（图5-155）。

5.11.2　人机协作型建筑机器人幕墙安装工艺

全自动化幕墙安装系统在自动化和效率方面有着较大的优势，而其现阶段的劣势也较为明显，如针对不同项目的幕墙安装方案前期设计研发投入较大，周期较长，灵活性较差，不利于在中小型项目中使用等。因此，人机协作的幕墙安装设备

图5-155　Brunkeberg系统的运输一体化幕墙模块
（图片来源：Brunkeberg System）

与工艺是现阶段更为可行的建筑机器人幕墙安装解决方案。这种解决方案的主要路线为使用半自动化机器人设备解决大重量幕墙板的运输和安装粗定位和位置调整问题，然后人工辅助进行精确定位和安装。这种半自动化设备可以达到远大于自动化设备的能重比和更小的设备体积，具有较好的灵活性，适合在环境复杂的施工现场进行作业，且由于安装流程基本和目前传统幕墙安装工艺一致，可以轻松地与目前的幕墙施工工艺对接，维护和改造成本较小。

　　大多数半自动化的人机协作型幕墙安装机器人设备是以液压吊机为基础的小型抬升和位置调整机器人，Smartlift系列幕墙安装机器人是其中比较典型的例子（图5-156）。Smartlift系列幕墙安装机器人是由丹麦Great Lakes Lifting Solutions开发的建筑机器人产品。该系列产品的手臂段具有5个自由度，最大安装高度可以达到4m，最大起重重量达到825kg，而自重不到1300kg，能重比达到63%，远远超过一般工业机器人10%左右的能重比，非常适合重型幕墙板的安装[252]。该设备底部有移动平台，可以人工操作移动设备。在进行幕墙安装工作时，由人工操作该设备将幕墙板抓起并移动到安装位置，调整安装姿态，将幕墙板放置到正确的安装位置，再由人工进行幕墙连接件的安装，人工安装完成后该设备松开真空抓手，幕墙即安装完成。

图5-156　人机协作型单机The Smartlift
（图片来源：Great Lakes Lifting Solutions）

5.12 建筑机器人抹灰工艺

全球约45%的涂料被用于建筑领域，用于新建筑涂装或建筑翻新。建筑涂装，尤其是高层建筑的涂装，是一项劳动密集型的工作，至今仍普遍采用传统人工喷涂技术进行。手动涂漆不仅耗时久，而且通常会导致涂装材料不均匀。由于需要升降机或脚手架的辅助才能达到需要的喷涂高度，因此喷涂工作也存在安全风险。在未来建筑行业技术工人短缺、劳动力价格上涨等大趋势下，这种劳动密集型的工种必然面临着生产效率和施工质量降低的风险。

在此背景下，机器人抹灰技术为建筑室内涂装的可持续性提供了解决方案。机器人抹灰技术利用移动机器人等高度整合化的自动化技术，在建筑涂装质量、时间、成本和安全性等方面均展现出独特的优势。

1994年，以色列理工学院（Israel Institute of Technology）研究人员提出了内墙面抹平机器人样机TAMIR（Technion Autonomous Multipurpose Interior Robot），TAMIR具有6个自由度，固定状态下可以实现1.7m的工作范围，被安装在一个数控的3个自由度的移动平台上，能够完成刷漆、抹灰、贴瓷砖和砌砖等四种任务。[253]该抹灰机器人能够满足一般层高下（3m左右）建筑内墙抹灰需求，是早期一系列类似的内墙面抹灰机器人的典型代表。此类机器人一般包括水平移动平台和空间作业装置两部分，其中空间作业装置主要利用多自由度的运动机构和工具进行垂直墙面抹灰，而水平移动平台负载着作业装置在楼地面上行走。这些机器人主要采用二维测距系统，通过创建墙壁的二维建图来定位机器人，能够满足普通的平面内墙抹

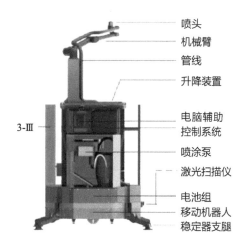

图5-157 Pictobot硬件系统设计
（图片来源：Ehsan Asadi, Transforma Robotics）

灰涂装需求。但是由于往往缺乏精确的三维模型，加上移动机器人的定位误差，此类涂装机器人很难适应非结构环境下的内墙作业。

为了满足更加复杂的内墙抹灰需求，新加坡南洋理工大学研究人员开发了内墙抹灰机器人Pictobot，通过三维环境感知，妥善应对了移动抹灰机器人作业过程中环境建图的不确定性等难题，不仅能够用于普通内墙面涂装，而且可以用于复杂墙面，如具有凹凸变化的墙面、仓库、工厂等大层高空间的内墙等[254]。不同于其他行业如汽车制造业中依赖精确的三维模型进行表面喷涂的机器人，Pictobot的核心特征之一在于能够在复杂环境中实现人机协作。Pictobot搭载了可升降平台，可以在高空作业，而工作人员只需要喷涂机器人难以触及的低处作业，有效减轻了工作人员的繁重任务，将机器人自动化的优势与人类的灵活性、创造性巧妙地整合在一起。

Pictobot的设计采用模块化系统，被设计为六个主要的子系统（图5-157），分别为：3个自由度的重载移动机器人；移动平台之上搭载1个自由度的长距离升降机构，可以实现10m的垂直升降；升降装置上搭载6个自由度的工业机器人——Universal 品牌人机交互式机器人UR10，以实现喷枪路径的精确控制；机器人搭载一个喷头系统，包括一台TOF相机（Time of Flight），以及一个电动喷枪，可以进行高质量的油漆喷涂作业；机器人采用无气喷涂泵，无气喷涂是大型车间和建筑物涂装的首选，因为它可以快速、经济地实现各种高质量涂料的喷涂；系统还搭载计算机控制系统。此外，机器人还包括几个辅助模块，例如稳定器支腿和各种类型的盖子，以保护设备和传感器免受油漆污染。

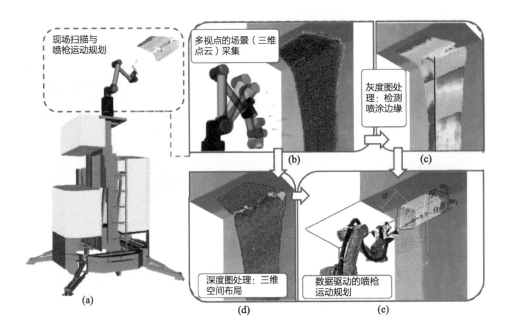

图5-158　基于传感器系统的Pictobot抹灰工作流程
（图片来源：Ehsan Asadi, Transforma Robotics）

　　该机器人配备了分布式控制子系统和两台车载个人计算机（PC），以及一个带有数据和视频反馈的遥控系统。两个控制PC——PC-Ⅰ和PC-Ⅱ分别连接到移动基座和自动升降机构。反馈系统通过高频距离测量数据流将机器人的工作空间反馈到智能手机或放置在遥控器上的第一人称视角（FPV）监视器。两台PC上的软件通过一定的通信协议进行交互，并与遥控器共享感知和反馈数据。

　　Pictobot配备的传感器驱动的喷涂系统，通过现场三维扫描和喷枪运动规划，可以适应不同的建筑环境以及机器人配置中固有的不确定性（图5-158）。工作中，在Pictobot工作前，操作人员需要将大范围的工作空间划分为较小的工作空间，并借助视觉和数据反馈将机器人大致定位在预期的位置（图5-159）。PC-Ⅰ软件从操作人员操作的遥控器接收蓝牙信号，并将其动作反馈发送到PC-Ⅱ。它还执行移动基座的控制，并从PC-Ⅱ接收控制信号以进行升降系统的调整。PC-Ⅱ与PC-Ⅰ、机械臂控制器、喷头系统通信以进行自动喷涂。PC-Ⅱ通过实时处理传感器读数和动作状态，进行路径规划、执行等高级任务，以及机器人手臂和自升式机构的规划。

　　Pictobot机器人在实际工业开发中得到了成功的测试，与手动喷涂相比，Pictobot减少了涂料粉尘、油漆浪费和有害化学物质对人体的危害，同时保证了喷涂质量的

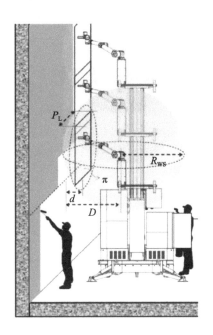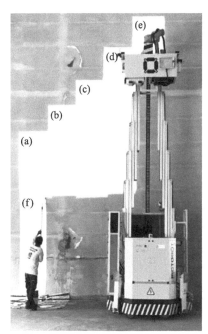

图5-159　基于工作空间细分的人机协作抹灰过程

（图片来源：Ehsan Asadi, Transforma Robotics）

一致性，和更高的工作效率。以Pictobot为代表的人机协作型建筑机器人的部署可以应对复杂建筑建造中可持续性、生产力、质量和安全性的现实挑战，对于未来建筑建造产业的升级转型具有重要启发意义。

第 6 章

建筑机器人建造实践

6.1 概论

当前，建筑机器人被广泛地接受不仅得益于建筑机器人技术对未来的许诺，更重要的是，一大批建筑机器人研究者在描绘美好愿景的同时，也在努力将实现愿景的可能性通过实践展现在人们面前。2006年甘特拜恩酒庄（Gantenbein Winery）建成，酒庄立面上数万砖块由机器人精确预制完成，机器人建造的能力与魅力初露峥嵘，而这距离ETH成立第一个建筑机器人工作站也仅仅不过一年的时间。在此后的十余年中，建筑机器人建造技术愈加频繁地从实验室进入工程实践，越来越多的建筑机器人研究开始进入市场。尽管当下实践的数量和范围仍相当有限，但随着德国施瓦本格明德园艺展览馆（Landesgartenschau Exhibition Hall）、上海池社、江苏省园艺博览会现代木结构主题馆、基尔克-卡皮塔公司（Kirk Kapital）总部等项目的相继落成，建筑机器人建造逐渐显露出产业化发展的巨大潜能。本章选取了过去十余年来具有代表性的建筑机器人工程实践案例，根据材料和工艺的不同划分为砖构、木构和混凝土三种类型，借此展现建筑机器人技术在建筑工程实践中的创造性作用。

6.2 建筑机器人砖构实践

6.2.1 池社

上海西岸池社艺术馆，地处上海徐汇西岸滨江，是全球首次应用现场砌筑机器人实现的建筑项目（图6-1）。

图6-1 西岸池社艺术馆航拍
（图片来源：上海创盟国际建筑事务所）

现代建筑风格受到包豪斯思想的深远影响，包豪斯用户技术与艺术的统一，推动了工业技术与现代建筑的融合。在数字时代，随着先进建造技术的蓬勃发展，数字技术开始在建筑设计中扮演越来越重要的角色。新工艺、新技术、新美学以及新产业都在蓄势待发。技术驱动的建筑数字技术研发，成为建筑设计与建造范式转化的重要动力。随着信息化技术与先进制造技术的快速结合，智能化的机器开始参与到建筑建造过程中，一个人与机器协同工作的时代正在到来。池社项目实践是对新技术、新工艺

图6-2　池社雨篷与立面一体化折叠
（图片来源：上海创盟国际建筑事务所）

研发的提升与展现，预示着未来技术文化的发展方向。

　　池社作为1986年由张培力、耿建翌等人成立的一个艺术团体，希望其在西岸文化艺术示范区可以提供一处精致而丰富的复合艺术空间，在紧凑的建筑内叠合了展示收藏、创作讨论、休息交流等多重艺术活动。基地先前是龙华飞机修理厂的配套用房。作为一个建筑改造项目，构思的基本出发点是不改变原有的场所特质与工业文化内涵——在破败不堪的老建筑的基础上完成空间诉求、协调整体环境，同时实现一个与其所承载的艺术使命相匹配的形式表达。设计保留了原有建筑的外围护墙体，进行了基本的性能改善和结构加固，并希望能够最大化获得展厅空间；屋面结构被替换为更加轻质有效而富有温暖气息的张拉弦木结构屋顶；同时在不影响整个园区空间感受的情况下局部将建筑屋顶抬高，获得一处可以享受完整天空的夹层休息空间。面向园区主入口的建筑界面需要一种含蓄但令人印象深刻的形式处理，为此，设计师提出了入口雨篷与立面的一体化非线性折叠（图6-2）的概念，试图通过非线性的墙与雨篷的模糊性、数字工具与传统设计的模糊性与基地所承载的工业与艺术、新与旧的模糊性产生对话，尝试回应城市微更新的典型议题[255]。

图6-3 池社整体建成效果
（图片来源：上海创盟国际建筑事务所）

上海西岸池社艺术馆设计是"机器人现场砌墙"这一建筑学意义上的实验性命题的首次实践，通过人机协作，在无需施工图纸的条件下高效精准地完成了雨篷与立面的一体化非线性砖构折叠，从而模糊了传统建筑中横平竖直的概念，展现了砖的数字建构的全新可能（图6-3）。

在建构材料的选择上，设计团队在新砖与旧砖之间进行了取舍，最终选择了不规则的旧砖。项目地处旧龙华机场改造地区，大量老旧建筑在这里被拆除，拆下来的大量旧砖成为最直接的历史痕迹；同时，原建筑和周边建筑均为老旧建筑，旧砖无疑会成为调和新旧关系的重要元素。而使用数字设计手段来处理旧砖，表现了该项目的一个基本态度：既面对传统又表达了对当下新技术文化的拥护。池社的外立面设计以拆除老建筑的废弃灰砖作为基本材料单元，通过参数化设计手段，精准定义每一块砖的几何参数，实现整个立面的参数化设计与调控。

立面的设计来自于对墙体的非线性几何定义与砖块排列的空间关系设定。非线性的曲面，通过旧砖的像素化拟合，实现了非线性设计与材料建构的一体化。整个设计流程，充分体现了图解化的设计思维与算法技术的融合。通过旧砖来拟合的入口雨篷形成粗放与精细的对比，数字化技术与传统材料产生的质感反差形成了强烈的视觉冲击力。

在一体化的雨篷与立面设计中，砖块的微差变化成为砖墙设计的全新挑战。如何通过合理的砖块排布将砖墙的结构性控制在合理范围内是深化设计过程中面对的

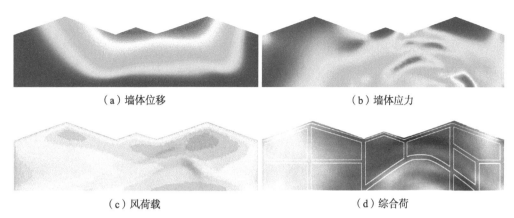

（a）墙体位移 （b）墙体应力

（c）风荷载 （d）综合荷

图6-4 池社墙体的有限元分析优化：荷载与背部结构加强
（图片来源：作者自绘）

最大问题。通过使用遗传算法反复优化砖的几何搭接关系，同时运用结构性能优化技术迭代计算整个墙体砖与砖之间可靠粘结的结构合理性，项目成功地在保证砖结构受力合理的前提下最大限度地遵循设计意图，表现砖墙的微差渐变效果（图6-4）。毫无疑问的是，这种砖块排布方法为砖的数字建构带来了新的表现力。

随着建筑机器人研发的持续深入，智能化施工装备开始走出实验室，迎接工地中多种不确定因素的挑战。池社是机器人移动平台及其空间定位技术从实验室走向施工现场的首次尝试。出于时间与成本控制因素的考虑，池社的建造采用了全向移动式机器人建造平台结合传统的放线定位技术，实现了毫米级别的定位精度[256]。机器人移动平台通过激光校准实现水平自调整，人工辅助机器人工具端的测定，整体精度可以控制在0.1mm级别，满足非线性砖墙的建造要求。

建造工具的技术革新为数字建构带来了更多的可能性。池社的建造过程使用了袁烽教授团队自主研发的"建筑机器人现场砖构装备"[257]，通过分析总结传统砌筑工艺将其提升为创新的机器人施工工法，使项目在施工中对现场全过程的砌筑、施工、建造实现了同步控制。池社项目的建造过程实现了机器人自动抹灰与砌筑，但钢筋铺设与勾缝仍由人工协助完成。池社实现了数字化设计与机器人现场施工技术的一体化整合（图6-5、图6-6）。

几何信息到机器人路径的转移是机器人数字建造的核心问题。袁烽教授团队运用自主研发的数字化模拟工具，对设计模型的几何信息（坐标与向量）进行提取，映射为机器人可识别的六轴坐标，在计算机平台上逐块模拟整个建筑外墙砖的建造流程，并对路径进行优化与再输出。数字模拟过程为现场建造提供了对材料几何信息、机器人运动路径以及整体施工顺序的规划与预判，实现了设计数字模型、机器人动态操控与施工过程的有效结合，从而最大化地实现了设计与建造的全面耦合。

在定位精度的保证下，建筑机器人现场砖构关键是利用机器人工艺替代传统的砌筑流程。在传统砂浆材料基础研究之上，项目开发了经济高效的预拌砂浆以符合数控泵送及抹灰的要求；通过自主开发的砖轨道，项目团队对大小不一的老砖与丁顺不一的砌筑方法进行了预判与归位；结合工人师傅精细的勾缝，形成了人机协同的砖构数字化砌筑工艺，最终在30天内完成了池社非线性折叠外墙约15000块灰砖的机器人现场建造工作（图6-7）。

图6-5　机器人现场定位与建造
（图片来源：上海一造科技）

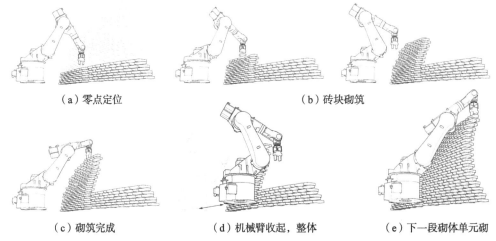

（a）零点定位　　　　　　　　　　　　（b）砖块砌筑

（c）砌筑完成　　　　（d）机械臂收起，整体　　　（e）下一段砌体单元砌

图6-6　数字模拟与池社机器人在场建造模拟
（作者自绘）

图6-7　人与机器的协同建造
（图片来源：上海一造科技）

在机器人现场砖构装备与人工协同作业的条件下，每天8h工作可完成砌筑砖块约500块，实现砌筑面积约7m²。在直墙砌筑方面，机器人砌筑的工作效率相较于传统人工并没有优势，但在非线性墙体砌筑方面，相比人工使用模板砌筑曲墙或读取标定尺寸砌筑曲墙的方式，机器人砌筑的成本与时间优势都十分显著。相信随着技术的进一步发展、实践的经验积累与工艺工具的再优化，机器人砌筑的效率会得到更大的提升。

作为机器人砖构在场建造的代表性案例，上海西岸池社艺术展示空间通过回收的灰砖与机器人现场建造工艺的结合，实现了传统砖工艺与数字化工具的融合。项目的建筑体量虽小，但在建筑学本体意义层面实践了"数字包豪斯"的思想，迈出了数字建构与智能建造富有探索性的一步，对未来实现建筑现场智能建造具有深远的意义。

项目名称：池社
建筑设计：上海创盟国际建筑设计有限公司
数字建造：上海一造建筑智能工程有限公司
建筑师：袁烽
设计团队：
建筑：韩力　孔祥平　朱天睿　刘秦榕
结构：王瑞　沈俊超　张小峰　王锦
室内：王徐伟　陈晓明
设备：刘勇　江长颖　黎喜
数字化建造施工：袁烽　胡雨辰　张立名　张雯

6.2.2　甘特拜恩酒厂（Winery Gantenbein）

甘特拜恩酒厂项目地处瑞士小镇，包括一间制作葡萄酒的大发酵室、一个储存橡木桶的地下酒窖和一个开品酒会和招待发布会的屋顶露台。项目采用砖混结构体系，利用机器人建造技术完成了复杂立面砖墙的预制建造。

砖混结构砌体不仅能够保存热量，用于温度缓冲，而且为发酵室过滤直射阳光，允许漫射光从砖缝透入大厅，为室内提供照明（图6-8）[258]。ETH开发的机器人自动化砌筑方式精确地完成了20000块砖的精确安装，根据设计的几何信息参数将砌块以理想的角度和指定的空隙宽度进行放置。这种精确建造的可能性，使墙体的设计能够具有理想的阳光与空气的渗透性，同时在整个建筑外立面上创造出一种统一的图案。砌块旋转的角度不同，使每块砖都以不同的方向反射光线，从而在同一视角下实现像素化的明度变化，从而使整个立面能够组成一个特殊的图像。与普通的屏幕不同，橡木的深度和颜色会随着时间发生变化，观察者的视角位置和太阳的高度角不同，立面会呈现出不同的明暗效果（图6-9）。

葡萄园的砖立面看起来像一个装满葡萄的大篮子。但当走近观察立面时，砖墙

图6-8　酒厂所处位置与内部漫射采光
（图片来源：Gramazio Kohler Architects, Zurich. Photo by Ralph Feiner）

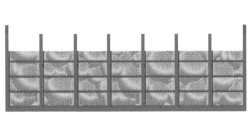

图6-9　立面设计与最终建成效果
（图片来源：Gramazio Kohler Architects, Zurich. Photo by Ralph Feiner）

图6-10 酒窖室内效果
（图片来源：Gramazio Kohler Architects，Zurich. Photo by Ralph Feiner）

整体纺织物般的柔和感会转化为砌块单体的实体感。观察者会惊讶地发现柔软、完整的形态实际是由独立、坚硬的砖砌块所构成的。在室内，透入的日光营造了温和而明快的氛围。砖缝之间留白使得日光能够进入建筑物室内。为了图案从室内也能分辨出来，设计者将图案阴影处的砌块尽可能近地摆放，图案明亮处的砖块则摆放地相对松散，使缝隙能够明显地封闭与打开，打开和关闭的接缝处就产生了一个显著的明暗差，光线从接缝中诗意地流入室内（图6-10）。

为了加速400m²立面的预制建造进程，团队以一种双组分粘合剂为胶粘剂，开发了一种机器人自动化粘结砌筑工艺。因为每块砖都具有不同的旋转角度，与上下层、与相邻两块砌块均有不同的交叠区域，经过反复的测试，最终采用四条平行胶粘剂进行连接。设计通过调整每块单独的砖块距墙体组件中心轴的距离，使胶粘剂与上下层砖块具有有效的粘合面积。经过对机器人预制建造组件的负重测试，粘合结点在结构上是满足结构需求的，预制墙体不需要特别的加固处理。

立面按照结构网格拆分为72个立面单元，在ETH的实验室进行预制建造，通过货车运送到施工现场后用吊车安装。由于机器人自动化砌筑设备可以受设计参数直接操控，所以建造过程无须再额外绘制施工图。机器人砖构建造方法将设计的概念从传统图纸的二维化表达以及建筑模型的三维化建模，扩展到建造过程的时间性模拟，并实现了精准控制（图6-11）。

项目名称：甘特拜恩酒厂（Winery Gantenbein）

建筑设计：格马奇奥&科勒研究所，比亚斯和德普拉泽斯建筑事务所（Bearth & Deplazes Architekten）

客户：甘特拜恩（Marta and Daniel Gantenbein）

合作者：托比亚斯·鲍威茨（Tobias Bonwetsch，项目负责人），米歇尔·克纳斯（Michael Knauss），米歇尔·林曼（Michael Lyrenmann），希尔万·欧斯特勒（Silvan Oesterle），丹尼尔·阿布拉哈（Daniel Abraha），斯蒂芬·阿克曼（Stephan Achermann），克里斯托弗·君克（Christoph Junk），安德里·鲁舍（Andri Lüscher），马丁·谭（Martin Tann）

结构工程师：约格·布赫利（Jürg Buchli）

结构测试：尼波萨·莫斯洛维克（Nebojsa Mojsilovic），马尔库斯·鲍曼（Markus Baumann），苏黎世联邦理工学院结构工程研究所［Institute of Structural Engineering（IBK），ETH Zürich］

行业伙伴：瑞士凯乐集团（Keller AG Ziegeleien）

6.2.3　瑞士凯乐（Keller AG）总部

对数字化设计产生的微差的精准实现能够对数字建造技术发起新的挑战，在机械臂的协助下，砖所表现出的新的数字材料性远远地超出了人们对砖的普遍认识。2012年建成的凯乐总部外立面改造项目同样应用了机器人砖构数字化建造方式。在建筑原有的玻璃-钢结构的外立面外侧，格马奇奥&科勒研究所设计建造了一面轻盈通透的砖表皮（图6-12）。虽然砖块以其受压与不可穿透的密封性闻名，但在机械臂的帮助下，砖块被堆叠成一个呈螺旋状的网格，构成了曲折的建筑立面。砖块被精准地砌筑成为一个醒目的反重力样式。砖在机械臂的精准定位下形成菱形的网格（图6-13）。作品用砖这样一个原本厚重的材料表达了极为轻盈通透的效果，砖的材料性被重新诠释[259]。

该项目中，除了采用机械臂辅助建造外，砖块本身也有玄机。这些砖在其内部具有特殊的中空蜂窝状结构（类似于航空航天设计中的材料，对较重材料进行板片化处理来减重），轻质的砌块使其可以在强度较高的胶粘剂作用下以一定的悬挑堆叠较远的距离（图6-14）。

计算机和制造技术的进步使建筑师能够比以往更容易地实现梦幻般的设计。机械手臂能够精确地进行复杂的功能，在多个方向上旋转砖块，在每个砖块之间形成空间，并产生曲率和复杂的形状。格马奇奥&科勒研究所使用创新的机器人制造工艺"ROBmade"，使用机器人将砖粘结固定。ROBmade系统能够对砖抹胶并精确定位，从而建造所需的立面样式。机器人手臂通过接受三维模型数据，以设定的扭转样式放置砖块，并以自动化的形式实现涂胶与砌筑过程。机械臂系统的辅助大大简化了对复杂砖构建造的施工难度。

机器人砌筑建造是对参数化"设计"方法的批判性拓展。在参数化泛滥的时代，如今众多的参数化"设计"套用各种算法，却缺乏了建筑上的思考，部分地开始偏离讨论建筑学学科核心问题的轨道。机器人、大型机械手臂技术的发展，则为建筑行业带来了实现超越模型、进行1：1实物建造的可能性。面对不断发展更新的

图6-11 机器人建造过程与现场装配过程
（图片来源：Gramazio Kohler Architects）

图6-12 凯乐总部立面
（图片来源：Gramazio Kohler Architects，Zurich. Photo by
Claudia Luperto）

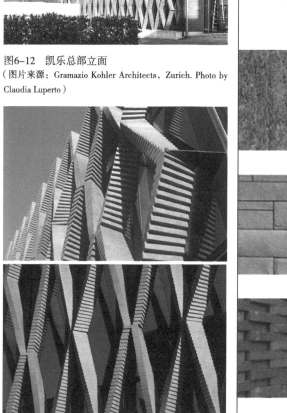

图6-13 立面砖细节图
（图片来源：Gramazio Kohler Architects，Zurich. Photo by
Claudia Luperto）

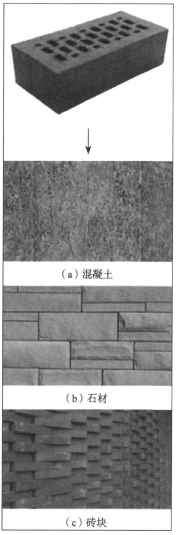

（a）混凝土

（b）石材

（c）砖块

图6-14 砌块内部蜂窝设计图
（图片来源：Gramazio Kohler Architects，
Zurich)

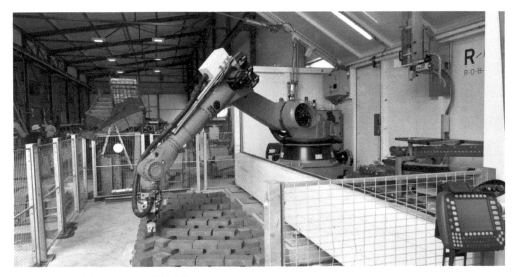

图6-15 凯乐总部立面实验室预制过程
（图片来源：Gramazio Kohler Architects，Zurich）

技术，设计师根据项目实际需求来使用，提高建造效率，尝试突破建造上人手工作的限制，走向更多的可能性（图6-15）。

项目名称：瑞士凯乐（Keller AG）总部
建筑设计：格马奇奥&科勒研究所
客户：瑞士凯乐集团
合作者：菲利普·胡博纳（Philipp Hübner，项目负责人），马蒂亚斯·赫姆雷克（Matthias Helmreich），卡斯琳·希博勒（Kathrin Hiebler），马里昂·欧特（Marion Ott），莎拉·辛内德（Sarah Schneider）
数据处理：苏黎世机器人科技公司（R-O-B Technologies AG）
砖结构承包商：瑞士凯乐集团
钢结构承包商：瑞士盖林格公司（Geilinger Fenster und Fassaden AG）

6.3 建筑机器人木构实践

6.3.1 江苏省园艺博览会木结构主题馆

江苏省园艺博览会现代木结构主题馆的设计与建造是对复杂结构系统中非标准化复合节点设计与机器人加工方式的一次尝试。项目以自由网壳结构为结构原型，基于胶合木的结构性能对结构形式进行了多维度的模拟和优化，并通过节点试验对构件的连接方式进行了设计优化，最终通过工厂预制与机器人数字建造方式的结合实现胶合木节点的数字化加工。在设计过程中，不同阶段的设计与建造信息在一个统一的参数化几何系统中实现了数字化整合[260]。

1. 结构性能找形与优化

网壳结构的设计与建造一直是结构工程领域的一大挑战。在木网壳结构的设计中，网壳的整体性能和节点系统的简化往往是两个相互矛盾的目标。结构优化所追求的统一应力分布往往会形成一个自由双曲面的壳体形式，这种曲面和构件形式无疑为机械化标准生产带来了极大挑战。同时建筑实践不同于小尺度装置建造，木网壳结构的建筑设计和建造必须满足各种各样的结构规范要求，问题因而更加复杂，例如，为了满足现行木构建筑的防火规范往往导致构件尺寸巨大，存在大量结构冗余。建筑不仅需要均匀的重力分配，同时还需要足够的结构强度来抵御风和地震等活荷载。因此大跨度木网壳结构设计需要采用多目标参数的结构设计与优化方法（图6-16）。

依据基地的边界条件，本项目运用结构性能找形工具Rhinovault得到了一个由六个不同标高的边界支点和一个内部支点共同支撑的自由曲面壳体结构。之后，设计以交叉网壳的结构形式对初始曲面进行了结构转译，自由曲面被两个方向轴线组成的斜交网格重新拟合，网壳结构边缘被一根连续边拱所限定。随后项目采用了空间结构优化软件对网格密度、方向和形态进行了优化设计。由于边拱抗倾覆能力较差，网壳结构的网格被分为主次两个方向。主梁方向的构件采用通长连续曲梁，次梁方向的构件采用短直梁将相邻两榀主梁相连接。这种做法一方面增加整体稳定性，同时也简化了构件数量和节点复杂度。主梁和次梁均为矩形截面，主梁垂直于地面布置，次梁随屋顶形态的法线变化（图6-17）。

如果说压力决定了壳体结构的形式，那么其他各种受力环境的综合作用将决定壳体结构的材料厚度。Rhinovault作为一种纯压力结构找形工具仅考虑压力作用下的静态平衡，而不考虑结构的失稳、屈曲、剪切等受力状况。后续的结构优化过程通过材料性能的非线性结构模拟确定了构件的截面尺寸。主梁最终采用500mm×250mm的截面，次梁则采用450mm×250mm的截面。

2. 建筑几何系统

建筑几何系统是一种信息整合与传输的系统，节点原型、建筑信息、建造方式以信息的形式在数字设计过程中被整合，并传输到数字建造过程中。在本项目中，从数字生形到数字建模、数字建造的过程利用数字化工具整合在同一个数字信息流之中（图6-18）。

项目的建筑几何信息系统主要包括三方面的信息：首先是原始模型，即结构优化后的建筑基础模型，作为节点设计和加工的基础；其次是建筑几何信息模型，用

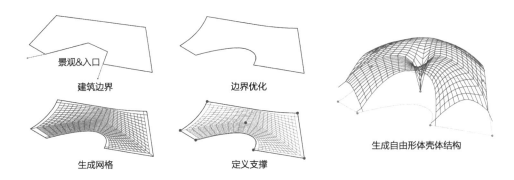

景观&入口

建筑边界　　　　　　　边界优化

生成网格　　　　　　　定义支撑　　　　　　生成自由形体壳体结构

图6-16　结构性能化找形图解
（作者自绘）

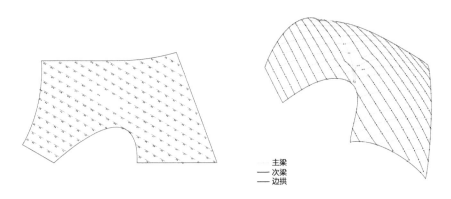

—— 主梁
—— 次梁
—— 边拱

图6-17　网壳结构系统
（作者自绘）

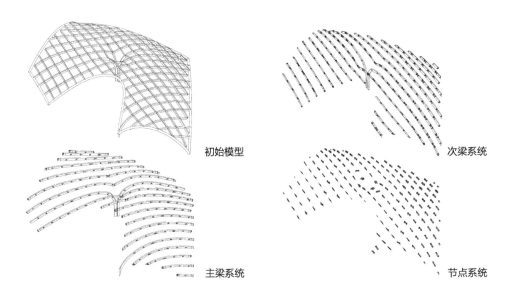

初始模型　　　　　　　　　　次梁系统

主梁系统　　　　　　　　　　节点系统

图6-18　建筑几何系统
（作者自绘）

于存储主要构件的相互关系和连接方式，随后的建造方式、加工路径都在这一模型的基础上完成；最后是构件的加工信息，是建筑几何模型与不同构件加工方式的叠加。在建筑几何信息系统中，构件的尺寸信息被转化为参数化关系信息，例如在节点模型中，节点原型通过Grasshopper编程被数字化为主梁、次梁与五金件之间的相对位置关系，主梁螺栓板始终平行于主梁侧边，螺栓垂直于主梁，次梁植筋始终垂直于次梁截面，植入深度为400mm。程序以主次梁原始构件为参数输入，依据特定的条件自动生成特定位置的节点模型。

建筑几何系统控制三方面加工信息的输出，包括主梁、次梁和五金件，构件加工信息的输出方式取决于特定构件的加工方式。例如，节点中的五金件的加工采用工厂预制的方式，几何信息以加工图纸的形式输出到工厂。由于构件的特异性和复杂性，为了适应五金件供应商的机械化加工方式，五金件加工图重新定义的三视图的工作平面，分别以组成T形螺栓板的两个面板为工作平面获取正投影，工人可以方便地获取两块面板的形式和连接角度。正是以这种灵活的几何系统到建筑方法的灵活输出方式使得大批量特异五金件的加工顺利完成。

3. 数字建造过程

自由曲面的结构形式为构件的加工提出了非常高的要求。以主梁为例，整个项目所需要的胶合木形式、尺寸、孔位都不相同。但节点的加工精度必须控制在±0.5cm以内，因此木梁加工采用数字建造的方式辅助完成。根据实际的加工局限，木构件的数字建造方式分为两种：大型构件——主梁在工厂中完成整体成形和节点预制（图6-19）；短梁以机器人建造的方式实现。

受限于胶合设备的尺寸局限，大型曲梁采用CNC辅助定位的方式进行胶合和加工。在此过程中，建筑信息包括开槽和开孔信息首先通过代码传输给CNC，加工成曲梁胶合模板，用于指导胶合过程和人工加工过程的定位。在工厂用大型钢板为底座，采用可灵活移动的钢架进行定位，通过人工加压实现大型曲梁构件的整体成形。钢架等胶合设施可以重复利用，有效节约了成本。胶合完成后，工人可以直接根据模板上的定位信息进行开槽或打孔，保证了加工精度。虽然大型曲梁只能在工厂人工完成，但是数字模型中的加工信息通过CNC模板有效地传输给了加工工人，实现了数字信息的间接传输。

大批量的次梁节点的机器人建造是该项目的主要难度所在。机器人配备了一台转速为18000rmp的主轴电机，通过转换工具头（铣刀用于开槽，钻头用于打孔）能够完成所有次梁节点的加工（图6-20）。项目采用Grasshopper插件Kukaprc将建筑模型转化为加工路径，同时直接生成机器代码，输出给机器人进行实际加工。对同一个节点，机器人需要首先加工螺栓孔等细节，随后完成开槽等大体量的材料铣削工作（图6-21）。机器人模拟过程除了建筑几何信息之外，无需其他几何信息的辅助。机器人大批量定制的加工方式不仅提高了加工精度，同时也有效减少了加工时间和成本，保证了建筑工期。

4. 现场装配

项目实现了木结构构件、五金件的工厂预制生产，五金件植筋等工作也在工厂中预先完成，因此现场施工只需要将木梁安装到位，将木结构的现场施工时间缩短到一个月左右。安装之初，主要构件（主次梁和五金件）依据网壳轴线编号进行了精确编码。施工过程是一个数字化的过程，在整个网壳结构中设置了两百多个施工

图6-19 主梁工厂预制过程
（图片来源：上海一造科技）

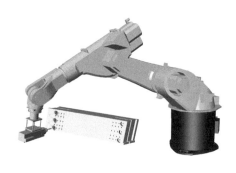
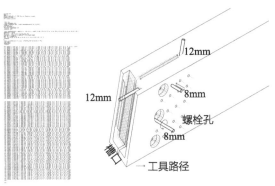

图6-20 次梁的机器人建造逻辑与模拟
（图片来源：上海一造科技）

测量控制点，全程采用全站仪跟踪测量定位。在施工阶段，全站仪测量数据返回设计软件，实时更新模型和构件加工图，以此来吸收前期施工产生的累积误差。根据壳体的结构特点，施工过程中搭设了满堂脚手架体系和操作平台，主次梁能够在三个方向上进行微调（图6-22、图6-23）。智能化、数据化的技术应用确保了这个项目的顺利完成。

江苏省园博会现代木结构主题馆最终完成面积约2000m²，最大跨度达40m。木网壳结构体系包含27根长曲梁，184个短梁和368个钢节点，同时其中任何两个组件都不完全相同。通过几何信息系统控制的结构主体仅耗时四个月就完成了加工和组装，保证了园博会展览的顺利进行。

项目名称：江苏省园艺博览会木结构主题馆

建筑设计：上海创盟国际建筑设计有限公司，苏州拓普建筑设计有限公司

机器人建造：上海一造建筑智能工程有限公司，同济大学建筑与城市规划学院

木结构施工建造：苏州昆仑绿建木结构科技股份有限公司

主创设计师：袁烽

设计团队：

建筑：韩力　闫超　孔祥平　柴华

室内：陈晓明　王徐炜

结构：周金将　周琪

机电：顾基林

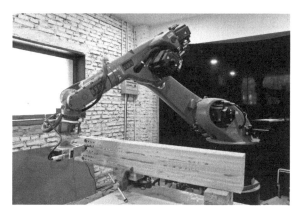

图6-21　机器人建造过程
（图片来源：上海一造科技）

图6-22　现场装配过程
（图片来源：上海一造科技）

图6-23　江苏省园博会现代木结构主题馆室内
（图片来源：上海一造科技）

6.3.2 德国施瓦本格明德园艺展览馆（Landesgartenschau Exhibition Hall）

展览馆坐落于德国施瓦本格明德镇，是一个由欧盟和德国巴符州共同资助的建筑原型项目。该项目由斯图加特大学多名教授团队合作研发，包括ICD的阿希姆·门格斯教授、ITKE的简·尼普斯（Jan Knippers）教授以及工程测量学研究所（Institut für Ingenieurgeodäsie Stuttgart，IIGS）的沃克·施威格（Volker schwieger）教授等。项目采用计算设计技术与机器人建造方法实现了超轻木质结构，是第一个主体结构完全采用机器人预制榉木胶合板的建筑。该建筑原型的开发与仿生建筑、细木工原理密切相关，这些因素被结合到该结构体系模拟与优化的计算设计工具中，创造了材料高效且新颖、富有表现力的结构。

1. 仿生轻量化设计

与人造结构相比，天然生物结构表现出显著更高程度的形态分化。这种形式和结构的差异是其性能和资源效率的一个关键方面——通过"更多的形态"实现"更少的材料"。出于这个原因，生物结构形态学的原理通常可以转移到技术应用的设计，包括建筑和结构领域。当前数字化建造的进步克服了差异化建筑构件生产的许多经济性约束。尤其是工业机器人的运动自由度允许引入具有高度几何复杂性的建筑系统，以获得更高的材料效率和结构性能。

展览馆的生物原型是一种生物单元壳体，它们是由单个元素组成的高性能结构体系。海胆、沙钱的骨架就是一种这样的模块化系统（图6-24）。海胆骨架由一种碳酸钙薄板组成，在薄板边缘以微小的凸起相互衔接，和人造手指关节非常相似。在几何学上的组织使得这些板块而不是节点构成了主要的承载结构。板块交接的基本拓扑规则是一个相交点仅仅连接三块板，弯曲应力主要沿着板块边缘的剪切力传递。

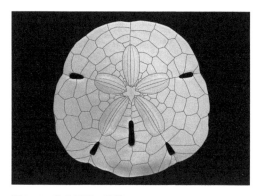

图6-24 仿生原型：沙钱

2. 计算设计与模拟

展馆的复杂结构设计同先进的计算设计与模拟方法得以实现。计算设计方法可以利用仿生原理对设计进行生成、模拟和优化。针对该项目所开发的计算设计工具不仅可以生成板块壳体结构，而且提供了整合材料特性和建造参数的可能。无须手动绘制任何一块板，每块板的设计都在结

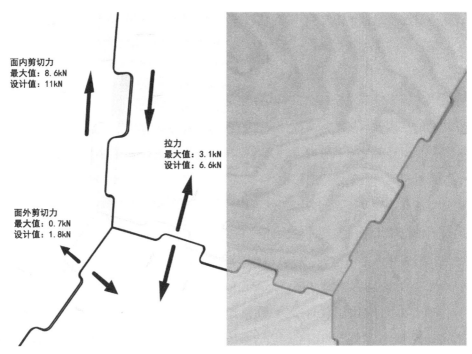

面内剪切力
最大值：8.6kN
设计值：11kN

拉力
最大值：3.1kN
设计值：6.6kN

面外剪切力
最大值：0.7kN
设计值：1.8kN

图6-25　面板受力分析
（图片来源：ICD/ITKE/IIGS University of Stuttgart）

构的模拟和优化过程中自动生成，该过程受到机器人建造的参数和约束的影响。

计算设计的关键方面是将双曲面转化成平面化的多边形。虽然双弯曲的建筑围护结构会增加建筑物的刚度，但出于建造考虑，将其划分为板块单元仍是更具现实性的问题。基于代理的建模（Agent-based Modelling）策略在计算机科学领域被用于处理多种问题，这种策略被引入该研究，通过各个实体与预定义规则集的交互，在全局层面上解决复杂的优化问题。这种计算建模方法在生成木板结构的同时能够使木板单元满足板块结构的更高级别目标，例如满足建筑约束、结合生物原理和满足结构要求等。板的数量和板平均尺寸等全局参数在模拟期间进行评估和优化。局部参数控制着每个板块的行为，并且与建筑约束直接相关，例如可用的材料尺寸、机器人工作范围等。此外还包括建造的要求，例如板块连接角度和边缘的长度范围等。每个板块的位置及拓扑关系也受美学标准和仿生原理的控制。代理系统在所有因素的限制下在全局范围内逐渐趋于收敛（图6-25）[261]。

3. 机器人建造

机器人的运动自由度使得复杂的几何节点形态变得更加可行，开辟了复杂仿生设计的实现可能。该项目研究的一个主要焦点在于开发从几何生成到结构分析和数字制造的完整数字链，包括主体结构中所有243个几何特异的山毛榉胶合板的机器人建造，以及绝缘、防水和外饰面层的数字预制。

最重要的挑战和创新之一是7356个人指形节点的机器人加工，建筑结构稳定性正是来源于这些节点的互锁连接。考虑到该建筑原型在建筑行业更广泛的应用潜力，因此施工细节是根据建筑规范制定的。经过物理实验和数字模拟，通过指形节点之间的直接材料接触，大部分力作为面内剪切力从板到板转移。然而，节点还需要承载平面外剪切力和轴向力。为此，在节点位置设计了成对的交叉螺钉。螺钉嵌入胶合板起到小桁架结构的作用。

指形节点在建筑物的内部仍然可以看到，该连接类似于沙钱的微观连接，只能通过七轴机器人系统实现高效生产。工业机器人的运动灵活性是生产这种复杂和个性化几何形状的基本要求。对机器人建造而言，该结构中所有胶合板在几何上都是独一无二的这一事实相比于生产标准构件而言，不会带来额外的难度。

面板单元的预制仅需要三周，加工过程主要由两个步骤组成。首先在Hundegger SPM机器上将山毛榉胶合板原材料切成较大尺寸的木板。然后将板安装在机器人铣削单元中的旋转外部轴上，精确铣削指形节点。其他数字化制造技术，如数控铣床和水射流切割（Water-jet Cutting）主要用于简单、有效、快速的生产，他们与上述机器人结合形成完整的建造流程。

4. 总结

板块式的壳体结构并不罕见，但是很少在建筑工程中应用。其中一个重要原因是难以处理复杂的节点，这些节点不仅要满足高效的结构承载需要，而且需要适应复杂的几何与结构形态。项目开发了基于复杂指形节点的轻质木结构建造方式，成为第一座主要结构采用由机器人制造的山毛榉胶合板的建筑。壳体结构采用当地材料山毛榉胶合板建造而成，从生命周期的角度来看，当地建筑材料的使用具有重要意义。短途运输保证了木材从伐木到施工的所有步骤中都能体现木材的低能耗优势。

项目表面积约为245m²，体量约17m×11m×6m，提供了125m²的内部地板空间和605m³的毛体积（图6-26）。在计算设计工具和机器人建造技术的辅助下，项目展现了极高的材料使用效率，承重结构厚度仅仅50mm，共使用12m³的榉木胶合板。此外，在剪裁木板中产生的几乎所有废料都在制造木地板的过程中被加以重复使用。建筑结构构件和隔热层、防水层等附加层也实现了预制化生产，现场组装仅用4周时间就完成了（图6-27）[262]。

建筑整体呈花生状，由两个空间区域组成：入口区域和主要展示区。两个区域之间的过渡由"花生"中间的收缩部位所限定。参观者由较低的一端进入，经过收

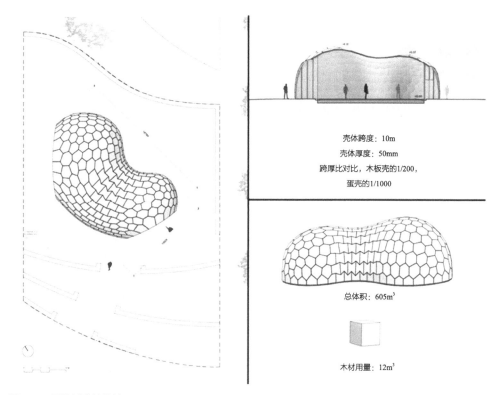

壳体跨度：10m

壳体厚度：50mm

跨厚比对比，木板壳的1/200，
蛋壳的1/1000

总体积：605m³

木材用量：12m³

图6-26　园艺展览馆设计
（图片来源：ICD/ITKE/IIGS University of Stuttgart）

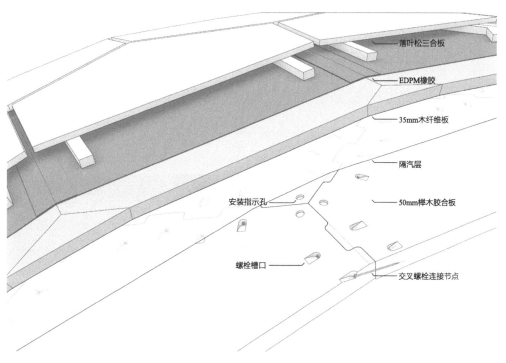

落叶松三合板

EDPM橡胶

35mm木纤维板

隔汽层

安装指示孔

50mm榉木胶合板

螺栓槽口

交叉螺栓连接节点

图6-27　Landesgartenschau展览馆建筑构造
（图片来源：ICD/ITKE/IIGS University of Stuttgart）

缩区域进入6m高的主要空间。裸露的胶合板和指形节点构成了建筑室内的主要特征，带来了十分独特的空间体验。

展览馆的开发、生产和建造过程表明，机器人建筑与计算设计、模拟和优化方法相结合，能够促使建筑师、结构工程师和木材制造商以跨学科的方式展开工作，有助于以材料和建造为导向创造兼具美学与性能的创新建筑体系（图6-28～图6-33）。

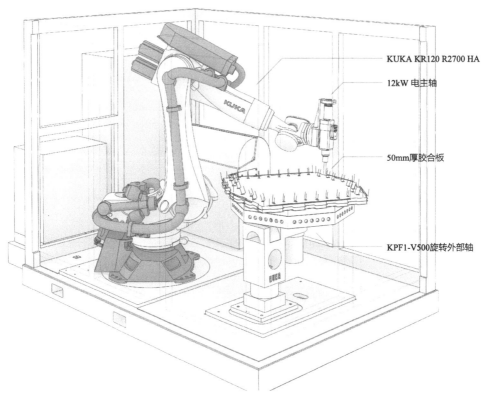

KUKA KR120 R2700 HA

12kW 电主轴

50mm厚胶合板

KPF1-V500旋转外部轴

图6-28 机器人建造模拟图解
（图片来源：ICD/ITKE/IIGS University of Stuttgart）

图6-29 建筑机器人板材铣削过程
（图片来源：ICD/ITKE/IIGS University of Stuttgart）

图6-30　Landesgartenschau展览馆建造过程
（图片来源：ICD/ITKE/IIGS University of Stuttgart）

图6-31　Landesgartenschau展览馆室内
（图片来源：ICD/ITKE/IIGS University of Stuttgart）

图6-32　Landesgartenschau展览馆夜景
（图片来源：ICD/ITKE/IIGS University of Stuttgart）

图6-33　Landesgartenschau展览馆
（图片来源：ICD/ITKE/IIGS University of Stuttgart）

项目名称：德国施瓦本格明德园艺展览馆
　　项目团队：斯图加特大学计算机设计学院，斯图加特大学建筑结构与结构设计研究所，斯图加特大学工程地质研究所（Institute of Engineering Geodesy, IIGS），穆勒布劳斯特因·霍尔兹堡有限公司（Müllerblaustein Holzbau GmbH），库卡机器人公司（KUKA Roboter GmbH），德国巴登-符腾堡林业局（Forst BW），德国施瓦本明德景观公司（Landesgartenschau Schwäbisch Gmünd 2014 GmbH）。

6.3.3　蓬皮杜梅斯中心（Centre Pompidou Metz）

　　蓬皮杜梅斯中心位于法国北部的梅斯市，是法国蓬皮杜中心的首个分支机构。建筑由日本建筑师坂茂（Shigeru Ban）和法国建筑师让·德·加斯蒂讷（Jean de Gastines）共同设计。项目试图使建筑在不失建筑标志性之余，提供一个最佳空间观赏艺术（图6-34）。

1. 屋顶设计

　　项目早期是优先选择三角形网格作为屋顶母题，以保证平面内刚度。但由此而产生的6个分支的相交节点令节点变得过于复杂，如果使用金属构件连接的话，其连接件体量将十分庞大，而长短不一的杆件亦增加了节点的复杂性及制造成本。受到中国竹编帽的启发，设计转而模拟竹编的形态，使每个三角形单元之间彼此重叠，大大简化了结构的复杂性。

　　屋顶占地8500m²，以单层层积胶合木（LVL Board）为材料，通过层板叠合形成复合板。屋顶采用共计近1800块复合木板。木板沿同一个方向切割成梁，木梁横截面均匀，为40cm×14cm，使用数控铣床最终铣削成型。项目共使用2000个硬木销钉和3500个金属销钉连接3层木网壳，并在木梁之间附加剪切块，以实现壳体的刚度。庞大的空间足以容纳现代及当代的大型艺术品，满足了先前的参观需求。

2. 数字建造

项目结构设计由奥雅纳公司（Arup）主导完成。最初奥雅纳使用GSA软件模拟拉伸膜的形式进行屋顶屋面找形，通过与建筑师的商议不断修正及改善，直到满足建筑师对屋顶形状和网格密度的要求。随后，自由曲面木网壳结构系统经历了逐步完善的过程。

最初每个网格单元被设想为三个350mm宽、81mm厚的Kerto-S LVL木板由12mm厚的垫块隔开，可以在相交的三个网格方向上进行编织（图6-35）。随后，考虑到成本和制造的复杂性，提出采用更便宜但更薄的材料——宽500mm、厚200mm的软木胶合板，从而增加网格深度。网格梁高800mm，交叉处1200mm，能够提高抗弯刚度，并降低挠度。

最终，团队考虑到建筑师的概念来源——中国式竹编帽，提出了使用空腹桁架原理的结构概念。结构被设计为3层层积胶合木的组合，换言之，屋顶部分就是一

图6-34 蓬皮杜梅斯中心（Centre Pompidou Metz）
（图片来源：Shigeru Ban Architects）

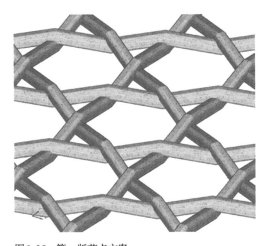

图6-35　第一版节点方案
（图片来源：Holzbau Amann）

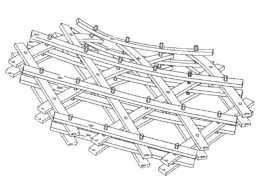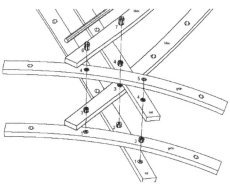

图6-36　空腹桁架原型
（图片来源：Holzbau Amann）

图6-37　销构件
（图片来源：Holzbau Amann）

个异形空腹桁架，其优点在于减少屋顶用材，节省木材成本，从而降低了屋面静荷载（图6-36、图6-37）。施工现场不需要胶粘剂，无需模具，只需建立临时支撑以进行现场组装。构件直接由用CAD及CNC铣削实现，保证了建造的高准确率。因为随着木材的增加，整个结构的一小部分，会出现难以安装最外层膜材料的问题，所以只能在施工时适当地妥协。尽管如此，在对结构重新评估后发现风雪载荷减少了，由此板条肋的尺寸能缩小为宽440mm、厚140mm。在某种程度上，这弥补了对大量材料的依赖。最终共使用了约8000m的双弯曲木肋。

项目的一个重要特征——复杂的几何形状，得益于最近几年数字化设计和建造技术的快速发展才得以实现。为了解决建造精度的问题，电脑模型必须比数控设备更加精确，精度必须控制在误差范围内几百分之一毫米。"设计-生产"公司（Design to Production）为木材加工商霍尔茨堡·阿曼公司（Holzbau Amann GmbH）提供了3D CAD模型定制服务，使用NURBS模型，生成了精确的参考曲面。从节点的基本数字模型开始，"设计-生产"公司对结构的各个部分进行了深化建模。结构纵向方面采用隐藏的5mm厚的双钢板固定销连接。结构在临时的脚手架上组装，在每个交叉点处，六层木板形成的网格由一个24mm直径的销连接。每块木板上预先钻好了公差孔，保证了节点的顺利连接（图6-38、图6-39）。

项目设计到施工的过程中，结构体系和建造方式都不是完全新颖的，其中最大的改变是信息之间的传递，由设计、加工到建造的过程确保有效、无差错的信息传递，包括所有必要信息之间的格式转换。这种信息流的无缝传递正在向工业4.0所提倡的信息物理系统靠拢，大大提高了设计的自由度，也促使建筑生产向工业精度看齐。

项目名称：蓬皮杜梅斯中心

建筑设计：坂茂建筑事务所（Shigeru Ban Architects），让·德·加斯蒂讷建筑事务所（Jean de Gastines Architecte DPLG）

结构设计：奥韦·奥雅纳（Ove Arup），特瑞尔（Terrell），赫尔曼·布拉默（Hermann Blumer）

木材承包商：德国阿曼·霍尔兹堡（Amann Holzbau）公司

6.3.4 2015年米兰世博会法国馆

2015年，米兰世博会法国馆采用木网壳结构类型，强烈地表达出过去50年内木材网格体系所发生的变化（图6-40）。以往的木材网格体系都是基于正方形网格的元素，网格具有一定的弧度以实现壳体形式，同时使用小截面木材进行建造。法国馆同样采用了正方形网格，但与以往不同，法国馆采用小截木材组合而成的大尺

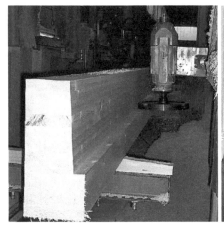

图6-38　木材加工过程
（图片来源：Holzbau Amann）

图6-39　局部构件
（图片来源：Holzbau Amann）

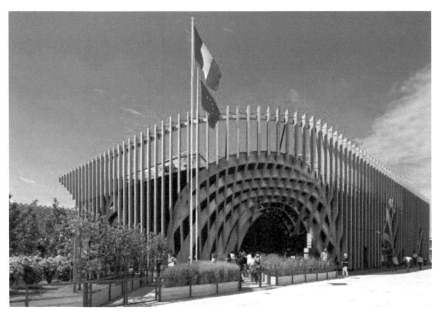

图6-40　2015年米兰世博会法国馆
（图片来源：XTU Architects）

度胶合梁，通过弯曲或机械加工成曲面构件，构件由大量的预制金属连接件组成一个正方形网格空间。法国馆的木网壳结构没有依赖钢索，能够同时抵抗弯矩和压应力。除此之外，它不只是承受屋顶的力，它还需要承受来自于上层楼板及花园的重力。法国馆通过对木材的计算及生产、节点系统、数字化结构设计、工厂加工、规划及建造，得以将设计与结构意图完美呈现。

与当时的世博会的主题"滋养地球，生命之源"相关，法国馆灵感来自巴黎的市场巴尔塔雷阿勒（Les Halles de Baltard），旨在回答三个关键问题：（1）如何表达法国与食物有关的身份；（2）粮食生产和消费的关系如何变化；（3）如何介绍法国在该领域的创新。设计提出了一个"市场原型"概念：在一个巨大屋顶之下的独立空间。这更新了人们在面对生产及消费时都会面对的十字路口，为之后的可持续发展提供了一个参照对象。同时由于是法国云杉和落叶松制成的，整个木结构非常易于拆卸后重装，因而可以随时在法国任何地方出现。

在整体35m × 56.7m的三层建筑内，一个关键特征是约1500m²的拱形云杉胶合木网壳。在世博园区的一个角落里升起达到约12m高的建筑，与法国的山地景观相呼应，木结构在内部的大厅中像斗篷一样落下，同时也支撑建筑的其余两层（图6-41、图6-42）。外立面的网格与世博会园区中轴线成45°，弧形的木梁在4.5m × 4.5m的网格上，带有1.5m的空间间隔。单曲线格栅梁的宽度均为200mm，厚度在380 ~ 960mm之间。展馆的一个关键概念是它可以被拆除并在另一个地方重新搭建，因此所有节点都是可拆卸的。节点使用专用的KNAPP系统，包括Megant™和KNAPP Ricon™等六种类型，共19种螺栓，以及一些带有额外的拉杆和重负荷接头的RESIX™连接器及胶合螺纹杆等（图6-43）。

在设计阶段，作为设计竞赛团队，西蒙宁公司（Simonin S.A.S.）与XTU建筑设计事务所（XTU Architects）合作制作了一个基于Rhinoceros 和 Grasshopper的参数化模型。随后，该模型导入结构设计软件Acord-BAT进行分析，并用于确定木材数量和估算生产时间，也协助了竞赛用的渲染图制作。在建造阶段，"设计-生产"公司作为建筑设计模型化顾问，重新建立了参数化模型，并使用Rhinoceros编写Rhino-Python的脚本将结构分析的结果转化为木材商西蒙宁公司（Simonin S.A.S.）的初始3D模型，木材实际的尺寸数据通过Excel表进行数据交换并最后整合到建造模型中。由于木材是一种各向异性材料，当它的纤维被切割时，其强度会显著降低，这在CNC铣削弯曲木材时经常发生。在这个项目中，将 ± 5° 设定为切割和纤维方向两者之间的极限角度，一共730根梁的生产全部在这个角度的控制下加工完成（图6-44）[263]。

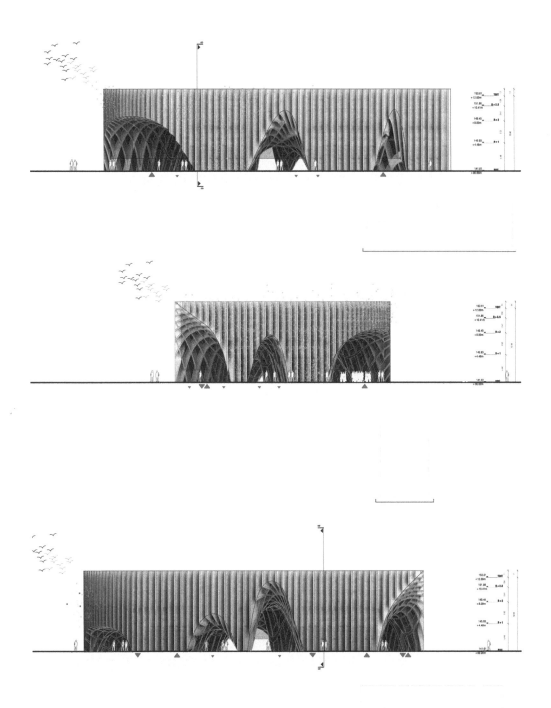

图6-41 2015年米兰世博会法国馆立面图
（图片来源：XTU Architects）

形态生成

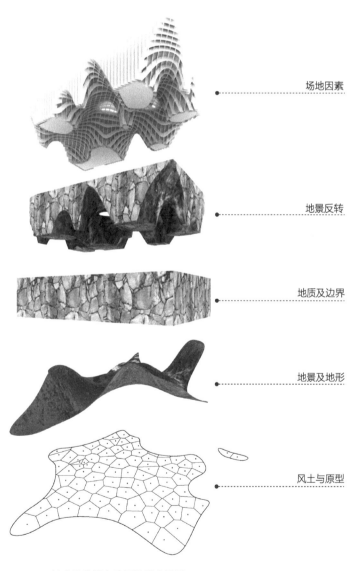

场地因素

地景反转

地质及边界

地景及地形

风土与原型

图6-42 2015年米兰世博会法国馆形态设计
（图片来源：XTU Architects）

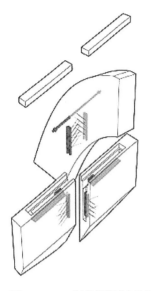

图6-43　2015年米兰世博会法国馆节点
（图片来源：Design-to-Production）

图6-44　2015年米兰世博会法国馆木构件加工过程
（图片来源：Design-to-Production）

图6-45　2015年米兰世博会法国馆现场安装过程一
（图片来源：XTU Architects/ Simonin S.A.S.）

图6-46　2015年米兰世博会法国馆现场安装过程二
（图片来源：XTU Architects/ Simonin S.A.S.）

材料的尺寸和形状经过优化以便经济地生产。西蒙宁公司使用了一个Grasshopper模型提取生产数据以实现木梁的层压胶合生产，包括实现了所有必需的切割、钻孔、铣、连接孔。AlphaCAM软件控制梁面的五轴铣削，而LignoCAM用于加工节点细节。如果没有数字铣削技术的话，法国馆的木结构在经济性和时间上都是不可能实现的。西蒙宁利用Technowood TW-Mill设备在大约1750h内实现1450个木材组件的加工（图6-45、图6-46）。

一旦游客身处其中，他们便会沉浸在一个倒置网格形式的景观体验中。在充满拱的特色网格空间中，展示着法国的科学和生物技术研究，农业生态学、新的农业食品技术、基因发现、生命化学和有益菌群等。法国馆实现了XTU事务所引导游客探索建筑的设计意图，通过进入洞穴般的入口进入建筑物。能够在世博会正式开幕前及时完成并面对公众，法国馆清楚地证实了数字设计和制造的优势（图6-47）。

项目名称：2015年米兰世博会法国馆
委托方：法国农业部农业和渔业管理局（Franceagrimer）
建筑设计：XTU 建筑事务所
木材承包商：法国西蒙宁公司（Simonin S.A.S.）

图6-47　2015年米兰世博会法国馆内部
（图片来源：XTU Architects）

6.4　建筑机器人混凝土建造实践

6.4.1　基尔克-卡皮塔公司（Kirk Kapital）总部

20世纪的发展进程中，建筑建造在材料、工程和设计方面经历了激烈的创新，从根本上改变了建筑物的建造方式。尤其是钢筋混凝土的技术发展是现代建筑的一个重要推动力。在2011年，就生产了34亿t水泥来制造混凝土。技术和工业的进步使建筑师、工程师能够以混凝土构建日益复杂的建筑结构。近几年，计算机辅助设计和制造（CAD／CAM）技术重新焕发活力，并增加了实现更复杂几何形状的可能性。钢筋混凝土通常被选择用于这种结构，因为当混凝土放入模板中时几乎可以实现任何形状。然而，使用这些数字设计工具生成的大多数复杂形式与当今混凝土施工中使用的默认生产模式几乎没有关系。建筑设计中的数字技术提供的可能性与建筑行业的现实之间出现了巨大差距。但近些年来兴起的机器人智能建造让在设计中的数字化能够延续到建造中去，并提供有效的用于生产复杂的混凝土结构的解决方案。

奥迪卡模板机器人公司（Odico Framework Robotics）是一家致力于通过机器人制造大型建筑模板的技术公司。他们尝试使用创新的软件和机器人技术，希望对建筑业有所革新，并且他们的技术已经在各种建筑项目中进行了测试和实践[264]。

在Odico公司实践和研究的项目中最受瞩目的当属Kirk Kapital总部（图6-48～图6-50）。2013年，Odico收到丹麦Kirk Kapital总部4500多平方米的定制模板的项目委托。业主希望通过定制的模板来完成对外表面复杂形式的承重混凝土结构的施工和建造。在Odico公司的研发下，该项目成为世界上第一个使用机器人热丝切割生产混凝土关键承重结构的建筑项目[265]，最后建成的效果相当震撼。

建筑设计了4个圆柱形墙壁，高度为32.3m，圆柱形上散布着19个交叉的双曲抛物体空隙，尺寸从7.4m×2.8m×5.2m到4.2m×3.2m×5.2m不等，每层待生产的模板数量超过70m²。在制作测试模型的时候，Odico公司将传统的木制模具与聚苯乙烯泡沫（Expanded Polystyrene，EPS）模具进行对照。通过实验可以发现，尽管使用的是较低密度的EPS材料，EPS模具在混凝土浇筑的压力下，控制形变的能力比木质模具好。通过这一重要发现，Odico获得了建筑承包商的信任，开始开展该项目的模板制作工作。

为该项目开发的模板系统包含三个主要阶段。首先是现场预制工作。在这个阶段，施工人员将聚苯乙烯模具零件插入矩形木脚手架箱中。这些装在矩形木脚手架

图6-48 Kirk Kapital Building建成实景
（图片来源：Odico Formwork Robotics）

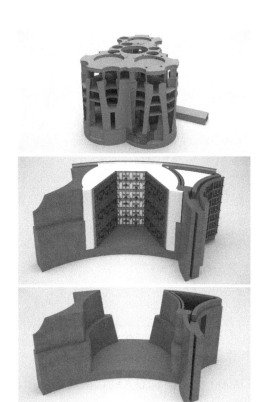

图6-49 Kirk Kapital Building建造过程
（图片来源：Odico Formwork Robotics）

箱中的聚苯乙烯模具零件被吊装机吊装到预先设定的位置，被用作弯曲壁段的现场建造模板。

第二部分的工作主要是下层双曲壁的现场浇筑。在这里，模板被设计为110m³的固体泡沫。所采用的泡沫尺寸相对于标准库存泡沫尺寸的正交等分模块。为了减少混凝土浇筑固定栓的使用，在模板的拓扑形相似的情况下，单木栓插销结构被重复使用。模板在浇筑混凝土时提供辅助的压力支撑，减少了模板设计本身的几何限制和材料损耗。

第三部分的模板系统是为了项目中抛物面与圆柱形相交处的交接形状设计的。在抛物面和圆柱形交接的情况下，轧制的钢模板被用于主体圆柱部分的墙

图6-50　Kirk Kapital Building建造照片
（图片来源：Odico Formwork Robotics）

体浇筑，而泡沫模板也被用于实现抛物线开口的模板。这种在现有铸造工作流程中无缝使用RHWC的能力在该项目中起了决定性作用。

上述工作流程需要组织、设计和制造约3800个独特的机器人线切割模板单元。由于该设计不是在考虑机器人热线切割工艺的情况下开发的，所以在设计和工程开发中，建造方面并未受到关注。因此，需要做相当多的后处理工作。为了将建筑物分割为适合库存材料尺寸的分块，研究人员利用Grasshopper和GH Python开发了半自动CAD工作流程。虽然该项目原则上应该有一个共享的中央BIM模型，但在整个数据链中，支持NURBS表面的IFC 4规范在当时并不可以用。因为该项目具有复杂的规则几何图形，所以对NURBS中交换几何图形的能力要求严格。因此，最终的模型来自多个CAD平台，并且由于当时缺乏支持IFC 4规范的软件，对建模数据的交换产生了重大的影响，这损害了模型的几何完整性。因此，该项目需要在几何预处理和模板设计优化方面做出重大努力。此后，Odico为其离线机器人平台PyRAPID提供了对IFC 4的支持[266]。

Odico为实现斯堪的纳维亚建筑史上最负盛名的办公大楼，生产了超过130卡车的独特模板。同时，这些模板以相当低的造价提供给了业主。项目主体结构的机器人热丝切割模具证明，由于机器人控制提供的自由度和EPS的低成本效益，机器人热丝切割可以作为生产复杂混凝土模具的有效的方法，并适用于楼梯、面板、结构等重要部件。

项目名称：基尔克-卡皮塔公司（Kirk Kapital）总部
艺术家：奥拉维尔·埃利亚松（Olafur Eliasson）
建筑设计：塞巴斯蒂安·贝曼（Sebastian Behmann）与奥拉维尔·埃利亚松工作室（Studio Olafur Eliasson）合作
机器人模板制作：奥迪卡模板机器人公司
客户：基尔克-卡皮塔公司

6.4.2 上海智慧湾混凝土3D打印步行桥

2019年1月12日，目前最大规模的混凝土3D打印步行桥在上海宝山智慧湾落成（图6-51）。该工程由清华大学（建筑学院）-中南置地数字建筑研究中心徐卫国教授团队设计研发，并与上海智慧湾投资管理公司共同建造。

该步行桥全长26.3m，宽度3.6m，桥梁结构借取了中国古代赵州桥的结构方式，采用单拱结构承受荷载，拱脚间距14.4m。在该桥梁进入实际打印施工之前，进行了1∶4缩尺实材桥梁破坏试验，其强度可满足站满行人的荷载要求（图6-52）。

该步行桥的打印运用徐卫国教授团队研发的混凝土3D打印系统技术，该系统由数字建筑设计、打印路径生成、操作控制系统、打印机前端、混凝土材料等创新技术集成，具有工作稳定性好、打印效率高、成型精度高、可连续工作等特点。该

图6-51 混凝土3D打印步行桥
［图片来源：清华大学（建筑学院）-中南置地数字建筑研究中心］

图6-52 落成当日人群站在打印桥上
［图片来源：清华大学（建筑学院）-中南置地数字建筑研究中心］

系统在三个方面具有独特的创新性：第一，机器臂前端打印头具有不堵头且打印出的材料在层叠过程中不塌落的特点；第二，打印路径生成及操作系统将形体设计、打印路径生成、材料泵送、前端运动、机器臂移动等各系统连接为一体协同工作；第三，独有的打印材料配方具有合理的材性及稳定的流变性。

整体桥梁工程的打印用了两台机器臂3D打印系统，共用450h打印完成全部混凝土构件；与同等规模的桥梁相比，它的造价只有普通桥梁造价的三分之二；该桥梁主体的打印及施工未用模板，未用钢筋，大大节省了工程花费。

步行桥的设计采用了三维实体建模，桥栏板采用了形似飘带的造型与桥拱一起构筑出轻盈优雅的体态横卧于上海智慧湾池塘之上（图6-53）；该桥的桥面板采用了脑纹珊瑚的形态，珊瑚纹之间的空隙填充细石子，形成园林化的路面（图6-54）。

该步行桥桥体由桥拱结构、桥栏板、桥面板三部分组成，桥体结构由44块0.9m×0.9m×1.6m的混凝土3D打印单元组成，桥栏板分为68块单元进行打印，桥面板共64块，也通过打印制成（图6-55）。这些构件的打印材料均为聚乙烯纤维混凝土添加多种外加剂组成的复合材料，经过多次配比试验及打印实验，目前已具有可控的流变性满足打印需求；该新型混凝土材料的抗压强度达到65MPa，抗折强度达到15MPa（图6-56）。

图6-53　3D打印桥栏板
［图片来源：清华大学（建筑学院）–中南置地数字建筑研究中心］

图6-54　脑纹珊瑚形态的桥面板
［图片来源：清华大学（建筑学院）-中南置地数字建筑研究中心］

图6-55　打印过程
［图片来源：清华大学（建筑学院）-中南置地数字建筑研究中心］

　　该桥预埋有实时监测系统，包括振弦式应力监控和高精度应变监控系统，可以即时收集桥梁受力及变形状态数据，对于跟踪研究新型混凝土材料性能以及打印构件的结构力学性能具有实际作用。

　　虽然在3D混凝土打印建造方面存在着许多需要解决的瓶颈问题，该领域技术研发及实际应用的竞争也日益激烈，国际国内有相当多的科研机构及建造公司一直致力于这方面的技术攻关，但还没有真正将这一技术用于实际工程。该步行桥的建

图6-56　结构试验
［图片来源：清华大学（建筑学院）–中南置地数字建筑研究中心］

图6-57　打印桥鸟瞰
［图片来源：清华大学（建筑学院）–中南置地数字建筑研究中心］

成，标志着这一技术从研发到实际工程应用迈出了可喜的一步，同时它标志着我国3D混凝土打印建造技术进入世界先进水平（图6-57）。

项目名称：上海智慧湾3D打印混凝土步行桥
研发团队：清华大学（建筑学院）–中南置地数字建筑研究中心
　　　　　徐卫国，孙晨炜，王智，高远，张智龄，邵长专等

6.5 建筑机器人综合建造实践

6.5.1 上海西岸人工智能大会B馆

作为一种新学科的建筑学正在和结构学、材料学、计算机科学,甚至机器人带来的机械学包括生物学进行深度融合[267],数字设计与智能建造颠覆了传统的建筑模式,为行业新的活力与变革指明方向。西岸人工智能峰会B馆(图6-58)为数字设计与智能建造的探索提供了一次实践机会。

上海西岸人工智能峰会B馆场地位于后世博时代徐汇滨江的西岸,伴随着人工智能科技产业的集聚,艺术与科技的融合成为新时期的发展下西岸滨江城市建设的全新话题,在此背景下西岸迎来了2018年世界人工智能大会的举办。项目最大的挑战来自时间,场馆的设计与建造仅有100天时间,限制带来了挑战的同时也意味着机遇:建筑从整体思路上打破了常规会展建筑的设计建造方式,以轻型建筑预制化快速建造实现,会议场馆以3个模数化的轻铝排架结构实现,休息庭院屋顶通过2个轻质钢木复合网壳结构实现(图6-59)。建筑整体设计实现了轻盈通透的开放空间,同时考虑以极具科技感和标识性的数字展亭打造有吸引力的城市开放空间:建筑主入口广场放置德国Achim Menges教授团队制造的机器人碳纤维编织展亭(图6-60),主庭院放置Fab Union制造的机器人3D打印咖啡亭(图6-61)。数字展亭是建筑数字设计与智能建造的前沿探索,展现了新兴技术对于建筑产业的深远意义。

1. 钢木复合网壳屋顶

庭院空间通过钢木复合网壳覆盖,2000m²的双曲面钢木复合网壳的预制加工与现场装配在2个月的紧迫建造时间内完成,网壳最大跨度达40m(图6-62)。木网壳探讨了在数字工业化背景下,以定制化设计和智能化生产实现单层木网壳的数字化设计与建造的方式,通过数字工作流程与创新的设计策略结合,展现了建筑数字工业化给实现木结构的"定制"创新设计带来的巨大潜力,在这里,"定制"既指特定场所、时间及空间限制下的合理"设计解",又指对自由曲面网壳及非标构件的合理的设计与建造实现,这种二重合理性体现了一种新唯物主义哲学下建筑、结构和材料的完美物化。

(1)结构性能化找形与复合材料设计策略

由于庭院在空间上被限定于由三个矩形会议空间定义的三角形空间,木网壳在形式空间上需要与两侧会议区及滨江环境相协调,在结构上需要与两侧排架柱网相适应,比选了不同边界条件下的结构性能找形所实现的网壳形式与空间,最终选择

图6-58　上海西岸人工智能峰会 B 馆
（图片来源：上海创盟国际建筑事务所，摄影：田方方）

图6-59　轻质钢木复合网壳
（图片来源：上海创盟国际建筑事务所，摄影：田方方）

图6-60　机器人碳纤维编织展亭
（图片来源：上海创盟国际建筑事务所，摄影：田方方）

图6-61　机器人3D打印咖啡亭
（图片来源：上海创盟国际建筑事务所，摄影：田方方）

图6-62　空间异形双曲面网壳屋顶
（图片来源：上海创盟国际建筑事务所，摄影：田方方）

将屋盖系统与支撑系统分离进行找形，这个方案下形式与结构的矛盾体现在几个方面：支撑系统无法平衡屋盖系统的水平推力；矢高较小的网壳有利于整体空间形式实现但不利于结构的三维空间效应发挥。

　　建筑师与结构工程师基于三维可视模型进行高度互动，以不同方式进行数字模拟与分析，共同探讨了结构与形式的矛盾化解方式。钢木混合是改善木结构性能的常见设计策略，充分利用钢木材料的高效协同为现代木结构体系创新开拓了自由度，弦支结构作为改善木网壳的一种较理想的解决方案，不仅可以平衡网壳的水平推力，还可以减小构件截面，提高网壳的整体刚度与稳定性，弦支结构的缺点是其牺牲了网壳空间净高，通过不同方案比选，最终将弦支部分移到角部，采用外圈钢桁架加三角弦支梁的构造约束方式实现屋盖水平推力平衡，钢拉索对应的木梁替换为钢梁。之后通过遗传算法的多次比较优化实现钢木构件设计：网壳主体为平行于三角形长边的网格投影所得的菱形网格，为进一步改善网壳的整体性能，靠近外圈钢桁架和角部钢梁的部分木梁被替换为钢梁，网壳中部增加短向木梁形成整体性较好的三角形网格（图6-63）。这个方案使网壳在复杂的力的平衡中实现连贯的形式与丰富的空间，呈现了一种整体的空间延展和艺术氛围，同时结构系统和主次空间可以被清晰阅读。

（2）基于参数模型的构件与节点优化

网壳的构件分解以佐林格屋面（Zollinger Roof，或称Lamella Roof）为原型（图6-64），这是一种通过单层交错布置的构件实现的格栅系统，可以实现半刚性节点连接，同时优化构件数量、降低制造难度。佐林格屋面体系基本只用于柱面壳体或者球面壳体，在参数化模型的帮助下，佐林格屋面可以方便地拟合自由曲面网壳。考虑到网壳整体平缓的曲率和有限的施工时间，基于减少

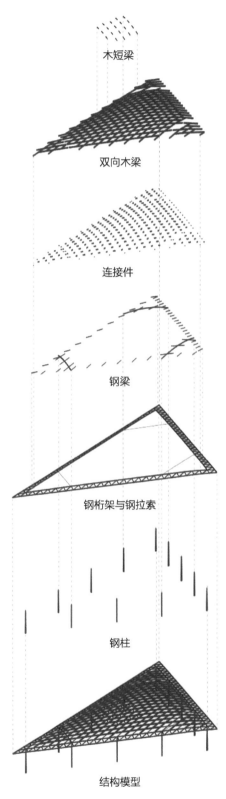

图6-63　主庭院钢木复合网壳结构爆炸图
（作者自绘）

胶合木用量、提高节点刚度、提高现场建造消解误差能力的考虑，对佐林格屋面进行了进一步优化：以直梁拟合曲面，将单梁优化为厚度50mm的竖向中空叠合双梁（图6-65），直梁的网壳屋面交错韵律感增强，同时可以实现节点隐蔽，中空双梁大大减轻了屋顶重量，强化了整体网壳的轻质漂浮感。网壳节点以对穿螺栓和现场开孔的自攻螺钉连接，巧妙的节点设计同时考虑了安装速度与建造精度等因素。经计算分析，整体壳体的构件高度达到400mm便可满足受力要求，为了优化节点类型，在参数建模分析构件交接关系下最终将构件高度统一调整至500mm，参数模型在形式调整中显示了其灵活适应性。

（3）数字建造与现场装配

自由曲面的网壳形式带来的一个问题是构件非标准化，562个木梁的梁头尺寸和相应的开孔信息均不一致，通过模型将设计数据与建造数据连接。由于木梁构件设计过程中充分考虑了面向建造的优化，例如以直线构件拟合曲面，夹板式的构件和节点连接等，木梁几何形式较为简单，可以实现快速简便的机械加工。使用Hans Hundegger K2i数控机床对非标木梁进行加工，K2i数控机床通过同一控制系统下的

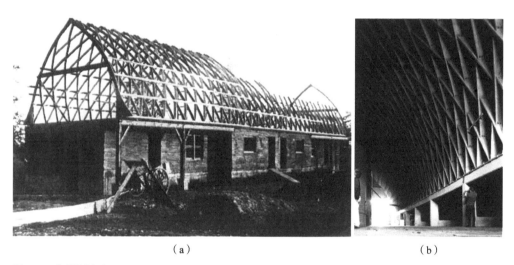

| （a） | | | （b） |

图6-64　佐林格屋面
［图片来源：（a）https://www.sbp.de/en/themes/elegance；（b）https://wiki.opensourceecology.org/wiki/Lamella_Roof］

图6-65　以竖向中空叠合双梁的直梁拟合网壳曲面
（作者自绘）

图6-66　自由曲面的网壳木梁
（作者自摄）

多个模块功能协同，进行木梁的铣削、开孔等多种操作，快速、精确地实现了非标木梁和木垫块的全自动化加工，非标木梁在加工完成之后进行编号（图6-66）。然而，数控机床加工的不足之处在于其仅能处理二维的几何信息数据，这意味着三维的构件几何信息需要通过降维得到输入数控机的二维数据，这进一步影响了非标木构构件的生产效率和成本，相比之下，机器臂加工则可以直接处理三维几何数据，例如通过Grasshopper插件Kukaprc实现Rhino模型和Kuka机器臂的连接以实现直接高效的实时信息传递，总之，非标木构构件的不同数控加工方式具有不同的优劣，对进一步改进非标构件木构加工中心提出了需求。

现场装配与建造基于模型信息进行，首先进行了钢柱、钢桁架、钢梁部分的安装。考虑到双曲面网壳的小料木梁装配难度，木结构安装搭设了满堂脚手架作为操作平台和定位基准网格，并以全站仪跟踪测量以反馈调整施工累计误差。现场装配与建造过程中，合理的设计大大提高了互承式网壳的装配速度和精度，轻巧的单根木梁现场3~4个工人就可以搬运，巧妙的节点设计使木梁在吊装和整体组合前就可以达到较高的安装程度，加快安装速度；以现场开孔的自攻螺钉作为连接件，可以很好地消除现场工程误差冗余，实现双曲网壳结构的精确建造（图6-67）。钢拉索在整体结构安装完成后进行预应力张拉，之后进行卸荷以实现最终网壳结构形态。

最终，在28天的现场装配建造时间内完成了2000m^{2}的空间异形双曲面网壳屋顶的建造。上海西岸人工智能峰会B馆木网壳探索了一种以数据模型作为木网壳的形式、结构、预制加工和现场安装媒介的方式，以实现定制化的木网壳结构的创新设计建造。在云集全球最新智能技术的会议场馆建设中，使用最新数字技术实现木网壳的设计与建造，对于在大跨度建筑实践中推广生态环保的木结构具有很好的引领作用。

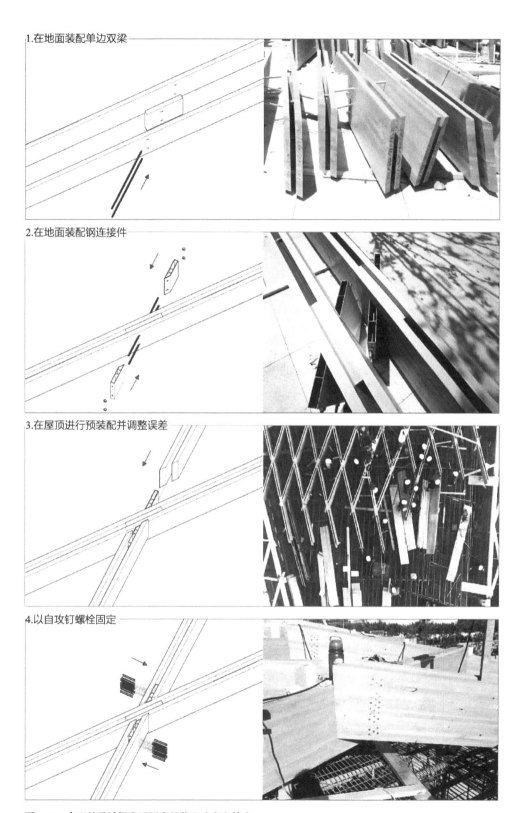

1.在地面装配单边双梁

2.在地面装配钢连接件

3.在屋顶进行预装配并调整误差

4.以自攻钉螺栓固定

图6-67　合理的设计提高了网壳的装配速度和精度
（作者自绘）

图6-68 机器人3D打印咖啡厅及其内部3D打印隔墙、吧台、家具
（图片来源：上海创盟国际建筑事务所，摄影：田方方）

2. 机器人3D打印咖啡亭

共享花园中，通过机器人3D打印技术，使用环保材料——改性塑料建造了3D打印咖啡亭及其内部3D打印隔墙、吧台、家具（图6-68），3D打印咖啡亭采用大尺度空间打印的工艺进行建造，使用特定的编程语言生成面向建造的连续空间网格，充分融合结构性能化分析技术，力求做到整体结构最轻、用材最省。大尺度空间打印技术将在建筑复杂空间结构、异形模板等方面拥有广阔应用前景。

（1）算法生形

3D打印咖啡亭的形式通过算法生形实现：首先根据场地关系确定咖啡亭轮廓和基础平面网格线并细分网格，以庭院空间的人流动线扰动网格，可得到用于生形的网格线；通过Grasshopper插件Kangaroo结构找形，可得到曲面空间形态。

（2）拓扑优化与建造优化

曲面空间网壳通过单元化的网格系统实现拟合，机器人预制建造可实现高度差异的系统，深化设计引入了结构拓扑优化技术，以实现不同疏密的空间打印单元，不同的单元可以实现不同的刚度，并很好地对结构实现了减重。同时，深化设计还需要考虑机器人建造工艺的限制，进行合理的运动路径规划，避免打印路径碰撞或打印环境变化带来的限制，以再次优化整体网格。

图6-69　碳纤维展亭透视
（图片来源：上海创盟国际建筑事务所，摄影：田方方）

（3）机器人3D打印

3D打印咖啡亭充分展示了机器人的空间运动能力带来的建造优势，同时，作为一个开放的、面向"数据"的工具平台，机器人实现定制构件建造可以很好地控制时间与成本，咖啡亭主体结构及其附属的物品都在工厂通过机器人预制完成，总耗时三周。咖啡亭主体结构最终在现场装配下实现了快速建造。

3. 机器人碳纤维编织展亭"Elytra Filament Pavilion"

在先进的计算设计、模拟和制造技术的帮助下，丰富的生物学资源可以被用于探索设计和工程中自然系统的基本工作原理，作为斯图加特大学阿希姆·门格斯的碳纤维展亭的系列探索作品之一，Elytra Filament Pavilion（图6-69）探讨了生物纤维系统如何转移到建筑。展亭由德国斯图加特大学计算机设计学院（ICD）和建筑结构设计学院（ITKE）联合设计建造，开拓性地集合了建筑学、工程学和仿生学的原理，通过当代的、综合的设计方式实现了高技术、高效能的仿生形态，展示了对于新兴技术意义深远的影响[264]。

（1）仿生设计

200m²的展馆结构灵感来自于自然界中的轻质结构原理，最主要的是一种在甲壳虫前翅上发现的纤维状翅鞘结构，并将轻质结构形式转译为适应性的、不断增长

图6-70 玻璃纤维与碳纤维细部
（图片来源：上海创盟国际建筑事务所，摄影：田方方）

图6-71 机器人纤维编织
（图片来源：ICD/ITKE University of Stuttgart）

的树冠形式，由模块化的六边形基本单元构成，以实现展亭形态扩展并适应半户外城市绿地。

（2）工程集成

碳纤维单元由项目团队开发的机器人缠绕纤维的工艺制造，以透明玻璃纤维形成空间支架，为其上作为主要结构的黑色碳纤维提供必需的硬度和强度，纤维增强复合材料（FRP）以各向异性的卓越结构性能实现轻质结构体（图6-70）。由于机器人制造过程能够实现差异化的形态建造，每个顶篷单元设计考虑了其特定的荷载条件，通过其纤维排列密度和方向的差异实现结构适应性，从而产生有效轻质的结构，其平均重量仅为9kg/m²。

（3）机器人纤维编织

Elytra Filament Pavilion模块化轻量级的纤维复合建筑系统由两台协作机器人缠绕纤维制造，使用了当前世界上最先进的建筑智能制造技术，与大多数其他复合材料制造工艺相比，机器人缠绕纤维可在没有任何模具的情况下实现快速建造，该装置占地200m²的起伏的顶棚包含40个各不相同的六边形构件单元，平均每个的制造时间大约3h（图6-71）。

西岸人工智能峰会B馆探索了未来的建筑设计和建造方式：建筑和展亭以一套整合材料系统、性能化参数、建造方法的数字设计方法实现设计，并以超轻型、快速准确的智能建造技术建造，实现了工业化、智能化的具体实践。

項目名称：西岸人工智能峰会B馆
设计单位：上海创盟国际建筑设计有限公司
设计团队：
主创建筑师：袁烽
建筑：韩力，金晋磎，林磊，黄金玉，张啸
结构：张准，沈俊超，黄涛，王瑞
室内：何福孜，唐静燕
机电：俞瑛，王勇，魏大卫
数字建造：上海一造建筑智能工程有限公司
摄影：田方方
西岸人工智能峰会B馆3D打印服务亭
数字设计：上海一造建筑智能工程有限公司
数字建造：上海一造建筑智能工程有限公司
主持建筑师：袁烽
设计团队：
项目建筑师：张立名，金晋磎
建筑设计：徐纯，高思捷，黄桢翔，李策
数字建造：张立名，张雯，王徐炜，彭勇，徐纯，高思捷，黄桢翔，李策，万智敏
碳纤维亭设计团队：
设计：Achim Menges, Moritz Dörstelmann
结构工程：Jan Knippers
气候工程：Thomas Auer

6.5.2 四川安仁OCT "水西东" 林盘文化交流中心

　　四川安仁OCT "水西东" 林盘文化交流中心位于四川省成都市大邑县安仁镇林盘区域的中部，西邻桤木河，周边被大面积的田野与竹林环抱（图6-72）。设计试图融入原有自然景观，延续川西传统建筑的材料、空间要素，在建筑结构性能化的新思维和数字建造创新营造方法的指引下，探索建筑文化性与建造性的共存，在地性与新技术的结合，将地方的场所精神与未来建筑新观念以及新技术进行融合，通过预制装配的建造策略，探索智能化、绿色化及产业化的新农村建设。

　　安仁镇政府与成都安仁华侨城文化旅游开发有限公司合作，通过与农民置换居住土地并引进华侨城这样具有运营、开发实力的团队，重新规划与示范未来林盘空间质量的全新可能。整体空间规划设计构思来自宋朝诗人黄鉴的诗《过安仁》："图画宛然山远近，人家对住水西东"，诗中描绘的自然人文场景成为项目感知地方的灵魂的起点。整体空间布局包括3组建筑，经由漂浮于地景之上的曲径复合长廊，到达主体建筑以及农耕服务辅助建筑。主体建筑为二层的天井式院落布局，建筑重构了中国传统建筑基座与屋顶的意象，底层相对敦实、稳定，二层屋顶飘逸灵动，两者相互融合，彼此对话，形成了形与意之间的一系列拓扑变形（图6-73），中国传统建筑中的元素与当代最前沿的非线性审美产生了紧密的联系。

1. 装配式钢木结构

建筑主体结构通过装配式钢木组合结构的方式实现。随着绿色环保观念的深入、进口木材的引入、装配式建筑在中国的应用推广，装配式钢结构、装配式木结构在中国得到越来越广泛的应用，中国大量引进北美、欧洲、日本的装配式结构技术进行现代装配式建筑建造。在此情况下，水西东林盘文化交流中心探索了继承与发展中国传统建筑的方式。

（1）传统木构的现代演绎

为了实现现代、简洁、通透的现代空间，建筑通过钢柱与钢梁实现下部框架系统（图6-74），屋顶通过钢木复合的设计策略实现，主要技术难度在于主体建筑屋架结构5m长的深远挑檐。中国传统建筑具有深挑檐的特点，并发展出了一系列有适应性的特点。

在结构性能的设计思维下，深入挖掘了传统木构的结构原理，并通过现代装配式体系进行现代转译。传统建筑的斗拱承担挑檐荷载，使屋顶深挑檐下的椽木可以保持较小截面。传统斗拱的智慧还在于应用科学的杠杆原理实现自身的平衡，斗拱在深出檐时有外倾的趋势，斗拱的平衡通过昂实现，昂的一端担住挑檐木的重量形成动力力矩，另一端压在上部构件之上形成阻力力矩，在梁柱节点处，阻力力矩与动力力矩平衡，实现了斗拱稳定（图6-75）。对于交流中心挑出的主梁，以变截面工字钢梁作为"昂"，工字钢梁一端向外伸出，支承出挑木梁以改善木梁的内力，并在梁柱节点形成动力力矩，另一端向内伸出承托内部木梁形成阻力力矩，实现屋架在外圈钢柱节点处的平衡（图6-76）。在工字钢梁辅助下，轻质胶合木梁实现了5m挑檐，展示了木材良好的水平出挑能力；钢木复合梁以钢板插入型连接实现，形式美观，受力合理（图6-77）；复合梁不牺牲檐下空间，"深挑檐"这一传统空间元素在巧妙的转译下实现了简洁现代的表达。

（2）结构分析、模拟与优化

钢木组合屋顶材料设计灵活，通过钢木构件替换、构件组合等不同的材料优化方式实现：内外圈轴线为方钢圈梁，屋面四角及下探部分受力集中的木梁以方形钢梁代替，主梁为变截面工字钢梁和变截面胶合木梁的组合构件，布置方向垂直于内外圈梁，次梁为垂直于主梁的短胶合木梁（图6-78）。

由于现有的通用结构分析软件无法直接实现组合构件的结构分析，在确定了钢木材料的整体协同方式的设计策略之后，进行了不同程度的模型简化，以单独验证分析钢梁、木梁的结构可靠性：首先假设屋面为钢结构，进行主体钢结构部分验

图6-72 "水西东"林盘文化交流中心航拍

图6-73 "水西东"林盘文化交流中心内院

图6-74 钢柱与钢梁实现现代、简洁、通透的现代空间

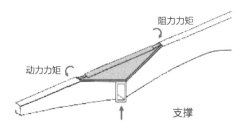

图6-75 斗拱中的昂通过杠杆原理实现平衡

图6-76 钢木主梁的工字钢梁通过杠杆原理实现平衡

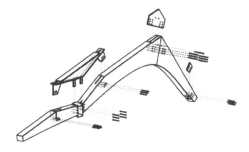

图6-77 钢木复合梁以钢板插入型连接实现

算，之后验算木构件与连接节点。

复合材料设计使得构件呈现了一种灵活的适应性，钢梁是实现这种灵活性的关键构件，钢梁除了通过构件替换的方式实现对整体结构的适应，在该项目中更体现在组合构件的主梁的优化。对于不同深度和角度的悬挑屋顶，图6-79展示了这种灵活性：在屋顶悬伸的适当比例下，木梁的弯矩处于良好状态［图6-79（a）］。在深顶悬伸的情况下，木梁的弯矩太大而超出木材料的极限［图6-79（b）］。

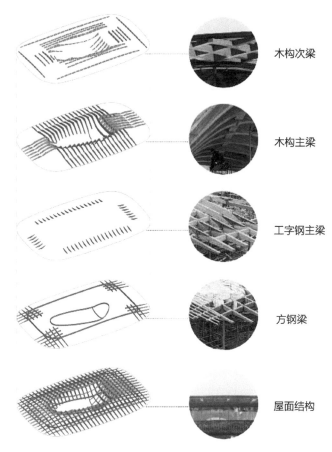

木构次梁

木构主梁

工字钢主梁

方钢梁

屋面结构

图6-78 "水西东"钢木结构屋顶爆炸图

通过调整钢梁向外伸出的长度，木梁的内力得到改善［图6-79（c）］。然后调整内侧钢梁的长度，通过杠杆原理改善节点处的弯矩［图6-79（d）］。

现代胶合木加工技术和数控制造技术，胶合木在形状和尺寸方面对于数字设计方法有很强的适应性，综合考虑结构合理性，与钢梁、屋面的构造关系，木梁加工技术等多重因素的影响，最终以双线变截面梁作为主梁：悬挑梁外部的直线有利于屋面的防水保温层铺设，内部曲线变截面是截面高度的结构优化的结果。双向变截面的胶合木构件形式简洁、合理，以最少的材料实现结构，造型轻巧新颖，与等截面的木梁相比，优化后的变截面木梁重量可减少50%以上，同时内部应力得到改善。

（3）一体化加工装配建造

参数化模型高效整合与连接了结构、几何、建造信息，装配式钢木结构实现了高效、精准的工厂加工和现场装配。基于模型的平行数据指导，差异化的曲面木构件通过铣削加工被完美呈现，钢结构也同步在工厂完成加工。

构件加工完成后，于工厂进行编码并运至现场吊装，现场首先进行了钢结构梁

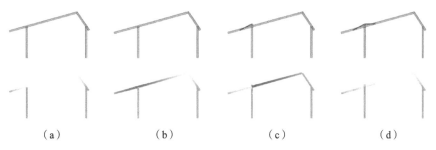

（a）　　　　　　（b）　　　　　　（c）　　　　　　（d）

图6-79　钢木组合主梁的灵活适应性

图6-80　钢木结构的装配建造过程

柱部分的安装，之后顺次安装钢圈梁、钢木组合主梁、角部钢梁、次梁（图6-80），之后对角部钢梁进行了木包钢处理，在不到一个月的时间内完成了整体2000m²建筑的现场装配，实现了很好的成本和工期控制。

2. 数字砖墙

建筑的"基座"以数字化的砖墙作为外围护，外墙使用传统的回收砖作为材料，通过数字化的设计将砖构的体验带向未来，同时通过预制装配的数字砖墙工艺，实现了有限的在场建造条件和紧张的建造时间下的砖墙建造。砖墙通过独创的砌法显示了技术带来的可能，形成了别具一格的空间体验和建筑语言。

（1）数字生形

在数字化设计与机器人智能建造技术的语境下，数字砖构设计将材料、结构的性能植入参数化设计，使传统砌筑工艺在非线性逻辑重构下建立超越平行与垂直的逻辑系统。砖墙的图案提取自川河水流意象，以河流某一状态下图案的灰度作为砖墙的干扰因素，图像干扰主要体现为对单数层砖旋转角度的干扰，整体表面形成一种动态的、新颖的美学感知（图6-81）。

（2）多目标优化

砖构设计优化综合权衡了形式逻辑、结构逻辑与数字建造逻辑的因素，探索在非线性逻辑下传统的全顺式砖墙的可能性，在砖的空间结构极限下实现单元之间的新的连接方式和新的形式语言。同时，砖墙根据机器人建造逻辑进行了面向建造的优化，通过自主研发的FUROBOT机器人编程软件来对机器人建造过程进行模拟和检测，规避机器人砌筑过程中可能发生的碰撞和预测建造效率，考虑到预制装配的建造方法，合理的分块尺寸和分块构造设计也是深化阶段需要重点优化的内容。

（3）工厂预制与现场建造

"数字化砖构建造"延续了创盟国际对于砖的数字化建构的探索，考虑到林盘文化交流中心的砖墙面积大、周期短，对"机器人预制+现场装配"的数字砖墙工艺进行了创新探索（图6-82）。数字砖墙总面积超过1000m²，将其分为400多个2～3m²的预制单元，预制单元以钢框作为外框并在钢框内砌筑砖墙，机器人砌砖技术被引进工厂预制过程并完成了部分砖墙的砌筑工作（图6-83），之后预制单元在现场完成装配建造，整个过程非常高效。

3. 3D打印内墙

"水西东"林盘文化展示中心中应用了大量3D打印技术，主要应用在装饰内墙上，有超过300m²内墙是由改性塑料3D打印完成的。3D打印技术赋予了建筑产品前所未有的表现力（图6-84）。

（1）形式生成

该项目中设计了三种不同表现意向象3D打印墙体，而3D打印建筑产品的表现力并不停留在形体层面，该项目中针对不同墙体的位置和功能对墙体的表面质感也

图6-81 "水西东"数字砖构外墙

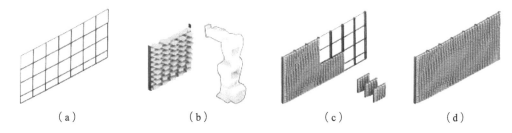

（a） （b） （c） （d）

图6-82 "工厂预制+现场装配"的数字砖墙建造图解

图6-83 机器人工厂预制

图6-84 "水西东"3D打印内墙

进行了定制设计，通过打印材料配比的改变和后处理工艺的改变，3D打印工艺在形式生产阶段就赋予了设计师足够的武器和自由。

（2）工艺探索

"水西东"林盘文化交流中心深入测试和完善了模块化3D打印墙板的机器人生产与安装全流程工艺。项目位于成都，由于长途运输过程中的安全要求，不能采用大块甚至整体打印的方式来完成装饰墙板的打印，一种合理的分块打印建造方式和现场安装工艺成为本项目中的重点难题。最终，所有的打印墙板依据打印工艺、打印形态和安装要求被划分成了从1000mm×1000mm到1000mm×1800mm不同大小的单元板。

（3）3D打印预制与现场装配

在现场装配中，主入口山水墙被划分成1000mm×1000mm等大小的板块，打印精准的板块通过干挂的方式在现场仅用时1天即完成整个墙面的安装；会客室背景墙单元尺寸为1000mm×1800mm，并进行了无龙骨构造设计，通过打印件自身完成模块之间的拼接和自支撑。三维打印构件在装配式施工方面的优势在这个项目中有着充分的体现：装配式构件不再是统一化和标准化的构件，特殊的构造设计和形体设计都可以通过三维打印的方式进行批量定制实现。

水西东林盘文化交流中心探索了一种建造策略，对于在场建造条件有限的乡村，将数字建造与预制装配的建造策略结合，通过简易的工厂预制、经济的物流运输和方便的装配建造，实现了可控的建构与环境品质下系统的开放、经济与高效。建筑中野趣与精致共存，技术与文化交融，为未来中国美丽乡村建设提供了全新的注解。

项目名称：四川安仁OCT"水西东"林盘文化交流中心
设计单位：上海创盟国际建筑设计有限公司
建筑师：袁烽
设计团队：
韩力、孔祥平、顾华健、陈浩、赵川石、付宇豪（建筑）；何福孜、王炬、王一非、刘露雯、唐静燕、崔萌萌（室内）；张准、黄涛、王瑞、陈泽赳（结构）；魏大卫、王勇、俞瑛（机电）；张雯、王徐炜、彭勇、张永、郝言存、徐升阳（数字建造）；张立名、李策、刘亮亮、张杰、代世龙（预制3D打印）
施工总承包：四川亿能达建设工程有限公司
数字建造：上海一造建筑智能工程有限公司
景观设计：成都基准方中建筑设计有限公司
摄影：苏圣亮

第 7 章

建筑机器人产业化发展

7.1 建筑机器人产业化发展契机

在过去的几个世纪里，制造业不断地升级与转型，蒸汽动力、电力、装配线与信息和通信技术（ICT）等重要发明引领了前三次工业革命的迅速发展，不断为工业需求提供解决方案。第一次工业革命是由蒸汽驱动的机器引领的，完成了手工生产到机器工业的转型升级。第二次工业革命伴随着电力的发明和应用，流水线装配大大提高了工人生产力。第三次工业革命以电子技术、工业机器人和IT技术的大规模使用为标志，机器人开始代替复杂、重复的人工任务[269]。伴随21世纪到来的第四次工业革命正以惊人的速度发展，在3D打印、互联网产业化、工业智能化以及工业一体化等领域引发了全新的技术革命。新技术的进步意味着生产制造方式的全面转型[270]。

2013年4月，德国汉诺威工业博览会正式推出了"工业4.0的概念"，其目标是通过建立一种个性化与数字化集成的产品生产与服务模式，来提升制造业的智能化水平[271]。在该模式中，传统的行业界限消失，取而代之的是各种新的活动领域和合作形式。此举在全球范围内迅速引发了新一轮的工业转型竞赛，各工业大国为在新一轮工业革命中占领先机，提高工业竞争力，相继提出了自己的工业转型战略。中国在2015年印发了《中国制造2025》，将智能制造定为实现制造强国战略的第一个十年行动纲领的重要内容。对建筑行业而言，《中国制造2025》中提出的概念既包含了传统建筑行业人工的操作方式向建筑自动化的转变，又体现了集中式控制向分散式增强型控制的基本模式转变。在制造业革新时代，建筑业的生产方式以及传统材料的建造工艺都将面临数字化转型与升级。《中国制造2025》指导下的建筑建造的信息化与自动化发展，为建筑机器人提供了历史契机。

在2013年1月1日，国务院办公厅出台了1号文件《绿色建筑行动方案》，明确了城乡建设将走绿色、循环、低碳的科学发展道路。文件指出："住房城乡建设等部门要加快建立促进建筑工业化的设计、施工、部品生产等环节的标准体系，推动结构件、部品、部件的标准化，丰富标准件的种类，提高通用性和可置换性。推广适合工业化生产的预制装配式混凝土、钢结构等建筑体系，加快发展建设工程的预制和装配技术，提高建筑工业化技术集成水平。支持集设计、生产、施工于一体的工业化基地建设，开展工业化建筑示范试点。"2016年9月，国务院办公厅发布了关于大力发展装配式建筑的指导意见，要求在全国范围内推动建造方式创新，大力发展装配式混凝土建筑和钢结构建筑，不断提高装配式建筑在新建建筑中的比例。建筑绿色化、工业化、智能化发展成为大势所趋（表7-1）。

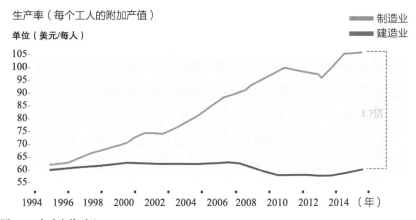

图7-1　全球产值对比
（图片来源：根据IHS Global Insight全球经济和金融分析机构数据作者自绘）

我国建筑产业化现代发展规划目标　　　　　　　　　　　　　　　表7-1

	近期目标（2012~2015年）	中期目标（2016~2020年）	远期目标（2021~2025年）
全国产业化城市规划建设目标	国家住宅产业化示范基地50个	建筑产业现代化试点城市30个	建筑产业现代化示范城市30个
产业化项目试点及示范工程建设目标	50个工业园示范区建设完善实施产业化试点工程500万m²/年	30个城市产业园基地完善配套实施产业化示范工程3000万m²/年	形成以城市为中心的建筑产业化全产业链联盟，实施产业化建筑10000万m²/年
产业化部品使用率	部品集成30% 设备集成50% 结构主体15%~30%	部品集成60% 设备集成75% 结构主体30%~50%	部品集成90% 设备集成90% 结构主体50%~70%

图片来源：根据《中国建筑产业化发展研究报告》作者自绘。

　　在世界范围内，建筑工业化的起步普遍十分缓慢。与其他工业部门（机械、汽车、电子产品等其他行业）的技术水平相比，目前建筑领域远远没有达到其他行业的工业化水平[272]。由于传统建筑建造业在材料、构造、建造方法上有其根深蒂固的积累，建筑在建造的时候会优先考虑老式的技术、工艺和材料，一定程度上延缓了建筑的工业化进程。纵观全球的建筑业发展，长久以来就是一种劳动密集型的产业，它依赖于现场营造，并且受到现场建设环境的限制。作为国家国民生产总值的重要组成部分，建筑行业在现代产业化技术上的落后现状已不容忽视[273]。对比从1994年到2014年全球制造业和建造业的单个技术工人生产率值可以清晰地看到，在过去十几年中，建筑行业在单个工人创造的附加产值上并没有明显的进步，反而在2006年后有短暂的退步现象。而最近几年与其他制造业的差距竟然达到了1.7倍之多（图7-1）。

在当前的技术水平下，建筑施工时间往往受到种种难以预测的因素影响，据统计，大型项目的施工时间通常比预计的要长20%，而实际成本可超出预算80%。尽管如此，建筑业的研发支出却不到收入的1%，远远落后于其他行业——汽车和航空业研发支出占比达到了3.5%~4.5%。这种投入不足的问题也表现在信息技术方面，尽管已经存在许多新型软硬件解决方案[274]，但在处理实际问题方面的系统性、稳定性仍旧十分欠缺。

如今，随着建筑非线性造型的丰富、建筑审美的改变、建筑材料和施工技术的发展，建筑产业化已经成为影响建筑质量、品质以及实现生态、节能、环保等建筑伦理目标的重要抓手。非线性建筑从本质上和传统建筑并没有本质区别，但非线性建筑所需要的设计工具、建造工具需要能够处理复杂的非线性问题，做到与传统设计工具处理线性问题一样方便快捷。工具的改变导致了设计方法、思维模式、工作流的改变。其中最显著的改变在于，随着建筑机器人的介入，传统的施工图绘制方式以及传统2D图纸已经失去了作用，取而代之的是空间位置的数字化精准定位以及建筑的信息化建造（图7-2）。

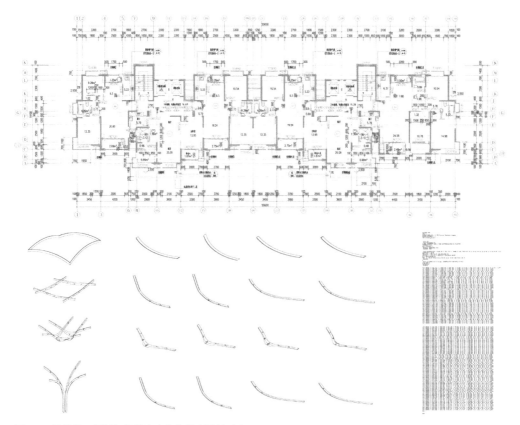

图7-2 传统施工图纸与机器人产业化技术图纸对比
（作者自绘）

尽管在互联网金融、区块链、数字医疗、人工智能、无人驾驶、共享经济等新技术与新经济热潮中很少能看到建筑业的影子，然而不可否认，作为一个传统的、重型的基础行业，建筑业一旦开始加速建筑产业化进程，拉开自身的变革大幕，将带来众多新的市场机会。在数字时代的背景下，建筑师可以充分利用信息技术带来的高效性与系统性，重新审视建筑与自然、建筑与社会、建筑与人之间的多元关系，通过构建新的设计与建造方式，来探索未来建筑产业化的发展模式。

　　在此背景下，向其他产业学习已经成为建筑产业发展的必由之路。工业机器人在汽车生产、飞行器制造等行业中的使用已有较长的历史。作为一种多自由度、高精度、高效率的数字化建造工具，机器人能够充当设计与建造之间的媒介，捕捉设计中的材料特性、结构形态与建造逻辑之间的关系，提供了一种数据与动作、虚拟与现实之间的交互界面，这使得建筑师对从设计到建造全过程的把握更加游刃有余。

7.2　建筑机器人建造产业化模式

7.2.1　从工业化构件生产到建筑数字化建造

　　建筑产业化的核心是生产工业化，而建筑生产工业化的本质是生产标准化、生产过程机械化、建设管理规范化、建设过程集成化以及技术生产科研一体化等。

　　建筑产业化早在20世纪初期便已见雏形。1995年正值建筑工业化和装配式住宅探索的黄金时期，这一年由澳大利亚、加拿大、欧盟、日本、瑞士和美国的超过250家公司和200个研究机构共同推动了名为"智能建造系统"（Intelligent Manufacturing Systems，IMS）的全球项目。在"推进建筑产业化和智能化建造工厂"的前提下，不同的国家和地区对这一项目有不同的名称：欧盟的部分命名为"未来家园"（Future Home）[271]，在日本的部分则命名为"IF7"。"Futurehome-IF7"项目的资助财团是由英国、西班牙、德国、芬兰、荷兰、瑞典和日本领先的建筑公司与研发中心组成的[270]。"未来家园"计划的目标是建立一套完整的"建筑自动化集成系统"（Integrated Construction Automation，ICA）。这一系统在过去几年（1998～2001年）所取得的一系列成果极大程度上冲击了建筑建造业。

　　虽然近几年建筑产业化的相关理论研究发展在稳步推进中，但是大部分建筑设计与建造手段仍然滞留在早期建筑产业化的技术与模式中。目前的建筑工业化过程

（a） （b）

图7-3 汽车制造业从人工向机器人操作转变

［图片来源网络：（a）http://mobile.ford.ro/cs/BlobServer?blobtable=MungoBlobs&blobcol=urldata&blobwhere=1214375802756&blobk
ey=id；（b）https://alioss.gcores.com/uploads/image/d2caf147-74c6-4ac5-982c-8d3a3a948e50_watermark.png］

模拟的是汽车生产的过程（图7-3）。以标准化设计、工厂化生产、装配化施工和一体化建造为主要环节的流水线生产方式，占据了当代建筑产业化的主导地位[275]。虽然，相比20世纪80年代以现场湿作业为主的建造体系来说，建筑工业化的生产方式无论是工作效率还是施工质量都有极大的提高，但是千篇一律的机械式生产过程依然无法适应当代精细化、个性化的社会需要。

随着全生命周期的管理理念、BIM平台等信息一体化工具，以机器人为主的数字化建造设备等数字化设计与建造技术的发展，大大促进了建筑产业向模块化、性能化、定制化的方向转型[270]。建筑产业在设计与建造一体化理念的指导下逐步向信息化转型（图7-4）。其中建筑机器人建造技术扮演着重要角色。一方面，建筑机器人建造技术实现了建造过程的自动化、信息化升级，并通过建筑信息系统（BIM）整合设计、施工、结构、管理等过程，最终实现建筑全生命周期的精准分析和精确建造[271]；另一方面，建筑机器人建造技术能够整合建筑工业的上下游环节——将以性能为导向的数字设计、材料科学、创新建造工艺、先进施工技术全面融合。以建筑机器人为导向的建筑产业化将站在一个更长远与持续的角度来看待建筑领域的诸多问题，充分发挥建筑机器人技术的精确、高效等特点，最终实现建筑集约化生产[273]。

借鉴20世纪"未来家园"计划的发展模式，结合当下全球建筑产业化进程面临的全新机遇和挑战，未来的建筑机器人建造产业化发展模式具体可以拆分为如下三部分：建筑机器人云建造、建筑机器人预制建造、建筑机器人现场建造。

7.2.2 建筑机器人云建造

前三次工业革命主要是通过标准化和专业化来提高劳动生产率，降低产品生产成本，而第四次工业革命则关注于生产过程的信息化与智能化水平。在这场变革中，

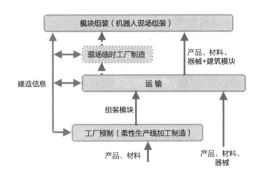

图7-4　建筑产业化流程示意图
（图片来源：作者自绘）

新兴生产方式的关键在于信息集成，建立虚拟信息与物理实体的动态网络。对于建筑产业而言，新兴产业化的核心是建立清晰的建筑全生命周期信息系统，借助高效的数字模拟以及数据管理系统，将设计完整地从三维模型转译为机器人数据代码，借助智能化建造装备，实现精确预制或现场建造——整个流程是一套高效精准、行之有效的信息传递与管理系统。这种建立在一体化信息系统之上的建造机器人建造模式可以称为云建造。

在云建造系统中，建筑物理信息被提取并储存至管理平台，统一管理的优点是可以带来资源的最优化利用：建筑预制模块可以实现在不同工厂进行平行加工，使用最少的资源实现建筑生产。简言之，云建造系统平台构架了自上而下的管理控制网络，从物理信息的虚拟化，到建筑构件的机器人生产，最终在建筑工地完成现场装配和建造，其中所有步骤都处于云建筑平台的控制之下。机器人对信息技术的兼容性决定了其在云建造中扮演的重要角色。依靠庞大的传感系统，机器人能够与虚拟环境以及现实环境实现快速通信和反馈，其活动自由度及协同能力使其能够最大化地实现云平台的建造需求。基于建筑机器人的云建造是真正实现建筑建造集约化、智能化和高效化的生产模式。

1. 建筑全生命周期数据管理

建筑生产过程中往往涉及非常多的部门，将产生非常庞大的数据。建筑产业化的核心原则之一便是整合生产线上的所有环节，通过统一的管理系统进行数据的全方位控制，保证生产进度和精度。建筑计算机辅助设计信息只是环节中的很小一部分，随后进行的建筑建造、设备管理、质量监测、进度控制等环节都是保证建筑完成度的重要部分，需要进行全方位的数据集成和管理[276]。

以日本1990年建立的清水先进机器人技术制造系统（Shimizu Manufacturing System by Advanced Robotics Technology，SMART）为例[269]（图7-5）。作为全球机械化、自动化、智能化发展领先的国家，日本在建筑业中率先借助其他工业制造模式进行建筑产业化模式探索。日本建设龙头公司清水建设公司在20世纪90年代初期便整合了自动化设备和信息处理技术，率先提出一种全新的建筑建设模型。

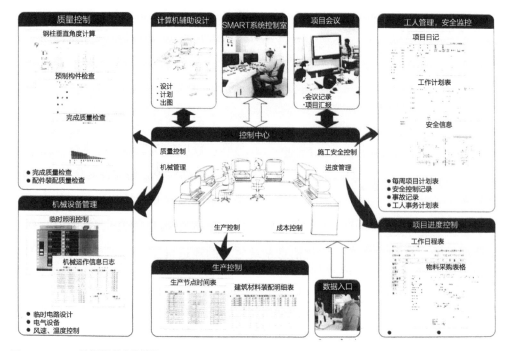

图7-5 SMART数据管理系统图示
（图片来源：The SMART system：an integrated application of automation and information technology in production process）

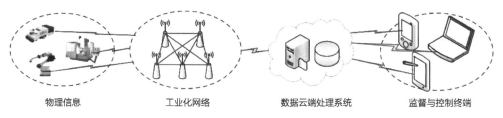

物理信息 工业化网络 数据云端处理系统 监督与控制终端

图7-6 智能工厂数据管理系统图示[276]

SMART建造系统实现了高度自动化集成，能够完成钢框架安装和焊接、混凝土地板铺设、内外墙面板安装，以及各种其他构件的安装。它还以综合信息管理系统的方式广泛地通过信息技术集成了项目的设计、规划和管理等活动。SMART系统尽管在技术水平层面已经稍显落伍，但仍旧为建筑全生命周期的信息化集成与管理提供了重要参考。

2. 建筑信息模型与建筑精细化生产

"精细化生产（Lean Production）"和"并行工程（Concurrent Engineering）"是建筑自动化集成系统的两个核心理念。精细化生产和并行工程的概念最早源自制造业和航空航天工业，它要求产品开发人员从一开始就考虑到产品全生命周期[277]（从概念形成到产品报废）内各阶段的因素（如功能、制造、装配、作业调度、质量、成本、维护与用户需求等），并强调各部门的协同工作，通过建立各决策者之间的有效的信息交流与通信机制，综合考虑各相关因素的影响，使后续环节中可能出现的问题在设计的早期阶段就被发现，并得到解决，从而使产品在设计阶段便具有良好的可制造性、可装配性、可维护性及回收再生等方面的特性，最大限度地减少设计反复，缩短设计、生产准备和建造时间。精细化生产和并行工程的概念为建筑工业化提供了宝贵的经验，也为建筑产业化的发展提供了可供借鉴的指导方法。

与BIM技术的充分结合是精细化生产和并行工程理念在建筑领域得以实现的必经之路。BIM是以建筑工程项目的各项相关信息数据作为基础，通过数字信息仿真模拟建筑物所具有的真实信息，通过三维建筑模型，实现工程监理、物业管理、设备管理、数字化加工、工程化管理等功能[278]。它将设计单位、施工单位、监理单位等项目参与方在同一平台上组织起来，共享同一建筑信息模型。利用项目可视化、精细化建造，BIM不再像CAD一样只是一款建模软件，而是一种管理手段，是实现建筑业信息化管理的重要工具。在建筑产业化进程中借助BIM系统，可以在建筑的设计、生产和维护等诸多阶段进行精细化管理，有效缩短工期、节约成本、保证质量，提高项目完成度。BIM技术将成为建筑精细化生产与并行工程发展的重要平台与推手。

3. 智能工厂与机器人智能建造系统

相比于十年前提出的建筑全生命周期数据管理系统和精益化生产概念，信息技术革命下的建筑产业化注定将对设计与生产系统的智能性提出更高的要求。无论是将设计制造过程与BIM系统对接，还是再建立一套完整的信息管理系统，都已经无法满足数字时代对非标准化建筑设计和构件定制的要求，同时也难以应对高难度复合结构的建筑结构的计算和优化问题。建立在信息物理系统上的智能工厂概念能够更加智能地组织工业自动化系统，形成一套"自组织"的生产线。在智能工厂中，物理设备与数字信息实时关联，通过大数据计算、机器学习进行数据管理，实现设备间的智能互动。生产线从单一的节点变成了可以"对话的"智能系统，数据通过不断地收集、计算进行实时反馈，最终生产设备将能够根据制造物件的属性进行调整[279]（图7-6、表7-2）。

从智能工厂的新概念可以看出，在未来建筑产业化发展进程中，信息智能技术将贯穿建筑设计到施工建造的始末。作为智能工厂的重要环节，建筑机器人对于推动建筑生产与建造的智能化发展具有关键意义。建筑机器人不仅能够依靠其运动能力满足复杂多样的建筑形式与空间目标需求，更重要的是，建筑机器人的开放性使其成为智能工厂信息集成的关键环节。在设计阶段，机器人建造能力可以作为数字

智慧工厂与传统工厂比较 表7-2

	智能工厂生产系统	传统工厂生产线
1	数据来源的多样：要生产多种类型的小批量产品，更多类型的资源应该能够共存于系统中	数据来源的单一：为了建立一个特殊产品类型批量生产的固定生产线，需要仔细计算、定制和配置所需资源，以最大限度地减少资源冗余
2	动态生产线：当在不同类型的产品之间进行切换时，需要的资源和连接这些资源的路径可以自动地重新配置和联机	固定生产线：生产线是固定的，除非手动重新配置系统断电的人
3	设备全面连接：机器、产品、信息系统全部通过高速网络基础设施相互连接，进行实时数据交互	车间控制网络：设备通过机械师操控，并且机器之间没有数据交换
4	设备全面连接：生产的所有环节的数据都统一由云系统处理。数据形成数据链将生产设备全部连接	分离的控制网络：现场设备与上层信息系统分离
5	自组织系统：不同的机器由相同的控制算法控制，形成多个智能实体。这些智能实体相互协商、共同组织，以应对系统的动态变化	独立控制：每台机器都是预先完成指定的功能。任何一台设备的故障都会损坏整条线路

注：作者自绘。

设计的参数之一融入设计流程当中。在深化过程中，机器人数字模拟工具可以直接从三维模型中获取所需几何信息（坐标、向量等），映射为机器人可识别的六轴坐标和运动路径，从而实现数字化设计、机器人动态操控以及加工过程的有效结合。基于设计模型的机器人建造模拟提供了对材料几何信息、机器人运动路径以及整体施工顺序的规划与预判，从而最大化地实现了设计与建造的耦合，为新技术革命下的建筑产业化发展助力。

7.2.3　建筑机器人批量定制建造

在早期的建筑工业化发展中，建筑预制化、模块化生产是建筑产业的核心内容。而在立足新一轮技术革命的建筑产业化发展模式中，传统的大批量标准化预制生产已经无法满足当代建筑生产的多样性和复杂性需求。以机器人为代表的建筑智能建造技术能够无限执行非重复任务，为建筑批量定制建造提供了技术可能，大大促进了建筑产业从传统的预制化和模块化向定制化和个性化的方向转变。

1. 建筑模块化预制生产

预制化生产是指建筑物或其构件在建筑工地以外的工厂进行预制和装配（图7-7）。预制建造方式能够节省生产时间、工资和材料，从而降低建造成本。随着越来越多建筑构件的生产需要专门的建造设备，庞大的设备不能经济有效地从一个建筑工地搬迁到另一个建筑工地。因此，在工厂化预制成了经济高效的选择。此

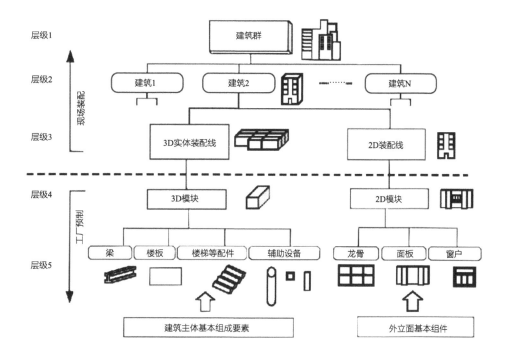

图7-7　模块化建造树状结构示意图[280]

外，建筑构件的工厂化预制使得建筑能够在原材料以及生产效率性价比最高的地方进行，降低原材料长途运输的费用。预制单元可以包括门、楼梯、窗墙、墙板、地板、屋顶桁架、房间大小的部件，甚至整个建筑物。在装配线上批量生产的预制建筑构件可以在较短的时间内制造，其造价低于建筑工地技术工人制造的类似构件。以"未来家园"计划为例，其目标是建立一个由一组建筑物组成的建筑群。每个建筑分别被拆分成一系列三维模块和二维面板（立面、楼板等）。这些模块和面板在工厂预制，例如梁、楼板、建筑配件等，之后将分散的组件在柔性生产线中组装成型。

借助组织有序的生产流水线，每一个建筑单元模块都可以批量生产。日本的3D-modules制造也是模块化建筑生产的典型案例[271]（图7-8）。建筑模块，包括所有外部和内部的建筑构件，甚至包括电线、管道等，如同汽车工业中一样在工厂完成装配和生产（图7-9）。

预制模块根据其大小和复杂性排序，可以分为三级（图7-10、图7-11）。第一级是预制板。预制板结构常用于外墙，主要材料是混凝土。由于新技术和新材料的发展，GRC/GRP等聚合物、复合材料和其他高性能材料也开始在隔墙和其他结构中得到应用。下一级预制件可以放在简单面板和整体模块之间。它被定义为"预制

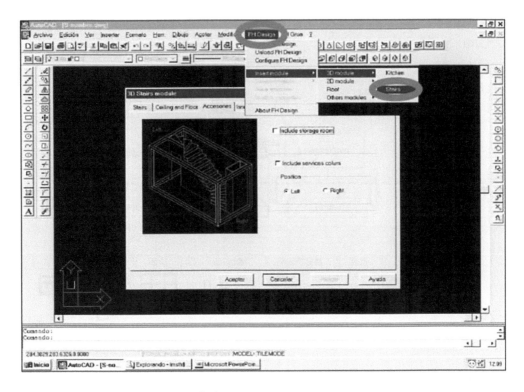

图7-8 三维模块（楼梯）CAD生成实例[271]

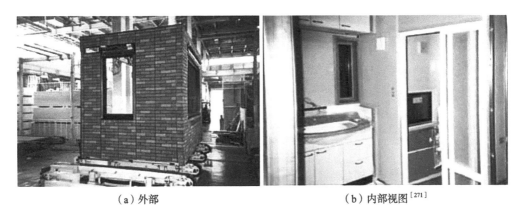

（a）外部 （b）内部视图[271]

图7-9 三维建筑模块预制

辅助系统"。这种类型的部件是一个复杂结构的子系统组合。例如，可以将一个结合了电气设备和水装置的墙板归入这个类别。最后的完整建筑模块可以被定义为多个预制辅助系统的组合，可以直接作为建筑物的一部分或活动空间的一部分使用。

2. 自动化柔性制造系统

大批量标准化生产模式的效率和经济性来自于其规模效益，采用固定的设备设置生产大批量的标准化产品。当标准化流水线面对小批量或者个性化生产需求

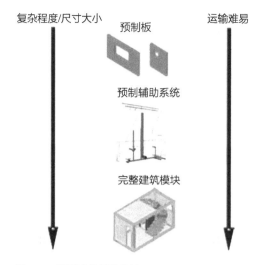

图7-10 预制建筑部件分级
（图片来源：作者自绘）

（a）预制板　　　（b）辅助系统

（c）完整模块

图7-11 预制构件分级[271]

时，需要对生产线做出调整以适应产品的差异，设备的频繁设置将对生产效率和经济性带来灾难性后果。柔性制造系统是由信息控制系统、物流储运系统和数控加工设备组成，能适应加工对象变换的自动化机械制造系统（图7-12）。柔性生产线是通过通信网络把多台数控设备联结起来，配以自动输送装置组成的生产线。它依靠中央控制台管理，可以混合多种生产模式，做到物尽其用，从而减少生产成本。柔性生产线通常具备如下5个基本功能：（1）能自动控制和管理构件的加工过程，包括故障的自动诊断和处理、制造信息的自动采集和处理；（2）通过简单的软件系统变更，便能制造出某一零件族的多种零件；（3）自动控制和管理物料（包括构件与刀具）的运输和存储过程；（4）能解决多设备下构件的混流加工，且无须增加额外费用；（5）具有优化的调度管理功能，无须过多的人工介入，最终甚至能做到无人加工。

日本装配式住宅的发展一直处于世界前沿，从20世纪90年代前后至今，经历了起起伏伏的发展。在日本装配式住宅发展巅峰时期，18%～19%的住宅都是利用装配式的技术完成的。20世纪初日本积水住宅株式会社项目大力发展了基于柔性生产线的装配式建筑生产模式（图7-13）。日本的装配式建筑大多为轻钢结构体，在此柔性生产线中，一个建筑单元模块被拆分为10～15个预制单元模块，预制单元大部分在柔性生产线上加工装配，以自动化装配焊接站完成轻钢结构的节点连接。天花板单元构件、地板构件和柱分别被送入柔性生产线上的装配点，然后自动焊接成一个框架，进而作为后续墙面板和门窗的基本框架单元（图7-14）。通过高度集成化的柔性预制和装配流程，积水提供了灵活高效的预制装配模式，对世界建筑产业化发展都有着巨大的启示意义。

工业机器人与柔性生产线的结合是对柔性生产能力的革命性提升（图7-15）。汽车和电子产品等其他制造领域已经在一定程度上实现了机械臂和柔性生产线结合的制造加工模式。机械臂的灵活性和柔性生产线的智能性，大大提升了产品制造的精细度和定制加工的效率。已在众多领域得到了应用。机器人具备定制化生产的能力，但是受到自身臂展和负重的限制，无法胜任某些大型或复杂建筑构件的建造工作。这就需要通过机器人与其他智能化工具进行系统集成，打造智能建造施工装备平台。工业机器人与数控加工中心、自动搬运小车以及自动检测系统可组成柔性制

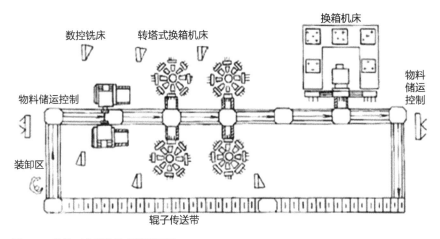

图7-12　传统工业柔性生产线流程图
（图片来源：http://www.twword.com/uploads/wiki/af/ce/450786_0.jpg）

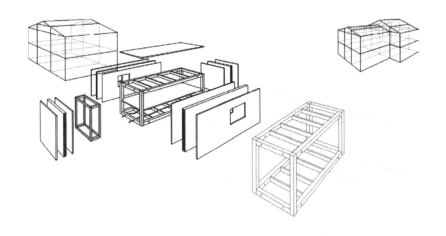

图7-13　日本积水住宅模块拆分示意[271]

造系统和计算机集成制造系统，充分发挥机器人稳定、快速、高效的建造优势。

3. 数字时代的建筑批量定制生产

工业时代，机械化的材料加工过程要求建筑构件以标准化的方式进行生产，但标准化在为建造提供便利性的同时，也让建筑设计失去了创造力。与工业时代相比，数字时代对个性定制化的需求愈加突显，与之相应的建筑智能化技术也将从本质上影响未来建筑的生产方式以及评价标准。在未来，建筑不再是标准化构件的现场装配，取而代之的是非标准化构件的批量定制化生产，以及建筑现场的智能装备辅助建造。[281]

其中，建筑机器人装备与工艺正是实现建筑高质量、个性化批量定制生产的核心环节。基于创新工艺的机器人建造技术，以其高效率和多自由度等特性为大批量非标准化生产与定制服务提供了物质保障。一方面，机器人建造能够超越传统工艺的加工局限，直接介入材料的加工环节，使设计师对材料具有自主性的操作，不断扩展材料工艺的可能性；另一方面，机器人建造以数据和路径作为加工依据，在完成大批量的不同形制构件的同时，不失精度地实现传统手工艺生产的创造性和独特

图7-14　日本积水住宅株式会社工厂生产装配线[281]

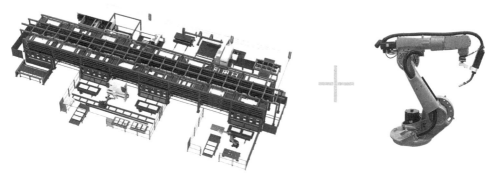

图7-15　整合机器人的柔性生产线

性。如果说机器人是连接设计与建造的桥梁,那么机器人建造技术的发展,就是结合创新工艺和高效率定制化生产手段,不断整合并推动建筑产业化发展的过程。在过去十余年间,世界各地的建筑研究机构和企业已经开展了一系列建筑机器人设计与建造实践,苏黎世联邦理工大学"阵列屋顶"(图7-16)、江苏省园艺博览会现代木结构主题馆(图7-17)等项目充分展示了机器人建造技术在推进建筑批量定制化建造方面的巨大潜力。

7.2.4　建筑机器人现场自动化建造系统

现场组装或者现场装配是建筑工业化生产模式的最后一步,也是影响建筑完成度的关键一步。现场组装主要通过施工人员与吊装机械的协作完成。现场装配过程需要复杂的流程组织,不仅受到复杂的现场施工条件的限制,也受到天气、光线等外部环境影响,施工构成呈现出片段化特征。伴随着现场施工工序集成、工作环境优化等需求,"造楼机"等建筑现场自动化建造系统开始以智能工厂的组织方式对现场施工进行重新组织和优化,建筑现场建造开始从粗放向精细的结构化环境转变。

1.　传统建筑现场装配

建筑建造中的装配程序与其他工业部门完全不同。在其他工业部门中,工业机器人的工作面积很有限(一般只有几米),其有效载荷通常也只有几十公斤,因而可以利用机械臂进行高速加工以及精准定位,其精度可以达到0.1mm级别。但是在建筑行业,现场施工具有几乎完全相反的特点:巨大的工作区(几十甚至几百米),巨大的载荷(以吨甚至百吨计)[270]。因此施工现场的建筑装配通常借助大型起重设备的辅助,由现场装配控制员协同配合完成[282]。在这种情况下,装配控制员要同时考虑"四维"的装配过程[270],即:不仅是几何约束层面的装配,而且还有时间层面上的限制,需要决定不同建筑部件的装配顺序,并按照装配计划操纵机器设备沿既定轨迹进行装配。

前面讨论了工厂预制的建筑模块和模块的分级。在装配现场,这些不同级别的模块有些是经过组装后整体运输到施工现场的,有些则为局部构件(如单独的梁柱、轻钢骨架、楼板、墙面和门窗等部件),运输至现场再进行整体组装。前者的优点是简化了现场装配施工流程,后者则更节省运输成本。

一般来讲,局部构件可以采用起重机吊装,而对于类似Future Home项目中大体积大重量的建筑单元模块,则需要大尺度龙门式起重机进行装配(图7-18、图7-19)。

图7-16 苏黎世联邦理工大学"阵列屋顶"项目机器人木桁架定制化组装[276]

图7-17 江苏省园艺博览会现代木结构主题馆定制木构
（图片来源：上海一造科技）

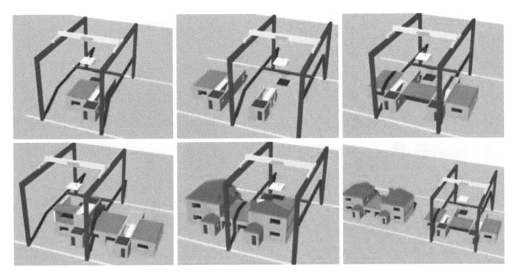

图7-18　Future Home项目龙门起重机[270]

图7-19　人工安装与自动化起吊模型[270]

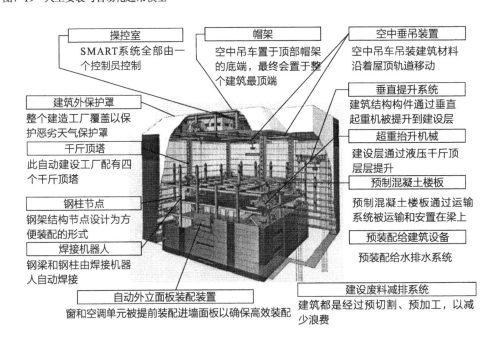

图7-20　SMART建造系统集成技术图示

（图片来源：The SMART system：an integrated application of automation and information technology in production process）

传统的吊车在大尺度模块吊装上会产生一系列问题，一方面在吊臂的Z轴方向会有因重心不稳而产生的位移和晃动，另一方面，很难精准地控制模块落下的位置和角度，需要借助现场施工人员反复校准。龙门式起重机可以提高装配精度，节省装配时间并且节约人力资源。但无论是吊车吊装还是借助龙门起重机，都无法真正做到自动化集成装配，亦无法实现现场信息的及时采集和反馈。当前，利用吊车进行装配吊装的方式在建筑施工现场还很普遍。但面对复杂的建筑造型和施工环境，单一吊装方式已经显得难以满足建造精度和效率要求。现场装配技术亟待创新发展。

2. 集成一体化的自动"造楼机"

在传统的建筑工业化生产模式中，各个流程之间呈现出分散、不连续的状态。从设计到生产、从预制工厂到装配现场，建筑生产的各个流程都在不同的系统的控制之下，不仅存在严重的信息传输障碍，而且也对设计完成度造成了一定程度的威胁。随着数字时代对信息集成的关注，未来的建筑产业化发展，包括现场建造组织，都取决于自动化技术、信息技术的集成程度。1990年，由日本清水建筑公司提出并成功试验的集成建造系统 SMART为集成一体化的现场建造提供了重要参考（图7-20）。SMART由连续的外保护罩所覆盖，防止整个系统受到外部恶劣天气影响；内部系统全部由一个中央控制系统所控制，建筑构件通过垂直起重机被抬升到建造层，然后利用可以沿着屋顶轨道移动的空中吊车系统将构件吊装到合适的位置；内部集成了多种施工程序，包括钢框架的安装和焊接、混凝土楼板的铺设、内外墙板的安装等；整个系统可以通过起重抬升机械随着建筑的建造不断爬升。SMART是利用信息技术进行一站式建造管理的原型，对当前"造楼机"的发展具有重要的启发意义[283]。

当前，高层建筑"空中造楼机"是集成一体化的建造系统的雏形。造楼机实际上是一个智能控制的大型组合式建造设备平台，主要面向现浇装配式建造建筑建造而开发。其主要特点是将完整的建造工艺流程加以集成，与现有商品混凝土供应链、混凝土高空泵送技术配合，实现结构主体和保温饰面一体化同步施工，逐层建造，逐层抬升。造楼机就像一座移动式建造工厂，组织有序的覆盖空间避免了外部恶性环境对建造的影响。造楼机通过工业化、标准化、信息化，实现建筑业与制造业、服务业和信息业之间的产业融合，给建筑工业化发展路径和建筑业转型升级带来更多的思考和启示。

7.3 传统材料的机器人建造产业化模式

7.3.1 建筑机器人砖构产业化

砖是最古老的建筑材料之一，随着钢筋混凝土等现代结构体系取代了砖石结构成为主导的建筑支撑结构，砖在当代的建筑实践中更多用作建筑立面的饰面材料，这样的转变为砖的数字化设计与建造提供了更多可能性。对砖的建筑机器人产业化探索主要从其砌筑方式、造型可能和施工方法等方面入手。从当前建筑机器人砖构实践应用中可以看出，建筑机器人建造对砖的产业化发展模式的影响主要面向预制和现场两种基本场景。一方面，利用建筑机器人技术在柔性预制生产线中将砖墙整体作为建筑面板进行预制生产。砖墙模块化生产方式突破了长久以来因其砖砌体本身的形态刚性及结构受压特性所产生的空间结构极限，同时也改变了砖构建造单纯依赖现场人工砌筑模式的现状。但是由于砖材本身重量较大，以及运输过程对砖墙结构稳定性要求严格，砖墙模块的尺寸和连接方式都受到严重限制。格马奇奥&科勒研究所设计建造的甘特拜恩酒厂与凯乐总部都是建筑机器人砖墙预制生产实践的典型代表。

类似的成功实践探索还包括SHoP事务所为穆尔贝利公寓（Mulberry House）设计的一组砖构立面（图7-21）。穆尔贝利公寓毗邻一系列古老的砖石建筑，由于地处一个特殊的历史区域，规范要求穆尔贝利公寓沿街面必须覆以砖石。规范也申明，每隔100英尺可以有10%的非砖石立面。SHoP没有选择仿古典主义风格，而是基于传统保护原则创造了全然一新的形式。他们采用了一体化设计方法及新设计工具，综合Revit、BIM、参数化软件来测试和生成砖的新形式。最后生成了由L形砖饰面混凝土板构成的外墙。砖墙纹理凹进凸出创造了波动感，而利用规范要求控制砖之间的距离。穆尔贝利公寓通过砖这一材料向周围的老建筑致敬，但借助机器人建造技术，同时又表现出了新建筑与众不同的特点。穆尔贝利公寓采用了预制生产与现场建造相结合的建造方式。砖和混凝土面板外墙采用预制吊装的方式，而其余部分则是在现场完成。预制的部分包括机器人模块砌筑、定制混凝土模板、浇筑混凝土、移除模具运至现场等。现场制造的部分包括清理场地、现场浇铸基础、现场浇铸混凝土楼板、安装外墙面板、安装窗体等。在该实践案例中，砖立面建造的生产模式遵循预制加装配的基本原则，利用数字化设计方法和机器人建造手段进行批量化工厂预制，其后再通过现场吊装安装完成，其流程充分体现了建筑机器人预制生产在砖构建造产业化中的灵活性与高效性应用。

图7-21　SHoP事务所穆尔贝利公寓的砖饰立面产业化建设
（图片来源：SHoP Architecture）

图7-22　上海徐汇滨江的池社项目现场机器人砌砖产业化实践
（作者自摄）

　　另一方面，砖构产业化探索的核心技术仍以建筑机器人现场砌筑为主，借助现场机器人砌筑移动平台和由设计转译的机器人代码，进行砖墙定制化建造。位于上海徐汇滨江的池社项目，其建造过程就是利用机器人移动装备实现复杂砖构现场施工的一次试验性探索（图7-22）。在池社的建造过程中，立面墙体的渐变与褶皱则是通过砖块排列的微差来实现的，砖块的位置和间距通过参数化设计精确控制。其外立面采用回收自旧建筑的灰砖作为基本材质，共使用旧砖15000余块，由机器人现场砖构装备砌筑，人工协同勾缝，经过约25日完成。

　　综上，建筑机器人砖构的数字化设计利用砖体的形式语法变换，使得砖这种古老材料在意象和砌筑方式方面产生了更多的可能性。建筑机器人的空间精准定位使设计从三维模型直接走向实际建造，砖墙可以根据空间和结构局限而分段搭建，通过多段墙体的连接形成一段稳定、连续且具有强烈视觉冲击力的砖墙序列。无论是机器人的柔性流水线生产模式还是现场定制化砌筑方式，都能有效改善砖构施工的效率和准确度，保证复杂数字砖墙的完整度。随着技术的进一步发展，施工建造的各个环节（移动、定位、夹取、抹灰等）将得到更高程度的整合。相应的机器人智能化装备的优化将大大提升砌筑效率，使机器人砖构装备建造在成本与时间方面比人工砌筑方式更具优势。

7.3.2 建筑机器人木构产业化

作为一种绿色可持续的建筑材料，木材的数字化设计与建造技术在可持续发展及绿色建筑建造领域具有广阔的应用前景。也正因此，近年来我国连续出台相关政策，大力推广木结构建筑。随着实施建筑节能战略和提高建筑工业化水平的迫切需求，国家出台了多项政策明确提出了要大力发展木结构建筑：2014年1月，住房和城乡建设部《关于大力推广现代木结构建筑技术的指导意见》明确在2020年，我国现代木结构建筑在整体建筑市场中的份额接近8%；2015年9月，工信部及住房和城乡建设部关于《促进绿色建材生产和应用行动方案》中倡导促进城镇木结构建筑应用，在旅游度假区重点推广木结构建筑；2016年2月，国务院《关于进一步加强城市规划建设管理工作的若干意见》提出："力争用10年左右时间，使装配式建筑占新建建筑的比例达到30%。在具备条件的地方，倡导发展现代木结构建筑。"当前，我国木结构建筑所占建筑市场份额不足1%，在未来十年内具有巨大的发展空间。

随着数字建造技术的迅速发展，以大规模定制生产为特征的数字木构工艺已初现端倪。当前，工业化流水线生产是木构建筑产业的主要模式。流水线生产促进了木构建筑向标准建造系统的转变。以标准化木结构住宅、活动房等建筑为主要业务，市场上出现了一批专业设计、生产、搭建、销售木结构建筑的建筑企业，这些木结构生产企业采用主要构件工厂标准化生产，现场快速拼装的集成生产模式，采取机械化生产设备和工厂预制法大规模生产木结构建筑。其中胶合木生产流水线是生产建筑主体结构构件的核心部分。总体而言，工业化木构建筑生产工艺以效率为导向，能够快速生产标准化木构件建筑及产品。虽然数字化、信息化工具在工业化流水线上已经相当普遍，但是由于技术人员或者机器本身的局限性，加工过程仍然属于劳动密集型，与信息化、数字化生产仍然存在很大差距。

与传统流水线生产方式不同，借助建造机器人的多工具头开发，可以整合复杂设计造型下的木材加工建造的各个环节，实现对定制化木构件的材料分拣、胶合、精准切割以及模块化预制等，建立完善的木材生产、构件加工、连接构造的生产体系。通过在现有工业化木构建筑生产线中植入机器人木构建造工艺，非标准化结构构件的成形加工、复杂结构节点的加工以及复杂结构的辅助搭建等工作的自动化、智能化程度将实现巨大飞跃。

从其他材料制造业引进的数控机床（CNC）是当前大尺度数字建造的主要加工工具，木结构加工中的木材加工中心是CNC设备与木材切削工具的集成。CNC铣削加工不仅加工能力强大，而且具有高度通用性。然而CNC这种重型门式机器并不是没有局限，CNC体量巨大，移动不便，同时构件的加工尺寸受到机器尺寸的限制。此外，数据传输效率的低下是CNC数控成形加工的最大不利因素，也是当前建筑设计、结构工程和木材加工等流程之间协同工作的主要限制因素。在实际项目中，构件往往必须具备足够多的数量，或者极端的几何复杂性，才能使CNC加工以及随之而来的模型重建等工作显得更有必要性。因此，这种加工方式往往只能用于大型公共建筑项目。机器人的引入有效解决了CNC以及基于CNC的木构加工中心的局限性。机器人不仅成本远低于CNC，而且同时机器人的运动能力明显优于CNC（3~5轴），通过配合履带、吊轨等外部移动装置实现更大的加工范围；相对于CNC的刀具库，机器人工具端具有更高程度的开放性，通过机器人加工工具的自由开发能够实现更加灵活有效的机器人成形工艺；更重要的是，机器人允许直接通过建筑设计平台输出控制代码，使机器控制与设计过程无缝衔接，大大优化了数据传输效率的问题。通过自适应建造技术、人机协作搭建工艺的不断成熟，机器人木构建造在效率、精度和适用性方面将大大超越CNC加工工具。

机器人木构建筑产业化发展以机器人木构工艺体系为基础，主要包括机器人木材成形技术、机器人节点加工工艺以及机器人辅助建造工艺。木构建筑的产业升级的关键在于利用机器人的多功能性，将机器人开发为一个"微型木构工厂"。因此机器人木构工艺不限于特定加工作业的专业化和自动化研究，而是寻求满足钻孔、开槽、曲面切割、安装定位等全流程多样化的加工需求的机器人木构工艺体系。除了铣削、切割等特定工序，还应该不断将构件胶合、固定等工序纳入进来，同时整合建筑外墙、遮阳、保温等建筑系统，实现完整的机器人木构建筑建造系统。通过机器人自动化集成系统，将机器人木构建造工艺进行重组，形成数字建造产业链，以系统的流水线生产过程真正实现全流程的整合。

7.3.3 建筑机器混凝土产业化

作为人类最古老和便捷的建筑材料，混凝土在过去的半个世纪内已经被广泛作为建筑装配式构件加以生产制造。预制装配式混凝土（Prefabricated Concrete，PC）是以预制构件为主要构件，经装配、连接、部分现浇而成的混凝土结构。预制装配式混凝土建筑就是将传统建筑产品拆分设计成可在工厂里进行生产的预制钢筋混凝土构件，经过工厂预制加工、吊装运输到施工现场，再拼装成整体的建筑物[284]。预制装配式混凝土建筑与传统现浇工艺相比，最大的特点是生产方式的转变，主要体现在五化上：建筑设计标准化、部品生产工厂化、现场施工装配化、结构装修一体化和建造过程信息化。其主要优势体现在提升工程建设效率、提升工程建设品质、保障施工安全、提升经济效益以及低碳低能耗、节约资源、实现可持续发展等方面。预制装配式混凝土建筑与现浇钢筋混凝土建筑在设计、生产和施工方式上都大相径庭，不仅由于需现场拼接而带来了构件和节点的设计方法、施工方式的变化，还引入了工厂流水线的生产逻辑，集成了从混凝土板标准化模具制造、浇灌、成型、装车到运输装配的一系列过程。可以说PC产业化（图7-23）是最早借助其他工业制作流水线生产逻辑的建筑产业化实践探索案例，并且从1950年以来就已经在以日本、新加坡和欧洲为主要代表的全球各地取得了丰硕成果。

据国家统计局数据显示，2017年，中国房屋新开工面积为178654万㎡，增长7.0%，其中，住宅新开工面积128098万㎡，增长10.5%。随着城市化发展，传统建筑业低效、高能耗、高污染等弊端日益凸显，转型升级势在必行。任何一种传统建筑材料的应用都依附于社会的经济文化背景和科学技术的发展要求。在现代数字技术迅速发展的当下，回答如何借助新的生产工具，建立新的设计逻辑，集成数字控制系统，成为混凝土建筑产业的革新的当务之急。近年来，3D打印建筑成为行业中热议的话题，以其具有工期短、效率高、综合成本低等诸多优势受到广泛关注。由于混凝土具有半固体成型的特性，极具可塑性，使其成为绝好的增材制造材料。因而可以创新性地借助特制的3D打印头和辅助搅拌装置等，让机器人3D打印水泥增材建造成为最有潜力的机器人建筑建造产业化发展趋势之一[285]。

混凝土三维打印技术一经问世，便引发了全球范围相关领域的热烈研究讨论（详见第五章"混凝土打印工艺"）。近年来，市场上已经出现了将这些研究成果进行提取整合投入实际应用生产的企业，不仅出现了GRG、SRC、FRP、盈恒石等一

图7-23　PC产业化传统生产线
（图片来源：远大住宅工业集团股份有限公司）

（a）3D打印四层办公楼　　　　　　　　（b）3D打印迪拜办公楼

图7-24　3D打印产业化建成案例
（图片来源：上海盈创建筑科技有限公司）

系列运用3D打印技术的新型绿色建筑材料，而且运用3D打印建造的小型建筑项目也不断涌现，受到广泛关注和好评。2015年中国政府发布了"中国制造2025"倡议，旨在培育先进技术，3D打印技术成为"中国制造2025"的重要推动者。同年，科技部发布《国家增材制造产业发展推进计划（2015-2016年）》，该推进计划确立了3D打印创新和商业化的目标。有学者预测，得益于中国政府的支持，预计2020年，中国3D打印行业的产值将达到30亿美元。

　　商业3D打印设备在设备控制和软件开发中引进智能化技术，使3D打印更高效精确。在自动化的基础上，通过利用计算机视觉识别辅助系统及多种传感器，让打印过程更智能化，保证3D打印建筑能高效施工、外观一致、尺寸精准。同时，通过自动定位系统，准确定位构件的摆放位置，减少人工干预、降低误差。相比传统制造方法，混凝土3D打印技术具有节材、节能、制造周期短、成形不受零件复杂程度限制等优势。在力学性能指标上，打印出的墙体甚至可以高于传统混凝土墙体，材料抗压强度高于传统混凝土C30指标。依靠3D打印技术的自动化、智能化、集成化，混凝土建造颠覆了传统的混凝土产业方式，正在掀起一场全新的建筑革命（图7-24）[286]。

机器人混凝土3D打印通过机械自动化运作替代繁琐的人工操作，可大幅降低建筑材料和人工成本。与传统建造方式相比，3D打印混凝土技术可节约建筑材料30%～60%，节省人工成本50%～80%，缩短工期50%～70%，从而大幅降低建筑生产成本。同时，机器人3D打印建筑产业化最大限度地按时保证建筑质量。全自动化的机器人生产方式摒弃了传统的湿法操作，避免了人工作业的误差，高质高效。迪拜未来基金会的临时办公室是一座采用3D打印技术生产的建筑，建造过程仅使用一台高6m、长36m、宽12m的3D打印机，17天便完成了建筑主体的全部打印。经测试，该建筑抗震性可达6度设防裂度。此外，更值得关注的是，机器人混凝土3D打印非常便于建造异形建筑和定制化设计。传统的建造方法是用砖块砌垒，房屋整体形状变化有限，而3D打印则可让建筑形态随心所欲，只要事先设计好造型和构件的分割方法，打印出墙体后就能拼装。借助大型龙门3D打印机械，甚至可以完成机器人直接现场打印，无须再进行后续的运输与装配，其产业化的前景非常广阔[286]。

7.4 复合材料的机器人建造产业化模式

随着机器人建造技术的逐渐成熟，建筑产业也朝向更加可持续的方向发展。改善施工条件、加快建设效率、降低成本、提高质量、节约能源、减少运输等，都对建筑产业化的发展提出了更高要求，其中之一便是构件的生产要向着轻质化、节能化、高效化的方向发展。传统的砖、石、木、钢筋混凝土等建筑材料并不适于轻质构件的制造和使用要求。这便意味着未来的建筑产业化发展不能仅从传统材料工艺的角度探索，必须改良现有的建筑材料并发展新型建筑材料。随着军工生产和航空航天发展起来的复合材料因其具有良好而独特的性能，适应了现代建筑工业向高强、重载、大跨度和轻质方向的发展，在建筑工程中的应用量日益增大，成为新型建筑产业化建筑材料的不二之选。

7.4.1 基于增强塑料复合材料的产业化实践

玻璃增强热固性塑料（Glass Fiber Reinforced Plastic，GRP）和玻璃纤维增强混凝土（Glass Fiber Reinforced Concrete，GRC）是复合建筑材料的典型代表，两者可以统称为"增强塑料复合材料"。GRP包含基体和增强体两部分：基体是树脂，起粘结作用，占总体积的百分数为30%～40%，增强体是玻璃纤维，起增强作用。因此，GRP是有机非金属与无机非金属复合的塑料基复合材料，俗称玻璃钢，是一种以耐碱玻璃纤维为增强材料、水泥砂浆为基体材料的纤维混凝土复合材料。玻璃纤维赋予脆性的混凝土基体更大的延展性和抗冲击性。这些性能可以被用来制造建筑面板单元，与钢筋混凝土或钢板等替代解决方案相比具有极大优势（图7-25、图7-26）[287]。

与金属或其他无机材料相比，GRP\GRC材料具有无限可塑性、重量轻、强度高、耐腐蚀、电绝缘、传热慢、隔声、防水、无污染等特点。在20世纪70年代之前，世界发达国家的GRP\GRC材料产量增长十分迅速，在建筑和城市公共设施中应用广泛。自20世纪70年代起，受全球性石油危机的影响，GRP\GRC材料和制品发展缓慢，直到20世纪80年代以后，情况才有所好转。在加工阶段，GRP\GRC材料通过模具造型的设计可以实现纹理、质感与色彩的丰富性。对于造型复杂的建筑立面建造，可以利用建筑机器人进行大批量的GRP\GRC模块化定制生产，已经逐渐形成了一套专业的新型复合材料的产业化生产流程[288]。

针对复杂的、异形的建筑外围护或单层双曲结构的特点，GRP\GRC产业化主要由数字建模和有限元分析、数控设备设计和制造、机电一体化设计和编程、建筑幕墙设计营造技术等多种技术有机组成[288]。以异形幕墙为例，数字建模和有限元分析在设计初期便保障了建筑幕墙设计的精准度和异形造型的合理性。数字建模模拟实际幕墙状况，建立建筑幕墙面板和支架构件的建造信息；有限元分析则可以通过算法对幕墙造型进行多次迭代优化，保证幕墙的美观、强度以及结构合理性，并对后期幕墙施工的节点细节控制提供保障。在GRP\GRC面板的制作过程中借助数控专用设备进行GRP\GRC模具的大批量制作是其产业化生产的最重要的组成部分，模具质量的精度决定了GRP\GRC面板制作的质量。而随着GRP\GRC产业化的发展，目前国内已经研发出不借助传统的数控机床模具生产GRP\GRC面板的技术。优秀的案例有上海斯诺博金属构件发展有限公司研发的基于GRP\GRC材料的大型非金属材料无模曲面数控成型机，其在异形结构和曲面成型技术上的创意设计和工艺进步远远走在世界行业发展之前列。上海斯诺博研发了成套的CNC专用设备，除部分焊接作业外均采取无纸化数控生产，在数字化设计、结构分析、面板制作到最终的建筑幕墙面板支座制造的流程中，数控程度远超德国Seele，MERO等同行。上海斯诺博建设了中国第一个外墙产业化项目——上海宝业中心外墙（住房和城乡建设部建筑产业化样板工程），建造过程基本形成了世界上第一条外墙产业化流水线。

图7-25　GRC材料外观，首尔东大门广场
（图片来源：Zaha Hadid Architects）

图7-26　GRP材料外观，北京银河SOHO
（图片来源：Zaha Hadid Architects）

图7-27　改性塑料工厂预制化打印
（图片来源：上海一造科技）

7.4.2 基于改性塑料3D打印成型工艺的产业化实践

除GRP\GRC材料之外，改性塑料也为机器人产业化建造工艺中较为成熟的材料。在机器人3D打印技术中，塑料作为一种成本相对低廉且可塑性极强的原材料。近年来，工业机器人系统开始与3D塑料打印技术相配合，在机器臂的工具端处安装一套塑料熔融挤出设备，通过精准的空间坐标定位以及不间断挤出的熔融材料，可以进行大尺度的构件加工（图7-27）。

前文讲到，目前主流的机器人塑料打印工艺有两种，分别是机器人层积打印工艺和机器人空间打印工艺。在实践探索方面，上海一造建筑智能工程有限公司的一系列大尺度3D打印建筑是目前全球最成功的复合材料打印产业化案例（图7-28）。其团队长期致力于创新结构性能化设计方法、提高3D打印头的生产精度，以及不断优化空间打印路径，通过资助以及研发打通了从设计到建造的全部环节。利用这一系统，先后完成了一系列优秀的打印作品。其实践强有力地证明了借助建筑机器人的复合材料进行3D打印产业化生产的无限潜力，体现了其创造性、定制性以及技术可塑性。

在未来，机器人复合材料产业化的发展需要更快速、更精准、更智能的生产硬件的开发，以适应更多复合材料的材料特征与成型特点。利用复合材料制作建筑轻质构件，重量轻而强度重量比高，在满足设计要求的前提下，能够减轻建筑物的自重，增加有效荷载；另外，复合材料本身化学性能稳定，能够满足特殊行业的特殊要求，如化工部门对建筑构件耐腐性的需要等，还能很好地抵御极端气候对构件的不利影响。积极开发利用复合材料，有助于根据决策合理选择建筑材料，推动建筑行业的良性循环和可持续发展。

（a）上海市临港新城云亭装置　（b）2018威尼斯双年展中国馆室外　（c）上海西岸人工智能峰会B馆3D
　　　　　　　　　　　　　　　　　　展亭　　　　　　　　　　　　打印服务亭

图7-28　改性塑料产业化实践案例
（图片来源：上海一造科技）

7.5 基于机器人建造的建筑产业化未来展望

机器人建造作为未来建筑产业化的物质载体，将大大推进建筑定制化生产和智能化现场建造的实现过程。以机器人技术为核心的建筑建造方式，可以完成复杂逻辑形体的加工，从而形成一种以性能、材料性质为出发点的精确制造的高效率、高品质建造模式。这种建造模式意味着建筑师对原型设计与建造的介入达到了一个更深的层面，即原型生产层面。在实际建造中，机器人建造工艺的稳定性将极大程度地影响建造效率和建造精确度。当前，国内外机器人建造技术的研发和应用大部分处于实验室阶段，对于复杂的现场施工环境和批量化生产的需求，如何通过协调机器人平台、工具端研发、建筑材料、建造任务和现场环境之间的关系，优化机器人建造工艺，将成为建筑产业化未来发展的重要步骤。保持对已有技术深化与整合的同时在建筑产业化发展的进程中，不断保持对新技术的纳入和整合也会为建筑产业化的发展无限助力。例如近几年新兴发展起来的无人机技术，搭载传感器和定位仪器的无人机在现场装配过程中将会提供智能定位方案与信息回传功能，辅助预制化构件在施工现场的吊装，实时收集图像资料并且存储在云端数据库。同时作为高空作业机器人的不二之选，从小型民用无人机的应用探索到后期借助大荷载直升机对建筑构件的运输和吊装，无疑也是将来机器人智能产业化建造中不可或缺的重要一环。

综上所述，一篇宏伟的蓝图正在缓缓展开。在未来，随着云端建筑信息的即时传递，建筑师可以从设计之初便开始控制整个项目从设计到施工的全过程。与此同时，材料、结构、暖通等工程师也能够通过云端虚拟建造平台直接参与到产业链中，与设计师进行深入探讨、调整，从而在保证设计完成度的同时最大限度地实现建筑的性能化水平。在这个平台上，不同工种可以在产业链中发挥自己的专业作用，基于虚拟建造平台的全产业沟通将人从地理限制中解放出来，全球的材料供应商、生产商、设计师都可以在该平台共享技术与设计。虚拟平台对实际施工过程进行模拟与仿真，还能预见并有效避免节点碰撞等常见的施工问题。因为高效优化了建造过程中对人工以及人为经验的依赖，某些情况下，甚至可以实现设计生产的即时反馈。设计与生产一体化的机器人建筑产业化将提高生产效率与建筑的使用性能。与此同时，智能技术系统与高度集成化机器人将会得到更完备的发展，从陆地作业机器人到空中移动飞行机器人，更多更先进的工业技术将整合到产业化发展的平台中，指数型加速建筑产业化的发展历程，最终将带领建筑建设迈入一个新的纪元。

随着数字设计与建造技术的逐渐成熟，基于机器人建造的建筑产业化发展体系也将日渐落实。我们有理由相信，在工业4.0时代的大背景下，网络化信息传递以及性能化定制将在未来成为建筑产业升级的重要内容。新材料、新工艺与新产业的全生命周期信息化整合，个性化设计以及与定制、预制服务的对接，将让数字化设计与建筑机器人建造手段的结合逐步深入未来建筑产业化的进程当中。

索　引

人名索引

机构索引

参考文献

［1］朱小林，殷宁宇. 我国建筑业劳动力市场的变动趋势及对建筑业的影响［J/OL］.［2017-09-17］.
改革与战略，2014，30（6）：108-110. DOI：10.16331/J.cnki.issn1002-736X.2014.06.004.

［2］Menges A. The New Cyber-Physical Making in Architecture：Computational Construction［J］.
Architectural Design, 2015, 85（5）：28-33.

［3］Bock T. Construction Robotics［M］. Kluwer Academic Publishers, 2007.

［4］Bock T, Langenberg S. Changing Building Sites：Industrialisation and Automation of the Building
Process［J］. Architectural Design, 2014, 84（3）：88-99.

［5］刘海波，武学民. 国外建筑业的机器人化：国外建筑机器人发展概述［J］. 机器人，1994，
16（2）：119-128.

［6］Jonathan Tilley. Automation, Robotics, and the Factory of the Future. https：//www.mckinsey.com/
Business-Functions/Operations/Our-Insights/Automation-Robotics-and-The-Factory-of-The-
Future. 2017-09/ 2018-09-03.

［7］杨冬，李铁军，刘今越. 人机系统在机器人应用中的研究综述［J］. 制造业自动化，2013，
35（5）：89-93.

［8］Khoshnevis B. Automated Construction by Contour Crafting—related Robotics and Information
Technologies［J］. Automation in Construction, 2004, 13（1）：5-19.

［9］Werfel J, Petersen K, Nagpal R. Designing Collective Behavior in a Termite-inspired Robot
Construction Team［J］. Science, 2014, 343（6172）：754-758.

［10］Keating S，et al. A Compound Arm Approach to Digital Construction［C］// W. Mcgee, M. Ponce
De Leon. Robotic Fabrication in Architecture, Art and Design 2014. Cham, Springer International
Publishing, 2014：99-110.

［11］Ercan S, Gramazio F, Kohler M. Mobile Robotic Fabrication on Construction Sites：Dimrob［C］
// IEEE/Rsj International Conference on Intelligent Robots & Systems, 2012.

［12］Augugliaro F, Lupashin S, Hamer M, et al. The Flight Assembled Architecture Installation：Cooperative
Construction with Flying Machines［J］. IEEE Control Systems, 2014, 34（4）：46-64.

［13］Menges A. Material Computation：Higher Integration in Morphogenetic Design［J］.

Architectural Design, 2012, 82（2）：14-21.

［14］Snooks R, Jahn G. Closeness：on the Relationship of Multi-agent Algorithms and Robotic Fabrication［C］// Robotic Fabrication in Architecture, Art and Design 2016. 2016：218-229.

［15］Detert T, Charaf Eddine S, Fauroux J C, et al. Bots2rec：Introducing Mobile Robotic Units on Construction Sites for Asbestos Rehabilitation［J］. Construction Robotics, 2017, 1（1-4）：29-37.

［16］Al Jassmi H, Al Najjar F, Mourad A H I. Large-scale 3D Printing：the Way Forward［J］. Iop Conference Series：Materials Science and Engineering, 2018（324）：12, 88.

［17］李铁军，杨冬，赵海文，等. 板材干挂安装机器人系统研究［J］. 高技术通信，2011，21（8）：836-841.

［18］Gramazio F, Kohler M, Willmann J. Authoring Robotic Processes［J］. Architectural Design, 2014, 84（3）：14-21.

［19］Feringa J. Entrepreneurship in Architectural Robotics：the Simultaneity of Craft, Economics and Design［J］. Architectural Design, 2014, 84（3）：60-65.

［20］Epps, Gregory, Sushant Verma. Curved Folding：Design to Fabrication Process of Robofold［C］// Shape Modeling International. 2013：75-83.

［21］Younkin G, Hesla E. Origin of Numerical Control［History］［J］. IEEE Industry Applications Magazine, 2008, 14（5）：10-12.

［22］Bollinger J G, Duffie N A. Computer Control of Machines and Processes［M］. New York：Addison-Wesley, 1988.

［23］Critchlow A J. Introduction to Robotics［M］. New York：Macmillan, 1985.

［24］Bennett S. A Brief History of Automatic Control［J］. IEEE Control Systems Magazine, 1996, 16（3）：17-25.

［25］Chua, C K, Leong K F. Rapid Prototyping：Principles & Applications in Manufacturing［M］. New York：Wiley, 1997.

［26］Ayres R, Miller S. Industrial Robots on the Line［J］. The Journal of Epsilon Pi Tau, 1982, 8（2）：

2–10.

［27］Engelberger J F. Robotics in Practice：Management and Applications of Industrial Robots［M］. Springer Science & Business Media, 2012.

［28］Singh B, Sellappan N, Kumaradhas P. Evolution of Industrial Robots and their Applications［J］. International Journal of Emerging Technology and Advanced Engineering, 2013, 3（5）：763–768.

［29］Roth B, Rastegar J, Scheinman V. On the Design of Computer Controlled Manipulators［M］//On Theory and Practice of Robots and Manipulators. Springer, Vienna, 1974：93–113.

［30］Wallén J. The History of the Industrial Robot［J］. Control Engineering, 2008.

［31］Mosher R S. Industrial Manipulators［J］. Scientific American, 1964, 211（4）：88–97.

［32］Terada A, Yamashiro H. Robot Construction：U.S. Patent 6,250,174［P］.［2001–6–26］.

［33］Shepherd S, Buchstab A. Kuka Robots on-site［M］//Robotic Fabrication in Architecture, Art and Design 2014. Springer, Cham, 2014：373–380.

［34］Bier H. Robotic Building（S）［J］. Next Generation Building, 2014, 1（1）.

［35］卢月品. 解读《中国机器人产业发展白皮书（2016版）》［J］. 机器人产业, 2016（3）：26–32.

［36］刘启印, 柏赫. 常用机器人分类及关键技术［J］. 中国科技博览, 2012（14）：213–213.

［37］Paulson Jr B C. Automation and Robotics for Construction［J］. Journal of Construction Engineering and Management, 1985, 111（3）：190–207.

［38］Iso Standard 8373：1994, Manipulating Industrial Robots – Vocabulary.

［39］Handbook of Industrial Robotics［M］. John Wiley & Sons, 1999.

［40］谈士力. 面向21世纪：特种机器人技术的发展［J］. 世界科学, 2001（6）：24–25.

［41］蔡自兴. 机器人学［M］. 北京：清华大学出版社, 2000.

［42］Daas M. Toward a Taxonomy of Architectural Robotics［C］//Sociedad Iberoamericana Grafica Digital（Sigradi）2014 Conference. 2014（14）：623–626.

［43］Mair G M. Industrial Robotics［M］. Prentice Hall, 1988.

［44］Huat L K. Industrial Robotics：Programming, Simulation and Applications［M］. 2006.

［45］华磊. 一种六轴工业机器人及多轴联动控制系统的研究［D］. 广州：华南理工大学, 2014.

［46］Kusuda Y. Robots at the International Robot Exhibition 2007 in Tokyo［J］. Industrial Robot：an International Journal, 2008, 35（4）：300–306.

［47］Lin C Y, Chen W, Tomizuka M. Learning Control for Task Specific Industrial Robots［C］//2016 IEEE 55th Conference on Decision and Control（Cdc）. IEEE, 2016：7202–7209.

［48］Irb A B B. 4600 Product Specification［J］. Document Id：3Hac035959–001, Revision：A, Abb, 2009.

［49］Borrmann D, Afzal H, Elseberg J, Nüchter A. Mutual Calibration for 3D Thermal Mapping in Proceedings of the 10th Symposium on Robot Control（Syroco）. Amsterdam：Elsevier, 2012: 605–610.

［50］Nüchter A, Elseberg J, Borrmann D. Irma3d — an Intelligent Robot for Mapping Applications *［J］. Ifac Proceedings Volumes, 2013, 46（29）：119–124.

［51］Hutter M, Gehring C, Jud D, et al. Anymal-a Highly Mobile and Dynamic Quadrupedal Robot［C］//2016 IEEE/Rsj International Conference on Intelligent Robots and Systems（Iros）. IEEE, 2016：38-44.

［52］Kemmerer L. Verbal Activism：Anymal［J］. Society & Animals, 2006, 14（1）：9-14.

［53］Wang C K, Tseng Y H, Chu H J. Airborne Dual-wavelength Lidar Data for Classifying Land Cover［J］. Remote Sensing, 2014, 6（1）：700-715.

［54］Bock, Thomas, Thomas Linner. Construction Robots：Volume 3：Elementary Technologies and Single-task Construction Robots. Cambridge University Press, 2016.

［55］Balaguer C, Abderrahim M. Trends in Robotics and Automation in Construction［M］//Robotics and Automation in Construction. Intech Open, 2008.

［56］Fernandez-Andres C, Iborra A, Alvarez B, et al. Ship Shape in Europe：Cooperative Robots in the Ship Repair Industry［J］. IEEE Robotics & Automation Magazine, 2005, 12（3）：65-77.

［57］Kolařík, Ladislav, et al. Advanced Functions of a Modern Power Source for Gmaw Welding of Steel. Acta Polytechnica, 52.4（2012）.

［58］Khoshnevis, B.（2003）Automated Construction by Contour Crafting – related Robotics and Information Technologies. Automation in Construction, 2004（13）：5-19.

［59］Zhang J, Khoshnevis B. Optimal Machine Operation Planning for Construction by Contour Crafting. Automation in Construction, 2012（29）：50-67.

［60］Bock T, Linner T. Construction Robots：Volume 3：Elementary Technologies and Single-task Construction Robots［M］. Cambridge University Press, 2016.

［61］Bock, Thomas. Construction Robotics. Autonomous Robots 22.3（2007）：201-209.

［62］Kohler M, Gramazio F, Willmann J. The Robotic Touch［J］. 2014.

［63］Gramazio F, Kohler M. Digital Materiality in Architecture［J］. Space, 2008, 45（537）：100-107.

［64］F. Gramazio, M. Kohler, J. Willmann（Eds.）. The Robotic Touch – How Robots Change Architecture. Zurich：Park Books, 2014.

［65］Terada Y, Murata S. Automatic Modular Assembly System and its Distributed Control. The International Journal of Robotics Research, 2008：27（3-4）：445-462. Sage Publishing：March/April 2008, Doi：10.1177/0278364907085562.

［66］Werfel, Justin, Petersen, et al. Designing Collective Behavior in a Termite-inspired Robot Construction Team. Science, 2014, 343（6172）：754-758.

［67］Yim M，Roufas K, Duff D，et al. Modular Reconfigurable Robots in Space Applications. Autonomous Robots, 2003（14）：225-237.

［68］Cao Y U, Fukunaga A S, Kahng A. Cooperative Mobile Robotics：Antecedents and Directions［J］. Autonomous Robots, 1997, 4（1）：7-27.

［69］Gramazio F, Kohler M, Willmann J. Authoring Robotic Processes［J］. Architectural Design, 2014, 84（3）：14-21.

［70］Gross M D, Green K E. Architectural Robotics, Inevitably［J］. Interactions, 2012, 19（1）：28-

33.

[71] Bock T, Linner T. Construction Robots：Volume 3：Elementary Technologies and Single-task Construction Robots［M］. Cambridge University Press, 2016.

[72] Matsuda Y. Humanoid Robot and/or Toy Replica Thereof［J］. 2011.

[73] Hayashi T, Kawamoto H, Sankai Y. Control Method of Robot Suit Hal Working as Operator's Muscle Using Biological and Dynamical Information［C］// IEEE/Rsj International Conference on Intelligent Robots and Systems Iros. 2005：3063-3068.

[74] Bock T, Linner T, Eibisch N, et al. Fusion of Product and Automated-replicative Production in Construction. In 27th International Symposium on Automation and Robotics in Construction, 2010：12-21.

[75] Cousineau L, Miura N. Construction Robots：the Search for New Building Technology in Japan. Reston：American Society of Civil Engineers（ASCE）, 1998.

[76] Daas M. Toward a Taxonomy of Architectural Robotics［C］//Sociedad Iberoamericana Grafica Digital（Sigradi）2014 Conference. 2014（14）：623-626.

[77] 袁烽. 从图解思维到数字建造［M］. 上海：同济大学出版社，2016.

[78] Engelberger J F. Robotics in Practice：Management and Applications of Industrial Robots［M］. Springer Science & Business Media, 2012.

[79] Springer Handbook of Robotics［M］. Springer, 2016.

[80] Bechthold M, King N. Design Robotics［M］//Rob| Arch 2012. Springer Vienna, 2013：118-130.

[81] Achim Menges. Computational Design Thinking［M］. London：Wiley, 2011.

[82] 李欣. 工业机器人体系结构及其在焊接切割机器人中的应用研究［D］. 哈尔滨工程大学，2008.

[83] 王天然，曲道奎. 工业机器人控制系统的开放体系结构［J］. 机器人，2002，24（3）：256-261.

[84] 熊有伦，丁汉，刘恩沧. 机器人技术基础［M］. 1996.

[85] 张轲，谢好，朱晓鹏. 工业机器人编程技术及发展趋势［J］. 金属加工：热加工，2015（12）：16-19.

[86] 张华军，张广军，蔡春波，等. 机器人多层多道焊缝激光视觉焊道的识别［J］. 焊接学报，2009，30（4）：105-108+118.

[87] 陈卓. 激光再制造机器人离线编程系统［D］. 天津工业大学，2011.

[88] 赵东波，熊有伦. 机器人离线编程系统的研究［J］. 机器人，1997，19（4）：314-320.

[89] 张轲，谢好，朱晓鹏. 工业机器人编程技术及发展趋势［J］. 金属加工：热加工，2015（12）：16-19.

[90] 周明珠，陈一民，汪地，等. 基于增强现实的多视图机器人控制系统［J］. 微型电脑应用，2012，28（3）：5-8.

[91] Schwartz, Thibault. Hal：Extension of a Visual Programming Language to Support Teaching and Research on Robotics Applied to Construction［C］//Rob| Arch 2012. Springer, Vienna, 2013：92-101.

［92］https：//Hal-Robotics.com/.

［93］Braumann Johannes, Brell-Cokcan Sigrid. Parametric Robot Control：Integrated CAD/CAM for Architectural Designp［C］// Acadia 11：Integration through Computation［Proceedings of the 31St Annual Conference of the Association for Computer Aided Design in Architecture（Acadia）］13-16 October, 2011：242-251.

［94］http：//www.robotsinarchitecture.org/kuka-prc.

［95］http：//blickfeld7.com/architecture/rhino/Grasshopper/Taco/.

［96］https：//www.rapcam.eu/.

［97］Bonwetsch, Tobias, Ralph Bärtschi, et al. Brick Design［C］// Rob| Arch 2012. Springer, Vienna, 2013：102-109.

［98］Feringa J. Entrepreneurship in Architectural Robotics：the Simultaneity of Craft, Economics and Design［J］. Architectural Design, 2014, 84（3）：60-65.

［99］Paoletti I, Naboni R S. Robotics in the Construction Industry：Mass Customization or Digital Crafting？［M］//Advances in Production Management Systems. Competitive Manufacturing for Innovative Products and Services. Springer Berlin Heidelberg, 2012.

［100］Feringa J. Entrepreneurship in Architectural Robotics：the Simultaneity of Craft, Economics and Design［J］. Architectural Design, 2014, 84（3）：60-65.

［101］Søndergaard A. Odico Formwork Robotics［J］. Architectural Design, 2014, 84（3）：66-67.

［102］Feringa J. Entrepreneurship in Architectural Robotics：the Simultaneity of Craft, Economics and Design［J］. Architectural Design, 2014, 84（3）：60-65.

［103］谭民，王硕，曹志强. 多机器人系统［M］. 北京：清华大学出版社，2005.

［104］程磊. 多移动机器人协调控制系统的研究与实现［D］. 华中科技大学.

［105］么立双，苏丽颖，李小鹏. 多机器人系统任务分配方式的研究与发展［J］. 制造业自动化，2013（10）：21-24.

［106］李智军，周晓，吕恬生. 基于群体协作的分布式多机器人通信系统的设计与实现［J］. 机器人，1999，22（4）.

［107］崔一鸣. 多机器人协作的关键技术研究［D］. 南京理工大学，2008.

［108］董炀斌. 多机器人系统的协作研究［D］. 浙江大学，2006.

［109］Solly, James, Nikolas Früh, et al. Structural Design of a Lattice Composite Cantilever. In Structures, Elsevier, 2019（18）：28-40.

［110］Yablonina M, Menges A. Towards the Development of Fabrication Machine Species for Filament Materials［C］//Robotic Fabrication in Architecture, Art and Design. Springer, Cham, 2018：152-166.

［111］Augugliaro F, Lupashin S, Hamer M, et al. The Flight Assembled Architecture Installation：Cooperative Construction with Flying Machines［J］. IEEE Control Systems, 2014, 34（4）：46-64.

［112］Mirjan, Ammar. Aerial Construction：Robotic Fabrication of Tensile Structures with Flying Machines［D］. Eth Zürich, 2016.

［113］Gramazio F, Kohler M, D'Andrea R. Flight Assembled Architecture［J］. Editions HYX, 2012.

［114］杨冬，李铁军，刘今越. 人机系统在机器人应用中的研究综述［J］. 制造业自动化，2013，35（5）：89-93.

［115］Kirgis FP, Katsos P, Kohlmaler M. Collaborative Robotics. In: Reinbardt D, Saunders R, Burry J. （eds）Robotic Fabrication in Architecture, Art and Design 2016. Springer, Cham.

［116］Shepherd S, Buchstab A . Kuka Robots on-site［C］// Robotic Fabrication in Architecture, Art and Design 2014. Springer International Publishing, 2014.

［117］https: //Icd.uni-Stuttgart.de/?P=23664.

［118］Hoffman G, Breazeal C. Effects of Anticipatory Action on Human-Robot Teamwork Efficiency, Fluency, and Perception of Team［C］//Proceedings of the ACM/IEEE International Conference on Human-Robot Interaction. ACM, 2007：1-8.

［119］于金霞. 移动机器人定位的不确定性研究［D］. 中南大学，2007.

［120］王卫华. 移动机器人定位技术研究［D］. 华中科技大学，2005.

［121］郑宏. 移动机器人导航和Slam系统研究［D］. 上海交通大学，2007.

［122］Lussi, Manuel, et al. Accurate and Adaptive in Situ Fabrication of an Undulated Wall Using an On-board Visual Sensing System［C］// 2018 IEEE International Conference on Robotics and Automation（Icra）. IEEE, 2018：1-8.

［123］Piškorec, Luka, David Jenny, et al. The Brick Labyrinth［C］// In Robotic Fabrication in Architecture, Art and Design. Springer, Cham, 2018：489-500.

［124］Thoma, Andreas, Arash Adel, et al. Robotic Fabrication of Bespoke Timber Frame Modules［C］// In Robotic Fabrication in Architecture, Art and Design. Springer, Cham, 2018：447-458.

［125］Gandia, Augusto, Stefana Parascho, et al. Towards Automatic Path Planning for Robotically Assembled Spatial Structures［C］// In Robotic Fabrication in Architecture, Art and Design. Springer, Cham, 2018：59-73.

［126］http://www.adrlab.org/Doku.php/Adrl: Education: Completed_Projects: Lstadelmann.

［127］Hack, Norman, Willi Viktor Lauer, et al. Mesh Mould：Robotically Fabricated Metal Meshes as Concrete Formwork and Reinforcement［C］// Proceedings of the 11th International Symposium on Ferrocement and 3rd Ictrc International Conference on Textile Reinforced Concrete, Aachen, Germany, 2015：7-10.

［128］Giftthaler M, Sandy T, Dörfler K, et al. Mobile Robotic Fabrication at 1：1 Scale：the in Situ Fabricator［J］. Construction Robotics, 2017, 1（1-4）：3-14.

［129］Lussi, Manuel, et al. Accurate and Adaptive in Situ Fabrication of an Undulated Wall Using an On-board Visual Sensing System. Icra 2018-IEEE International Conference on Robotics and Automation. 2018.

［130］Franklin G F, Emami-Naeini A, Powell J D. Feedback Control of Dynamic Systems.6th Ed.［M］. Pearson Education, 2014.

［131］Se（V）Kr C4 V2.18, Pub College Service Elektrik Kr C4, 2011.

［132］Albu-Schäffer A，et al. The Dlr Lightweight Robot：Design and Control Concepts for Robots in

Human Environments. Industrial Robot：An International Journal 34.5（2007）：376–385.

［133］Famulus, https：//www.kuka.com/en–de/about–kuka/history.

［134］Johnson, Curtis D. Process Control Instrumentation Technology. Prentice Hall, 2002, 7th Ed.

［135］袁烽，赵耀. 智能新工科的教育转向［C］. 数字技术·建筑全生命周期——2018年全国建筑院系建筑数字技术教学与研究学术研讨会论文集. 2018：6–13.

［136］Reichert S, Schwinn T, Magna R L, et al. Fibrous Structures：an Integrative Approach to Design Computation, Simulation and Fabrication for Lightweight, Glass and Carbon Fibre Composite Structures in Architecture Based on Biomimetic Design Principles［J］. Computer–aided Design, 2014, 52（3）：27–39.

［137］Schönung A, Stemmler H. Geregelter Drehstrom–umkehrantrieb mit Gesteuertem Umrichter Nach Dem Unterschwingungsverfahren. BBC Mitteilungen. Brown Boveri Et Cie. 1964, 51（8/9）：555–577.

［138］Du, Ruoyang, Robertson, Paul. Cost Effective Grid–connected Inverter for a Micro Combined Heat and Power System［C］. IEEE Transactions on Industrial Electronics, 2017.

［139］Li, Y, Ang, K.h, Chong, G.c.y. Patents, Software and Hardware for Pid Control：an Overview and Analysis of the Current Art. IEEE Control Systems Magazine, 2006, 26（1）：42–54.

［140］Elashry, Khaled. An Approach to Automated Construction Using Adaptive Programing. Robotic Fabrication in Architecture, Art and Design 2014. Springer International Publishing, 2014：51–66.

［141］IEC 61131–3：2013：Programmable Controllers.

［142］Iqbal, S.（2008）. Programmable Logic Controllers（Plcs）：Workhorse of Industrial Automation. 68–69. IEEEP Journal：27–31.

［143］Ethercat：Ethernet Control Automation Technology, http：//www.ethercat.org.cn/cn.htm, 2007.

［144］Annraoi M. De Paor, Mark O'malley. Controllers of Ziegler–nichols Type for Unstable Process with Time Delay［J］. International Journal of Control, 1989, 49（4）：1273–1284.

［145］袁烽，肖彤. 性能化建构——基于数字设计研究中心（Ddrc）的研究与实践［J］. 建筑学报，2014（8）：14–19.

［146］Research Infrastructure, Icd, https：//icd.uni–stuttgart.de/?p=18181.2019.05.25.

［147］Macdowell, Parke, Diana Tomova. Robots, Drawing, and Space：Wavepavilion［J］. Thresholds, 2011：83–86.

［148］Meyboom A, Correa D, Krieg O D . Beyond form Definition：Material Informed Digital Fabrication in Timber Construction［M］// Digital Wood Design Innovative Techniques of Representation in Architectural Design. 2018.

［149］Snooks, Roland, Gwyllim Jahn. Closeness：on the Relationship of Multi–agent Algorithms and Robotic Fabrication［C］// In Robotic Fabrication in Architecture, Art and Design 2016. Springer, Cham, 2016：218–229.

［150］Nicolescu, Florin Adrian, Andrei Mario Ivan, et al. New Design Concepts in Computer Assisted Design of Robotic Flexible Manufacturing Cell for Part's Turning［J］. In Applied Mechanics and Materials, Vol. 760. Trans Tech Publications, 2015：175–180.

［151］Yuan P, Meng H. Fab-Union：a Collective Online to Offline Robotic Design Platform［J］. Architectural Design, 2016, 86（5）：52-59.

［152］Parascho S，Gandia A，Mirjan A，et al. Cooperative Fabrication of Spatial Metal Structures. Fabricate, 2017：24-29.

［153］Bock T, Linner T. Construction Robots：Elementary Technologies and Single-task Construction Robots（Vol. 3）. Cambridge University Press, 2016.

［154］Shepherd S, Alois B. Kuka Robots On-site. Robotic Fabrication in Architecture, Art and Design 2014. Springer, Cham, 2014：373-380.

［155］袁烽，胡雨辰. 人机协作与智能建造探索［J］. 建筑学报，2017（5）：24-29.

［156］Andres J, et al. First Results of the Development of the Masonry Robot System Rocco：a Fault Tolerant Assembly Tool. Automation and Robotics in Construction Xi. 1994：87-93.

［157］Khoshnevis B, Carlson A, Leach N, et al. Contour Crafting Simulation Plan for Lunar Settlement Infrastructure Buildup［C］// The Workshop on Thirteenth ASCE Aerospace Division Conference on Engineering. 2012：1458-1467.

［158］吉洋，霍光青. 履带式移动机器人研究现状［J］. 林业机械与木工设备，2012（10）：7-10.

［159］Giftthaler M, Sandy T, Dörfler K, et al. Mobile Robotic Fabrication at 1：1 Scale：the in Situ Fabricator［J］. Construction Robotics, 2017, 1（1-4）：3-14.

［160］Willmann J, Augugliaro F, Cadalbert T, et al. Aerial Robotic Construction Towards a New Field of Architectural Research［J］. International Journal of Architectural Computing, 2012, 10（10）：439-460.

［161］Werfel J, Petersen K, Nagpal R. Designing Collective Behavior in a Termite-inspired Robot Construction Team［J］. Science, 2014, 343（6172）：754-758.

［162］Buri, Hans Ulrich, Yves Weinand. The Tectonics of Timber Architecture in the Digital Age. No. Epfl-Chapter-174433. Prestel Verlag, 2011.

［163］Johns, Ryan Luke, Nicholas Foley. Bandsawn Bands. Robotic Fabrication in Architecture, Art and Design 2014. Springer, Cham, 2014：17-32.

［164］Williams, Nicholas, John Cherrey. Crafting Robustness：Rapidly Fabricating Ruled Surface Acoustic Panels. Robotic Fabrication in Architecture, Art and Design 2016. Springer, Cham, 2016：294-303.

［165］Yuan Philip F, H Chai. Robotic Wood Tectonics. Fabricate：Rethinking Design and Construction, 2017：44-49.

［166］Chai Hua, Philip F Yuan. Investigations on Potentials of Robotic Band-saw Cutting in Complex Wood Structures. In Robotic Fabrication in Architecture, Art and Design, Springer, Cham, 2018：256-269.

［167］Liddell, Ian. Frei Otto and the Development of Gridshells. Case Studies in Structural Engineering 4, 2015：39-49.

［168］Kkaarrlls, 7Xstool, http：//www.kkaarrlls.com/Index.php?feature=editions,7Xstool.［2018-10-17］.

［169］Fleischmann M, Knippers J, Lienhard J, et al. Material Behaviour：Embedding Physical Properties in Computational Design Processes［J］. Architectural Design, 2012, 82（2）：44–51.

［170］Willmann, Jan, et al. Robotic Timber Construction—Expanding Additive Fabrication to New Dimensions. Automation in Construction 61, 2016：16–23.

［171］袁烽，张立名. 砖的数字化建构［J］. 世界建筑，2014（7）：26–29.

［172］郭小伟. 基于数字技术的建筑表皮生成方法研究［D］. 2014.

［173］杨明空，洪振军. 砖墙有限元模拟分析［J］. 建材世界，2008，29（5）：81–82.

［174］袁烽. 数字化设计与建造新方法论驱动下的范式转化［J］. 建筑技艺，2014（4）：30–31.

［175］施楚贤. 砌体结构理论与设计［M］. 北京：中国建筑工业出版社，1992.

［176］Pedreschi R F. Eladio Dieste：the Engineer's Contribution to Architecture［M］. 2000.

［177］袁烽. 从数字化编程到数字化建造［J］. 时代建筑，2012（5）：10–21.

［178］Y. Hasegawa. Robotization of Reinforced Concrete Building Construction in Japan［C］（Paper Presented at the Cad and Robotics in Architecture and Construction, Marseilles, 1986）.

［179］Pritschow G, Dalacker M, Kurz J. Configurable Control System of a Mobile Robot for On-site Construction of Masonry［J］. Proc. 10th Intn. Sym. On Robotics and Automation in Construction, 1993：85–92.

［180］Chamberlain D A. Enabling Technology for a Masonry Building Advanced Robot［J］. Industrial Robot：an International Journal, 1994, 21（4）：32–37.

［181］Pritschow G, Dalacker M, Kurz J, et al. Technological Aspects in the Development of a Mobile Bricklaying Robot［J］. Automation in Construction, 1996, 5（1）3–13.

［182］Andres J，Bock T，Gebhart F.first Results of the Development of the Masonry Robot System Rocco. In：Proceedings of the 11th International Symposium on Automation and Robotics in Construction, Brighton，1994：87–93.

［183］Pritschow G, Dalacker M, Kurz J, et al. Technological Aspects in the Development of a Mobile Bricklaying Robot［J］. Automation in Construction, 1996, 5（1）：3–13.

［184］Construction–Robotics［EB/OL］.［2017–05–16］. http：//www.construction-robotics.com, Accessed.

［185］Fastbrick Robotics［EB/OL］.［2017–05–16］. http：//fbr.com.au, accessed.

［186］Bonwetsch T，Gramazio F，Kohler M. R–O–B：towards a Bespoke Building Process［M］. Sheil, B.（Ed.）Manufacturing the Bespoke：Making and Prototyping Architecture, John Wiley & Sons, London, 2012：80–83.

［187］Willmann J，Gramazio F，Kohler M. In-situ Robotic Fabrication：Advanced Digital Manufacturing Beyond the Laboratory. Gearing Up and Accelerating Cross-fertilization Between Academic and Industrial Robotics Research in Europe. Springer International Publishing, 2014.

［188］H. Pottmann, A. Asperl, M. Hofer, A. Kilian. Architectural Geometry［M］. New York：Springer & Bentley Institute Press, 2007.

［189］Fabio Gramazio and Matthias Kohler, Digital Materiality in Architecture（Baden：Lars Muller Publishers,2008.

［190］Stefano Andreani and Martin Bechthold［R］. Evolving Brick, Harvard University Graduate School of Design, 2013.

［191］Kolarevic B, K R Klinger. Manufacturing Material Effects：Rethinking Design and Making in Architecture. New York/London：Routledge, 2008.

［192］Bechthold M, Andreani S, Castillo J L G D, et al. Flowing Matter：Robotic Fabrication of Complex Ceramic Systems［J］. Gerontechnology, 2012, 11（2）.

［193］Stefano Andreani and Martin Bechthold［R］. Evolving Brick, Harvard University Graduate School of Design, 2013.

［194］Bresciani A. Shapting in Ceramic Technology – an Overview［J］. Engineering Materials & Processes, 2009：13–33.

［195］Schodek D L. Digital Design and Manufacturing ：CAD/CAM Applications in Architecture and Design［J］. 2004.

［196］The Brick Industry Association, Manufacturing of Bricks, Technical Notes on Brick Construction，9（2006）：1–7.

［197］J.Meejin Yoon, Eric Howeler. Robotic Stereotomy _the Mit Sean Collier Memorial（Paper Presented At Robotic Futures, 2015：93）.

［198］Sven Rickhoff . Rubble Aggregations（Paper Presented at the Robotic Touch – How Robots Change Architecture. 426）.

［199］J.Meejin Yoon, Eric Howeler.Robotic Stereotomy _the Mit Sean Collier Memorial（Paper Presented at Robotic Futures, 2015：89–93）.

［200］Mark Burry. Robots at the Sagrada Familia Basilica：a Brief History of Robotised Stone–cutting.（Paper Presented at Robotic Fabrication in Architecture, Art and Design 2016：4–13）.

［201］Sven Rickhoff. Rubble Aggregations（Paper Presented at the Robotic Touch – How Robots Change Architecture：424）.

［202］Forty A. Concrete and Culture：a Material History［M］. Reaktion Books, 2013.

［203］Wangler T, Lloret E, Reiter L, et al. Digital Concrete：Opportunities and Challenges［J］. Rilem Technical Letters, 2016（1）：67–75.

［204］Lloret Kristensen E, Gramazio F, Kohler M, et al. Complex Concrete Constructions–Merging Existing Casting Techniques with Digital Fabrication［J］. 2013.

［205］Culver R，J. Koerner, J. Sarafian. Fabric Forms：the Robotic Positioning of Fabric Formwork, in Robotic Fabrication in Architecture, Art and Design. Springer，2016：106–121.

［206］Søndergaard A, et al. Robotic Hot–blade Cutting, in Robotic Fabrication in Architecture, Art and Design 2016. Springer，2016：150–164.

［207］http://www.odico.dk/references/science–museum–14.

［208］Dadddlloret Kristensen, E, M.k. Fabio Gramazio, and S. Langenberg. Complex Concrete Constructions Merging Existing Casting Techniques With Digital Fabrication. 2013.

［209］巴赫洛·哈什纳维斯, 尼·里奇. 轮廓工艺：混凝土施工的革命［M］//建筑数字化建造. 上海：同济大学出版社，2012：101–105.

［210］恩里·蒂尼. 打印建筑［M］//建筑数字化建造. 上海：同济大学出版社，2012：113-117.

［211］Tan R, Dritsas S. Clay Robotics：Tool Making and Sculpting of Clay with a Six-axis Robot ［C］// Living Systems and Micro-utopias：towards Continuous Designing, Proceedings of the International Conference of the Association for Computer-aided Architectural Design Research in Asia Caadria. 2016.

［212］Bos F, Wolfs R, Ahmed Z, et al. Additive Manufacturing of Concrete in Construction：Potentials and Challenges of 3D Concrete Printing［J］. Virtual and Physical Prototyping, 2016, 11（3）：209-25.

［213］Khalili N, Khalili E N. Ceramic Houses and Earth Architecture：How to Build Your Own［M］. Burning Gate Press, 1990.

［214］Friedman J, Kim H, Mesa O. Experiments in Additive Clay Depositions［M］//Robotic Fabrication in Architecture, Art and Design 2014. Springer, Cham, 2014：261-272.

［215］Dunn K, O'connor D W, Niemelä M, et al. Free form Clay Deposition in Custom Generated Molds［M］//Robotic Fabrication in Architecture, Art and Design 2016. Springer, Cham, 2016：316-325.

［216］Kreiger M A, Macallister B A, Wilhoit J M, et al. The Current State of 3D Printing for Use in Construction［C］//The Proceedings of the 2015 Conference on Autonomous and Robotic Construction of Infrastructure. Ames. Iowa. 2015：149-158.

［217］袁烽，阿希姆·门格斯，尼尔·里奇. 建筑机器人建造［M］. 上海：同济大学出版社，2015.

［218］Friedman J, Kim H, Mesa O. Woven Clay［J］. 2014.

［219］Friedman J, Kim H, Mesa O. Experiments in Additive Clay Depositions［M］// Robotic Fabrication in Architecture, Art and Design 2014. Springer International Publishing, 2014：261-272.

［220］陈哲文，袁张. 一种大尺度机器人3D打印设备与工艺：中国，Cn107696477a [P/OL].［2018-02-16］.

［221］唐通鸣，张政，邓佳文，等. 基于FDM的3D打印技术研究现状与发展趋势［J］. 化工新型材料，2015（6）：228-30.

［222］Zhang P F Y Z C L. Form Finding for 3D Printed Pedestrian Bridges［M］. Caadria. Beijing. 2018.

［223］Jimenez Garcia M, Soler, Vicente, Retsin G. Robotic Spatial Printing［J］. 2017,

［224］Retsin, G.&M.j. Garcia：Robot-made Voxel Chair Designed Using New Software by Bartlett Researchers［EB/OL］.［2017-05-17］. https：//www.dezeen.com.

［225］袁烽. 云亭. 中国，上海［J］. 世界建筑导报，2018, 33（3）：42-3.

［226］Yuan Z C L Z P F. Innovative Design Approach to Optimized Performance on Large-scale Robotic 3D-printed Spatial Structure. Proceedings of the Caadria, Wellington, F, 2019［C］.

［227］Yuan P F, Chen Z, Zhang L. Application of Discrete System Design in Robotic 3D Printed Shell Structure［J］. Proceedings of Iass Annual Symposia, 2018.

［228］A.saunders, G. Epps. Robotic Lattice Smocks［C］// Robotic Fabrication in Architecture, Art and Design 2016. Springer International Publishing, 2016：78-91.

［229］Yuan P F, Wang X. Cellular Cavity：Applications and Production Process of Innovative Shell Structures with Industrial Thin Sheets［J］. Proceedings of Iass Annual Symposia, 2018.

［230］Norman Hack, Willi Viktor Lauer. Mesh-mould：Robotically Fabricated Spatial Meshes as Concrete Formwok and Reinforcement［C］// Architectural Design, 2014（5）.

［231］Mostafa Y, Elbestawi M A, Veldhuis S C. A Review of Metal Additive Manufacturing Technologies［J］. Solid State Phenomena, 2018（278）：1-14.

［232］Salomé Galjaard, Hofman S, Ren S. New Opportunities to Optimize Structural Designs in Metal by Using Additive Manufacturing［M］// Advances in Architectural Geometry 2014. 2015.

［233］Spaul Kassabian, Graham Cranston, Juhun Lee, et al. 3D Metal Priting as Structure for Architectural and Sculptural Projects. Fabricate 2017, Ucl.

［234］http://mx3d.com/projects/bridge/.

［235］张元良，顾俊. 焊接机器人技术研究现状与发展趋势探索［J］. 才智，2017（26）：256-257.

［236］孟凡全. 超高层建筑钢结构焊接机器人技术应用［J］. 金属加工（热加工），2014（18）.

［237］Robot Assisted Asymmetric Incremental Sheet Forming. Jan Brüninghaus, Carsten Krewet. Robotic Fabrication in Architecture, Art and Design 2012. Springer International Publishing, 2016.

［238］P Nicholas, M Zwierzycki, Esben, et al. Adaptive Robotic Fabrication for Conditions of Material Inconsistency Increasing the Geometry Accuracy of Incrementally Formed Metal Panels［C］// Fabricate 2017. Ucl Press, 2017：114-121.

［239］Paul Nicholas, David Stasiuk, Esben Clausen Nørgaard, et al. Multiscale Adaptive Mesh Refinement Approach to Architectured Steel Specification in the Design of a Frameless Stressed Skin Structure. Modelling Behaviour：Design Modelling Symposium. Springer International Publishing, 2015.

［240］P Nicholas, M Zwierzycki, Esben, et al. Adaptive Robotic Fabrication for Conditions of Material Inconsistency Increasing the Geometry Accuracy of Incrementally Formed Metal Panels. Fabricate 2017. Ucl Press, 2017.

［241］Jared Friedman, Ahmed Hosny, Amanda Lee. Robotic Bead Rolling：Exploring Structural Capacities in Metal Sheet Forming. Robotic Fabrication in Architecture, Art and Design, 2014.

［242］Fleischmann, Moritz, Jan Knippers, et al. Material Behaviour：Embedding Physical Properties in Computational Design Processes. Architectural Design 82, No. 2, 2012：44-51.

［243］Doerstelmann M, Knippers J, Menges A, et al. Icd/Itke Research Pavilion 2013-14：Modular Coreless Filament Winding Based on Beetle Elytra［J］. Architectural Design, 2015, 85（5）：54-59.

［244］Prado, Marshall, Moritz Dörstelmann, et al. Elytra Filament Pavilion：Robotic Filament Winding for Structural Composite Building Systems. Fabricate 2017：Rethinking Design and Construction,

2017: 224–231.

[245] Doerstelmann M, Knippers J, Koslowski V, et al. ICD/ITKE Research Pavilion 2014–2015: Fibre Placement on a Pneumatic Body Based on a Water Spider Web [J]. Architectural Design, 2015, 85（5）: 60–65.

[246] Schwinn T, O. Krieg, A. Menges. Robotic Sewing: a Textile Approach Towards the Computational Design and Fabrication of Lightweight Timber Shells, in Posthuman Frontiers: data, Designers, and Cognitive Machines. In Proceedings of the 36th Conference of the Association for Computer Aided Design in Architecture（Acadia）, Ann Arbor, 2016: 224–233.

[247] Yablonina, Maria, Achim Menges. Towards the Development of Fabrication Machine Species for Filament Materials. In Robotic Fabrication in Architecture, Art and Design, Springer, Cham, 2018: 152–166.

[248] Nanyang Technological University. Outobot, An Innovative Robot to Wash and Paint High–rise Buildings [EB/OL]. [2017–03–15]. https://phys.org/news/2017–03–outobot–robot–high–rise.html,

[249] Asadi E, Li B, Chen I M. Pictobot [J]. IEEE Robotics & Automation Magazine, 2018, 1070（9932/18）.

[250] Friblick F, Tommelein I D, Mueller E, et al. Development of an Integrated Façade System to Improve the High–rise Building Process [C] //Proceedings of the 17th Annual Conference of the International Group for Lean Construction（IGLC 17）, Taipei, 2009: 359–370.

[251] Great Lakes Lifting Solutions. The Smartlift 780 Outdoor [EB/OL]. https://www.greatlakeslifting.com/Smartlift–780–Outdoor/.

[252] Kahane B, Rosenfeld Y. Balancing Human–and–robot Integration in Building Tasks [J]. Computer–aided Civil and Infrastructure Engineering, 2004, 19（6）: 393–410.

[253] Asadi E, Li B, Chen I M. Pictobot: a Cooperative Painting Robot for Interior Finishing of Industrial Developments [J]. IEEE Robotics & Automation Magazine, 2018（99）: 82–94.

[254] Schumacher P. Parametricism: a New Global Style for Architecture and Urban Design [J]. Architectural Design, 2009, 79（4）: 14–23.

[255] Schlee K L, Schlee B A. Mecanum Wheel: Us8960339 [P]. 2015.

[256] 袁烽, 胡雨辰. 人机协作与智能建造探索 [J]. 建筑学报, 2017（5）: 24–29.

[257] Matthias Kholer Fabio Gramazio, Facade Gantenbein Winery, Fldsch（Switzerland）, Non–Standardised Brick Façade [EB/OL]. Http://www.dfab.arch.ethz.ch/Web/E/Forschung/52.Html. 2006.

[258] Gramazio & Kohler, Eth Zurich, and Keller Ziegeleien Ag, Http://www.kellersysteme.ch/De/Nachhaltigkeit Und Innovationen/Digitale Fabrikation/ [EB/OL]. [2017–05–16]. Accessed.

[259] Yuan Philip F, H Chai, C Yan, J J Zhou. Robotic Fabrication of Structural Performance–based Timber Grid–shell in Large–scale Building Scenario. In Proceedings of the 36th Annual Conference of the Association for Computer Aided Design in Architecture（ACADIA）, Ann Arbor. 2016.

［260］Menges, Achim, Tobias Schwinn, et al. Landesgartenschau Exhibition Hall. Interlocking Digital and Material Cultures. Edited S. Pfeiffer. Spurbuch Verlag（2015）.

［261］Schwinn T，Krieg O，Menges A. Behavioral Strategies：Synthesizing Design Computation and Robotic Fabrication of Lightweight Timber Plate Structures, in Design Agency［Proceedings of the 34th Annual Conference of the Association for Computer Aided Design in Architecture（ACADIA）］. Los Angeles, 2014：177–188.

［262］John Chilton, Gabriel Tang. Timber Gridshells Architecture, Structure and Craft［M］. First Published. New York：Routledge, 2017.

［263］Feringa J. Entrepreneurship in Architectural Robotics：the Simultaneity of Craft, Economics and Design. Architectural Design, 2014, 84（3）：60–65.

［264］Feringa J，A Søndergaard. Fabricating Architectural Volume：Stereotomic Investigations in Robotic Craft. Fabricate：Negotiating Design & Making, 2014（2）：76–83.

［265］Feringa J，T Krijnen, C.o.f. Robotics. BIM and Robotic Manufacturing. In Proceedings of the International Association for Shell and Spatial Structures（IASS）Symposium. 2015.

［266］袁烽，赵耀. 智能新工科的教育转向［C］//数字技术·建筑全生命周期——2018年全国建筑院系建筑数字技术教学与研究学术研讨会论文集. 2018：6–13.

［267］Reichert S, Schwinn T, Magna R L, et al. Fibrous Structures：an Integrative Approach to Design Computation, Simulation and Fabrication for Lightweight, Glass and Carbon Fibre Composite Structures in Architecture Based on Biomimetic Design Principles［J］. Computer–Aided Design, 2014, 52（3）：27–39.

［268］Huizinga G, Walison P, Bouws T, et al. Smart Industries. 2014.

［269］Martinez S, Jardon A, Navarro J M, et al. Building Industrialization：Robotized Assembly of Modular Products［J］. Assembly Automation, 2008, 28（2）：134–42.

［270］Balaguer C, Abderrahim M, Navarro J, et al. Futurehome：an Integrated Construction Automation Approach［J］. IEEE Robotics & Automation Magazine, 2002, 9（1）：55–66.

［271］Barbosa J, Leitão P, Trentesaux D, et al. Cross Benefits from Cyber–physical Systems and Intelligent Products for Future Smart Industries［C］//2016 IEEE 14th International Conference on Industrial Informatics（Indin）. IEEE, 2016：504–509.

［272］李金华. 德国"工业4.0"与"中国制造2025"的比较及启示［J］. 中国地质大学学报（社会科学版），2015, 15（5）：71–79.

［273］徐广林，林贡钦. 工业4.0背景下传统制造业转型升级的新思维研究［J］. 上海经济研究，2015（10）：107–113.

［274］E Gambao, C Balaguer, A Barrientos, et al. Robot Assembly System for the Construction Process Automation. In Proc. IEEE Int. Conf. Robotics and Automation（ICRA＇97），Albuquerque, NM, 1997：46–51.

［275］张益，冯毅萍，荣冈. 智慧工厂的参考模型与关键技术［J］. 计算机集成制造系统，2016, 22（1）：1–12.

［276］E Gambao, C Balaguer, A Barrientos, et al. Robot Assembly System for the Construction Process

Automation. In Proc. IEEE Int. Conf. Robotics and Automation（ICRA'97）, Albuquerque, NM, 1997：46–51.

［277］蔡建国，韩钟，冯健，等. 预制混凝土框架结构的研究［J］. 建筑，2009,40（8）：726-729.

［278］Apolinarska A，et al. Mastering the Sequential Roof. Advances in Architectural Geometry 2016.

［279］Wang, Shiyong, et al. Implementing Smart Factory of Industrie 4.0：an Outlook. International Journal of Distributed Sensor Networks 12.1, 2016：3159805.

［280］Linner, Thomas, Thomas Bock. Evolution of Large-scale Industrialisation and Service Innovation in Japanese Prefabrication Industry. Construction Innovation 12.2, 2012：156–178.

［281］Borjeghaleh R M, Sardroud J M. Approaching Industrialization of Buildings and Integrated Construction Using Building Information Modeling［J］. Procedia Engineering, 2016（164）：534–541.

［282］Huizinga G, Walison P, Bouws T, et al. Smart Industries. 2014.

［283］栗新. 工业化预制装配（PC）住宅建筑的设计研究与应用［J］. 建筑施工，2008，30（3）：201–202.

［284］Sea to the Moon. In：E. Canessa, C. Fonda, and M. Zennaro,Eds. Low-Cost 3D Printing, for Science, Education & Sustainable Development. Trieste：ictp, 127–132.

［285］http://www.winsun3d.com/news/#newsm3.

［286］侯君伟. 我国GRP\GRC 材料技术的发展［J］. 建筑技术，2012，3（8）：568–570.

［287］薛甫友，崔朝栋，兰淑青. 对GRP\GRC材料在工程开发利用中的建议［J］. 建筑技术，2012，2（L）：9–10.

［288］李一平，薛红. 浅析GRP\GRC材料规范使用的要点［J］. 四川建筑，2011，1（4）：58–59.